汕头国瑞医院项目

建筑面积: 31 万 m²　　**项目业态:** 医院　　**供图单位:** 重庆筑信云智建筑科技有限公司

BIM 在项目中的应用:

1. 利用 BIM 管理平台, 项目过程中所有文档资料、工作动态都在 BIM 管理平台中留痕。
2. 利用 BIM 模型, 对项目医疗系统、专业设计、顾问等进行协调。
3. 对项目场地进行建模分析, 确保项目品质。
4. 利用 BIM 模型指导施工。

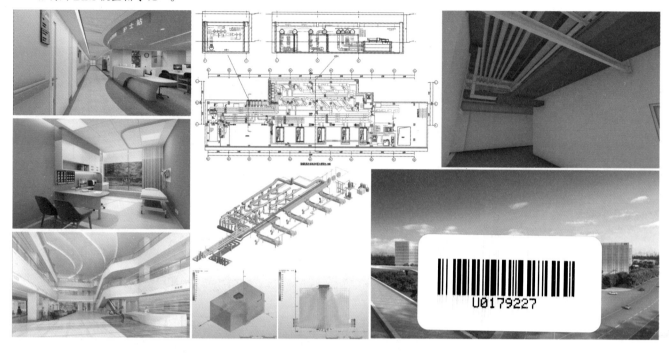

极深地下极低辐射本底前沿物理实验设施项目

建筑面积: 4.3 万 m²　　**项目业态:** 基础设施　　**供图单位:** 重庆筑信云智建筑科技有限公司

BIM 在项目中的应用:

1. 设计阶段: 应用 BIM 技术辅助项目设计工作, 保障设计质量; 利用 BIM 模型与项目各方进行沟通和协调, 业主方对 BIM 设计成果进行审核和管理。
2. 施工及运维阶段: 协助业主规划 BIM 应用点, 编制施工 BIM 招标要求。施工单位利用施工图模型进行深化及施工阶段应用。
3. 项目竣工后, 形成竣工数字化模型作为项目运维的数字基础。

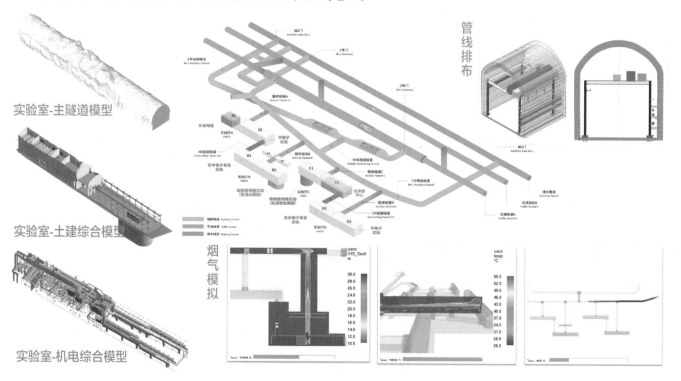

阆中水城旅游度假主题酒店项目

建筑面积： 10 万 m² **项目业态：** 酒店 **供图单位：** 重庆筑信云智建筑科技有限公司

BIM 在项目中的应用：

1. 优化酒店室内净高空间，提升建筑功能体验。
2. 优化和隐藏外立面雨水管及空调管线，提升建筑品质。
3. 协调及优化场地、景观与小市政管网，提升景观效果。
4. 建筑空间功能合理性分析，优化使用体验。
5. 设计全过程综合协调，消除协调风险，保障图纸质量。
6. 基于 BIM 现场交底，实现设计与施工现场可视化沟通，指导施工落地。

电子产业园项目

建筑面积： 33.7 万 m² **项目业态：** 工厂 **供图单位：** 重庆筑信云智建筑科技有限公司

BIM 在项目中的应用：

1. 全专业协调辅助设计。
2. 配合设计完成空间管控、碰撞检查，解决设计中各专业间的协调问题。

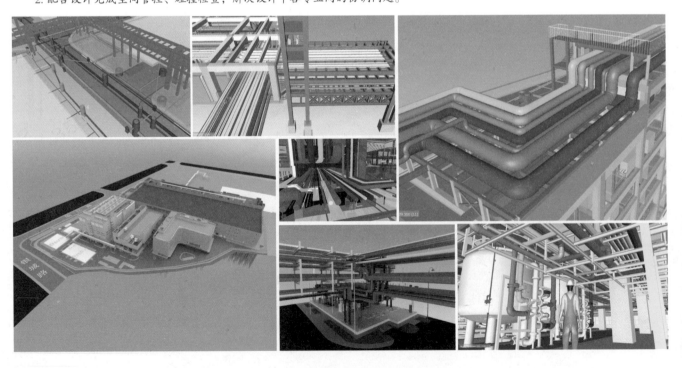

BIM思维课堂

建筑结构BIM设计
思维课堂

王君峰　杨万科　王清海　连维俊　罗金彬　编著

机械工业出版社
CHINA MACHINE PRESS

本书是"BIM 思维课堂"系列图书的第 4 本。本书以建筑设计工程师和结构设计工程师的 BIM 设计工作流程为主线，通过别墅酒店项目的设计过程，系统、详细地说明了建筑专业以及结构专业 BIM 设计的思路与方法，全面讲解以 Revit 软件为核心完成从模型到出图的 BIM 设计流程。同时以 BIM 管理专家的视角讲解了在基于 BIM 设计过程中需要掌握的信息协同与信息管理的知识，讲解了在建筑、结构设计过程中开展 BIM 设计的工作思路以及流程。

作者均来自 BIM 咨询服务一线，具有丰富的设计实战及管理经验。全书共分为 10 章：第 1 章介绍了 BIM 的概述与发展历程以及 Revit 软件的基本操作；第 2 章创建项目的标高及轴网；第 3 章创建别墅酒店项目建筑专业的墙体、门窗及建筑柱，同时介绍了与结构专业链接协作的过程；第 4 章继续创建建筑专业的楼板、屋顶和天花板等三维图元，并通过创建房间来完成建筑房间功能分析；第 5 章介绍别墅酒店项目建筑专业楼梯、扶手的创建过程，并创建建筑设计所需的外立面装饰细节；第 6 章介绍了建筑室内布置及场地总图设计的一般流程；第 7 章介绍了结构专业与建筑专业的协作方式，并创建别墅酒店项目的全部结构构件；第 8 章介绍了如何基于 BIM 模型设置各视图，并通过注释图元完成视图的表达，为 BIM 出图做好准备；第 9 章介绍了建筑、结构专业各类视图的出图方法，完成 BIM 出图；第 10 章介绍了 BIM 设计成果的展示与移交的多种方法。

本书可作为建筑工程师、结构工程师、建筑工程相关专业学生和 BIM 爱好者的自学用书，也可作为各大院校相关专业、社会相关培训机构的教材或参考用书。

本书采用实体书＋互联网的新型教材形态进行发布。随书附带多媒体教学内容，书中绝大部分操作都配有同步的教学视频，时长近 15 小时。同时为每一章节操作步骤提供了随书文件，内容包括书中每个操作的全部项目操作过程文件及相关素材文件。

教学视频以及随书文件将由筑学慧平台提供，具体操作方法请通过微信扫描下方二维码关注"筑学 Cloud"公众号，在公众号中我们将提供更多的资讯信息。

图书在版编目（CIP）数据

建筑结构 BIM 设计思维课堂/王君峰等编著 . —北京：机械工业出版社，2022.8
（BIM 思维课堂）
ISBN 978-7-111-71531-3

Ⅰ.①建… Ⅱ.①王… Ⅲ.①建筑结构–计算机辅助设计–应用软件
Ⅳ.①TU311.41

中国版本图书馆 CIP 数据核字（2022）第 160435 号

机械工业出版社（北京市百万庄大街 22 号 邮政编码 100037）
策划编辑：张 晶 责任编辑：张 晶 关正美
责任校对：刘时光 封面设计：鞠 杨
责任印制：李 昂
北京联兴盛业印刷股份有限公司印刷
2023 年 1 月第 1 版第 1 次印刷
210mm×285mm·15 印张·541 千字
标准书号：ISBN 978-7-111-71531-3
定价：89.00 元

电话服务 网络服务
客服电话：010-88361066 机 工 官 网：www. cmpbook. com
010-88379833 机 工 官 博：weibo. com/cmp1952
010-68326294 金 书 网：www. golden-book. com
封底无防伪标均为盗版 机工教育服务网：www. cmpedu. com

序　言

在"3060 双碳"目标要求以及新冠疫情反复的大背景下，工程建设行业数字化转型是改变过去工程建设行业粗放式管理的最佳途径。工程建设行业数字化的特征是数字化技术在设计、施工、交付的过程中广泛、深入、融合地应用，帮助工程建设行业实现产业升级和提质增效。以 BIM 技术为代表的数字化技术正在深入且广泛地改变工程建设行业的设计、施工和运维管理方式，成为工程建设行业数字化转型的"数字基石"。

作为全球领先的软件公司，Autodesk（欧特克）公司始终是行业数字化变革的开拓者和创新者。自 1982 年推出 AutoCAD 软件以来，Autodesk 为全球市场开发了最广泛的三维数字软件组合。2002 年 Autodesk 发布了一份名为" Building Information Modeling"的白皮书，从此建筑信息模型逐渐成为工程建设行业重要的创新要素。今天，Autodesk 正在通过不断的创新，形成涵盖从设计到施工，从制造到集成的完整工程行业数字化解决方案，帮助中国工程建设行业用户实现数字化转型。

工程建设数据以三维数字化方式进行表达、创建、加工、传递，其意义远不止于项目成果的可视化呈现。数字技术为工程建设行业提供了更有效手段用于增进沟通、优化设计、分析模拟、洞察风险以及优化资源配置。数字化技术提高了工程可预见性，一方面因预见工程风险从而节省建设成本，另一方面因预见交付成果明确投资收益。数字化技术也为工程建设行业提供了数据互联的条件，是实现自动化智能建造的基础，推进工程建设行业实现全行业数据融合，进而实现工程行业由粗放向精细，由经验管理向数据管理转型。

利用公共数据环境，实现数据在设计、施工、管理全方位的数据互联，通过数据驱动建造机器人实现建造环节自动化，通过将制造、运维、产品等数据整合，实现行业内数据融合。这一切创新的应用必将使工程行业发生革命性的进步。作为工程行业数据的起点和源头，BIM 设计必然成为全行业的引爆点。请从这本书开始，开启你的 BIM 设计之路。

罗海涛

Autodesk 大中华区技术总监

前　言

在各行业都在大力进行数字化转型的背景下，对于工程建设行业而言 BIM 不仅是创新性的三维设计手段，更是实现工程建设行业数字化转型的必由之路，是实现工程精益管理的数据基石。而设计企业作为工程建设行业数据的起点，BIM 设计对设计企业而言显得尤为重要。

2022 年 5 月 12 日，住房和城乡建设部发布了《"十四五"工程勘察设计行业发展规划》，制定了"十四五"期间工程行业"数字化转型进程加快，建筑信息模型（BIM）正向设计、协同设计逐步推广，数字化交付比例稳步提升"的目标，提出了"加快推进 BIM 正向协同设计，倡导多专业协同、全过程统筹集成设计，优化设计流程，提高设计效率"的目标要求，并推出了"推进施工图审查数字化、智能化，扩大人工智能审图试点范围，逐步推广 BIM 审图"一系列举措，反映出 BIM 设计对于勘察设计企业的重要性。

当前建筑产业化发展如日中天，机器人建造方兴未艾，建筑行业的发展需要高精度的数据支撑，需要能够在设计阶段提供满足下游需求的高质量的 BIM 数据。因此，BIM 设计以及数字化交付成为"十四五"期间的重点目标。BIM 设计放在今天来看并不是一个新鲜的词汇。作为一个已经在 BIM 行业奋斗了 17 年的"老"同志，早在 2005 年，我就在积极地为各大设计企业规划、培训三维设计流程和技术。十几年过去了，从当初的"三维设计"到今天的"正向设计"，名字在不断地变化，但今天来看其普及率仍有待提升。这背后的原因是 BIM 设计不仅仅代表着设计人员设计工具的转换，更是设计企业的设计流程、设计管理模式的彻底转型。它意味着设计企业要在新的数字化的模式下对传统企业管理模式进行一次自我变革。

本书以别墅酒店项目的建筑和结构两个专业的 BIM 设计过程为主线，对这两个专业的 BIM 设计过程进行讲解。全书共分为 10 章：第 1 章介绍了 BIM 的概述与发展历程以及 Revit 软件的基本操作；第 2 ~6 章介绍了别墅酒店项目建筑专业模型的创建过程；第 7 章介绍了结构专业与建筑专业的协作方式，并创建别墅酒店项目的全部结构 BIM 模型；第 8 章、第 9 章介绍了基于 BIM 模型生成建筑、结构专业各类图纸的视图方法，完成 BIM 出图；第 10 章介绍了 BIM 设计成果的展示与移交的方法。

本书由王君峰、杨万科、王清海、连维俊、罗金彬编著，具体编写分工：第 1 章、第 2 章、第 8 章和附录由王君峰编写；第 3 章由连维俊和王君峰共同编写，其中 3.4 节由王君峰编写；第 4 章由连维俊编写；第 5 章和第 6 章由王清海编写；第 7 章由杨万科编写；第 9 章由连维俊、杨万科和王清海共同编写，其中 9.1 节由连维俊编写，9.2 节由杨万科编写，9.3 节由王清海编写；

第 10 章由连维俊和王清海共同编写，其中 10.3 节由王清海编写。王君峰负责对全书的审核，并对每一章的内容进行了统一的修改与调整，对各章的图片也做了相应的处理。全书视频由罗金彬和杨万科共同录制（第 7 章由杨万科录制，其余章节由罗金彬录制），筑学慧课程部分由程蓓负责整理。

在本书即将付梓之际，首先要感谢编写团队中每一位成员以及他们的家人，正是家人的支持、理解与辛苦付出，才让这本书能够及时顺利地完稿。

本书在编写的过程中，得到重庆筑信云智建筑科技有限公司的大力支持，本书的作者团队均来自于该公司。作为工程建设行业数字化转型服务商，筑信公司致力于为客户提供"以管控为核心的 BIM 咨询服务"，其丰富的服务经验帮助本书得以顺利完成。

限于时间及作者水平，书中存在不足和疏漏在所难免，还请读者不吝指正。读者可通过扫码或添加本人个人微信号"ruokayw"沟通反馈，共同交流，共同进步。

王君峰

2022 年 5 月 14 日于重庆

本书配套有软件操作章节的操作视频及操作过程素材文件，读者可免费查看本书的配套视频，并下载相应的过程操作文件，以便于学习和使用。

01　注册

1. 使用微信扫描图 1 所示的二维码，或直接在微信中搜索"筑学 Cloud"，添加"筑学 Cloud"公众号。

2. 使用微信扫描图 2 所示的二维码，加入筑学云课程。

图1　　　　　　　　　　　　　　　　图2

3. 扫描完图 2 所示的二维码之后如图 3 所示；查看用户协议并勾选，点击"注册"，进入"新用户注册"页面，如图 4 所示；填写登录名称及注册邮箱，点击"下一步"，如图 5 所示；填写真实姓名及手机号码，点击"设置密码"，如图 6 所示；设置密码后点击"完成"，返回"新用户注册"页面，点击"下一步"，成功加入筑学云，如图 7 所示。

图3　　　　　　　　　　　图4　　　　　　　　　　　图5

图6

图7

02 使用

本书配套素材有两种使用方式，微信小程序及网页端。

1. 微信小程序

使用微信扫描下方如图8所示的二维码，或直接在微信小程序中搜索"筑学慧"，添加"筑学慧"小程序。

图8

如图9所示，点击"微信登录"。

如图10所示，小程序将获取你的手机号码，进行登录。如果课程注册手机号码与微信绑定号码不一致，点击"使用其他手机号码"，如图11所示；输入课程注册手机号码，点击"获取验证码"，如图12所示；点击"允许"，将收到的短信验证码输入，打开"保存

图9　　　　　　　　图10

此号码供以后授权使用"。

图11   图12

如图13所示，在小程序开始课程学习。如图14所示，在小节中有视频符号 ，表示当前小节有视频，没有符号表示当前小节没有视频。如图15所示为学习页面。

图13   图14   图15

在 Google Chrome 浏览器输入 http：//www.zhuxuecloud. com/，如图 16 所示，通过微信扫描二维码登录。如图 17 所示，在微信端点击"允许"，允许微信账号进行网站登录。

图 16　　　　　　　　　　　　　　　　图 17

浏览器页面如图 18 所示。在任务学习页面中显示当前正在学习的课程，包括课程信息、学习进度、授课老师及课程版本。

图 18

点击立即学习后会显示每一个章节的内容，每次进入均为当前进度中学习到的章节。如图 19 所示，学生在学习过程中可以点击右侧的导航按钮（章节、文档、查看模型、视频、问题、笔记及测试），菜单显示为红色表示当前知识点没有此项，绿色则表示可点击查看。课程目录为章、节、小节，学习完每节的所有小节后可点击右侧"测试"按钮，进入课后题，评测学习结果。

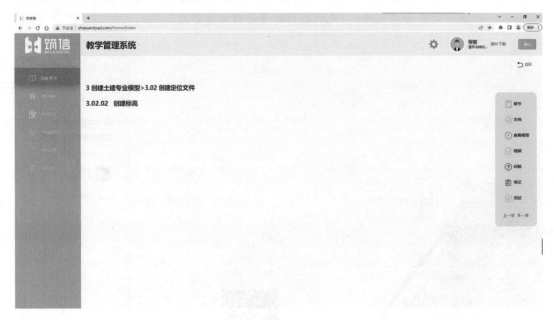

图 19

目录

第1章 BIM概述与Revit操作基础

2021年3月，国务院正式发布《中华人民共和国国民经济和社会发展第十四个五年规划和2035年远景目标纲要》，在第五篇中明确提出了"加快数字化发展，建设数字中国"的目标，要在十四五期间"加快建设数字经济、数字社会、数字政府，以数字化转型整体驱动生产方式、生活方式和治理方式变革"。BIM技术是建筑行业中最为热门的数字技术，广泛应用于各类工程的设计、施工、运维乃至智慧城市等领域。

作为当前国内应用较为广泛的BIM创建工具之一，Revit系列软件是由全球领先的数字化设计软件供应商Autodesk（欧特克）公司，针对工程建设行业开发的三维参数化BIM软件平台，可满足工程建设、工程管理、运营维护等在内的建筑全生命周期各个阶段的应用需求。

本章将介绍BIM的概念及意义，了解BIM软件体系，掌握Revit的基本知识与概念，学习Revit软件的基本操作。

1.1 BIM 概念及发展历程

BIM全称为Building Information Modeling，其中文含义为"建筑信息模型"，该概念最初由查尔斯·查克·伊斯曼（Charles Eastman，1940—2020）提出。1975年，查尔斯·查克·伊斯曼教授在AIA发表的论文中提出了一种名为Building Description System（BDS，建筑描述系统）的工作模式，该模式中包含了参数化设计、由三维模型生成二维图纸、可视化交互式数据分析、施工组织计划与材料计划等功能。这个定义包含了当前BIM所具备的所有特征，因此查尔斯·查克·伊斯曼被尊称为"BIM之父"。1986年，由现属于Autodesk（欧特克）研究院的罗伯特·艾什（Robert Aish）最终将其定义为Building Information Modeling（建筑信息模型），并沿用至今。

在《建筑信息模型应用统一标准》（GB/T 51212—2016）中明确了"建筑信息模型"的英文名称为"Building Information Modeling"，其定义为"在建设工程及设施全生命周期内，对其物理和功能特性进行数字化表达，并依此设计、施工、运营的过程和结果的总称"。从BIM的概念发展历史可以看到，BIM由最初关注于建筑模型的软件技术，到关注于建筑模型和建筑信息，再到关注于BIM管理方法的认知历程。

1.1.1 BIM 在我国的发展历史

工程建设项目的规模、形态和功能越来越复杂。高度复杂化的工程建设项目，再次向以图纸为核心的工程设计和工程管理模式提出了挑战。随着计算机软件和硬件水平的发展，以工程数字化模型为核心的全新的设计和管理模式逐步走入人们的视野。

2002年，随着一款名为Revit的软件的引入，为工程行业带来了BIM概念，并由此开启了BIM在我国的发展之路。由于Revit软件具备三维设计、二维出图、图模联动、参数关联等一系列全新的功能特性，在引入我国开始的几年，Revit作为AutoCAD的工具替代产品在工程设计行业中进行推广，BIM也被理解为"三维设计"，也被称为"Building Information Model"，其关注点在于可以包含建筑相关描述信息的"模型"。随着人们对软件的功能和应用的理解，越来越多地发现BIM不仅仅是可以应用于工程设计阶段的可出图模型，而且是可以应用于工程施工、工程交付、工程运维等各个阶段的工程信息数据库，BIM不仅可以完成工程三维可视化表达，更是可以完成工程协调、工程全面模拟的革新性工程管理手段。

自2011年开始，我国便开始不断地发布与BIM有关的相关政策，通过各年度政策内容的变化，可以清晰地了解到BIM在我国的发展变化情况。接下来，我们将简要列举国家层面近10年来相关的BIM政策。

2011年，住房和城乡建设部印发《2011—2015年建筑业信息化发展纲要》，在该纲要中，明确提出"加快建筑信息模型（BIM）……等新技术在工程中的应用；推动基于BIM技术的协同设计系统建设与应用"，这是BIM作为建筑行业的新技术第一次出现在住房和城乡建设部官方文件中。

2014年，住房和城乡建设部印发《关于推进建筑业发展和改革的若干意见》，在该意见中，再次提及"推进建筑信息模型（BIM）等信息技术在工程设计、施工和运行维护全过程的应用，提高综合效益"，第一次明确了 BIM 技术可以应用在设计、施工和运行维护的建筑全生命周期过程中。这是国内 BIM 领域发展和应用的一次重要的推进，也引爆了我国 BIM 推广和发展的热潮。上海、广东、北京、陕西等多地相关政府部门推出 BIM 的发展相关意见，极大地促进了 BIM 的应用。因此，将 2014 年称为"中国 BIM 元年"。

2015 年，住房和城乡建设部印发《关于推进建筑信息模型应用的指导意见》，明确提出"到 2020 年末，建筑行业甲级勘察、设计单位以及特级、一级房屋建筑工程施工企业应掌握并实现 BIM 与企业管理系统和其他信息技术的一体化集成应用"的 BIM 推广目标。该文件除明确了 2020 年末 BIM 要达到的应用范围外，同时还进一步明确了 BIM 与企业管理系统集成应用的目标，明确了 BIM 的过程管理特征。笔者认为，该指导意见是对 Building Information Modeling 的一次完全正确的解读，该政策文件的发布，推进了各省各地区 BIM 联盟等组织的发展，进一步推进了 BIM 在设计、施工中应用的高速发展进程。

2016 年 12 月，住房和城乡建设部颁布《建筑信息模型应用统一标准》（GB/T 51212—2016），意味着国家级 BIM 标准开始出现，规范了 BIM 的发展和推广。

2017 年 2 月，国务院发布《关于促进建筑业持续健康发展的意见》，在"推进建筑产业现代化"中要求"加快推进建筑信息模型（BIM）技术在规划、勘察、设计、施工和运营维护全过程的集成应用，实现工程建设项目全生命周期数据共享和信息化管理，为项目方案优化和科学决策提供依据，促进建筑业提质增效"。同时，交通运输部发布《推进智慧交通发展行动计划（2017—2020 年)》，提出"到 2020 年在基础设施智能化方面，推进建筑信息模型（BIM）技术在重大交通基础设施项目规划、设计、建设、施工、运营、检测维护管理全生命周期的应用"。BIM 已经从建筑工程行业跨越到交通运输基础设施领域进一步发展。

2017 年 3 月，住房和城乡建设部发布《"十三五"装配式建筑行动方案》，指出"建立适合 BIM 技术应用的装配式建筑工程管理模式，推进 BIM 技术在装配式建筑规划、勘察、设计、生产、施工、装修、运行维护全过程的集成应用"。BIM 成为建筑工业化领域中必不可少的信息技术和手段。同年 5 月，住房和城乡建设部发布《建设项目工程总承包管理规范》（GB/T 50358—2017），提出"采用 BIM 技术或者装配式技术的，招标文件中应当有明确要求：建设单位对承诺采用 BIM 技术或装配式技术的投标人应当适当设置加分条件"。明确了应在招标投标的环节中支持 BIM 技术的应用，加大了 BIM 在施工总承包项目中的应用力度。通过相关的政策文件可以看出，BIM 开始作为工程行业各领域中的必要手段不断与各专业和管理手段整合。

2018 年 1 月，住房和城乡建设部正式实施《建筑信息模型施工应用标准》（GB/T 51235—2017）；同年 5 月，住房和城乡建设部正式实施《建筑信息模型分类和编码标准》（GB/T 51269—2017）。这两个标准的实施，标志着工程建设行业 BIM 施工应用和编码体系向着规范化发展。

2019 年 2 月，住房和城乡建设部发布《住房和城乡建设部工程质量安全监管司 2019 年工作要点》，要求"推进 BIM 技术集成应用。支持推动 BIM 自主知识产权底层平台软件的研发。组织开展 BIM 工程应用评价指标体系和评价方法研究，进一步推进 BIM 技术在设计、施工和运营维护全过程的集成应用"。同年 3 月，国家发展和改革委员会与住房和城乡建设部联合发布《国家发展改革委 住房城乡建设部关于推进全过程工程咨询服务发展的指导意见》，指出"要建立全过程工程咨询服务管理体系。大力开发和利用建筑信息模型（BIM）、大数据、物联网等现代信息技术和资源，努力提高信息化管理与应用水平，为开展全过程工程咨询业务提供保障"。这也意味着 BIM 技术不再仅限于解决专业的应用问题，而是作为工程行业信息化的基础，不仅要重视 BIM 的三维几何可视化价值，更要重视 BIM 的信息管理与集成的价值。

2019 年 4 月，人力资源和社会保障部正式发布"建筑信息模型技术员"新职业。建筑信息模型技术员是指"利用计算机软件进行工程实践过程中的模拟建造，以改进其全过程中工程工序的技术人员"。建筑信息模型技术员的工作职责为搭建、复核、维护和管理 BIM 模型，进行可视化设计、优化设计等相关工作。自此，BIM 相关从业人员开始得到人力资源和社会保障部的正式认可，也意味着 BIM 相关从业人员可以与传统的建筑工程师、结构工程师一样进行职级的评定。

2020 年 4 月，住房和城乡建设部发布《住房和城乡建设部工程质量安全监管司 2020 年工作要点》，明确"推广施工图数字化审查，试点推进 BIM 审图模式，提高信息化监管能力和审查效率以及推动 BIM 技术在工程建设全过程的集成应用，开展建筑业信息化发展纲要和建筑机器人发展研究工作，提升建筑业信息化水平"。这意味着 BIM 开始作为政府对工程行业的监管手段之一，提高管理效率。同年 7 月，住房和城乡建设部与国家发展和改革委员会、人力资源和社会保障部等共 13 个部委联合发布《住房和城乡建设部等部门关于推动智能建造与建筑工业化协同发展的指导意见》，提出"加快推动新一代信息技术与建筑工业化技术协同发展，在建造全过程加大建筑信息模型（BIM）、互联网、物联网、大数据、云计算、移动通信、人工智能、区块链等新技术的集成与创新应用"，并"通过融合遥感信息、城市多维地理信息、建筑及地上地下设施的 BIM、城市感知信息等多源信息，探索建立表达和管理城市三维空间全要素的城市信息模型（CIM）基础平台"。至此，BIM 已经成为工程行业内信息化转型的重要基础，也是行业实现数字化管理的重要手段。同时以 BIM 数据为基础结合 GIS（地理信息系统）数据的"城市信息模型（CIM）"正式登上历史舞台。

2021 年 5 月，国家统计局发布《数字经济及其核心产业统计分类（2021）》，明确界定了数字经济及其核心产业统计范围，将"利用 BIM 技术、云计算、大数据、物联网、人工智能、移动互联网等数字技术与传统建筑业的融合活动"作为建筑业中数字化效率提升的领域进入数字经济统计范围。

2021 年上半年，各省市相继出台了 BIM 费用指导政策，为 BIM 的良性发展奠定了经济基础。目前，BIM 技术正在以破竹之势在工程建设行业中引起一场建筑业数字化转型革命。而 BIM 之所以具备如此的影响力，是因为其具备以下三个方面的特征：

（1）工程成果可视化。以三维可视的方式反映各类工程的不同状态，方便沟通、理解和决策。利用 BIM 几何图元的直观表达特征可实现工程可视性。

（2）工程数据参数化。以结构化、参数化信息的方式存储，这些信息内部相互关联，修改任意参数均可获得最新的工程结果，利用参数化的特性实现工程可信。

（3）工程数据集成化。BIM 信息中包含从文字到 IoT（物联网）的 6 个维度的信息（6D），并可结合 IoT 设备不断延展和丰富实时信息。这些集成于一体的信息更有利于工程管理，实现工程可控。

各类政策中提出的 BIM 应用范围及应用方向，从另一个侧面记录了 BIM 在我国的认知和发展过程。从 BIM 的发展来看，已经由静态的模型（Building Information Model）发展到现在的信息的管理（Building Integrated Management），如图 1-1 所示。BIM 在行业中的意义已不再是简单的三维设计工具，而是作为一种建筑过程的信息集成、管理的模式，在社会主义现代化建设中及现代社会治理中，发挥越来越重要的作用。

1.1.2 BIM 软件及体系

以民用建筑设计阶段为例，设计院在完成设计时通常需要涉及建筑、结构、给水排水、暖通及电气五大专业的设计，不同的专业除需要建立 BIM 模型外，还需要完成专业内的各项分析工作。以建筑专业设计为例，除需要使用建筑专业的 BIM 建模软件创建建筑专业模型外，还需要利用基于 BIM 模型的绿色建筑分析工具完成建筑日照及节能分析，利用 BIM 的模型整合工具整合结构、给水排水、暖通以及电气专业的 BIM 模型，以形成完整的建筑空间，还需要利用基于 BIM 模型的展示软件，完成 VR（虚拟现实）展示、视频渲染输出等工作，方便与项目的相关方进行可视化沟通。

随着 BIM 应用的发展，BIM 软件的功能也越来越向专业化、系统化方向细分发展，目前已经形成了以 BIM 模型创建软件为核心的众多 BIM 软件体系。如图 1-2 所示，显示了 BIM 软件的功能划分方式，从内到外划分为四个主要层级：模型创建工具、模型辅助工具、模型管理工具及项目级管理工具。

BIM 软件从最为核心和基础的建模工具开始，包括为提高模型创建效率基于基础建模软件二次开发完成的通用建模插件以及为了解决专项问题的用于特定领域的专项建模软件，构成了基础模型创建工具系列。目前，在工程建设行业比较有代表性的 BIM 建模软件是 Autodesk Revit，在其基础上有大量的用于提高工作效率的二次开发工具，例如橄榄山快模系列，开发了数百个用于提高建模效率的工具。通过类似于 Dynamo 这样的参数化建模工具，用于解决参数化设计应用。

围绕基础模型和信息创建之后的分析、展示应用，目前已形成了一系列的专项工具，这些工具或与建模软件直接集

Building Integrated Management	信息的管理
Building Information Management	模型的管理
Building Information Modeling	动态的模型
Building Information Model	静态的模型

图 1-1

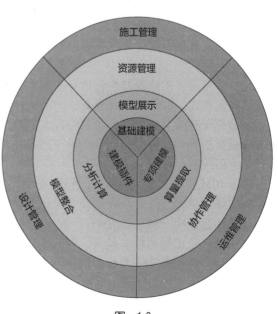

图 1-2

成或独立运行，通过数据接口与基础建模软件之间进行数据的传递。

模型管理的工具多以系统的方式存在，用于实现多种模型间的集成与管理。在项目级管理系统层级，无论设计管理还是施工管理均以管理为出发点，将各类 BIM 数据、模型通过一定的流程实现对工程的质量、进度、成本、安全方面的管理目标。在运维管理阶段，由于管理的行业属性较强，目前多为集成轻量化 BIM 模型显示功能的定制开发的管理平台。

表 1-1 中列举了常见的各类工具软件的名称及其主要的功能，以便于完整理解 BIM 的软件体系。

表 1-1

软件分类	软件类别	软件名称	主要功能
模型创建工具	基础建模	Autodesk Revit	适用于建筑行业的通用 BIM 模型创建软件
	建模插件	橄榄山快模	基于 Revit 的快速建模插件，用于快速生成和修改模型
	专项建模	Dynamo	Autodesk 研发的参数化建模插件，可与 Revit 及 Civil 3D 配合使用
模型辅助工具	模型展示	Twinmotion	基于 Unreal 引擎的模型实时渲染、虚拟现实软件
	分析计算	YJK-A	盈建科开发的建筑结构分析软件
	算量提取	晨曦 BIM 算量	福建晨曦科技推出的基于 Revit 的算量软件
模型管理工具	模型整合	Navisworks	Autodesk 公司的 BIM 整合工具
	协作管理	Vault	Autodesk 公司出品的协同工作平台
	资源管理	构件坞	广联达研发的 Revit 族库管理器
项目级管理工具	设计管理	Autodesk Construction Cloud（Acc）	Autodesk 推出的通用型项目管理云服务平台
	施工管理	Autodesk BIM 360	Autodesk 推出的适用于施工的项目管理云服务平台

1.1.3 BIM 在工程中的应用

目前，国内已经有越来越多的设计企业掌握了在设计过程中应用 BIM 技术的能力。大多数设计企业均成立了 BIM 中心或 BIM 分院，用于完成 BIM 设计。部分大型设计机构在原 BIM 中心的基础上设立了数字化中心，将 BIM 作为企业数字化转型的重要基础。

除在设计过程中利用 BIM 技术完成设计工作之外，BIM 技术越来越多地应用于施工过程中，解决重点部位、复杂节点的施工方案问题。如图 1-3 所示为在深圳莲塘口岸项目施工过程中利用 Revit 完成的局部施工支撑型钢组合体系方案，用于施工方案审查。

目前越来越多的建设方也开始引入 BIM 技术进行工程建设管理，并将其作为重要的信息化技术手段逐步应用于企业管理中。与此同时各大软件厂商也在积极推出基于 BIM 数据管理的解决方案和相关管理信息系统。

基于 BIM 的建筑工程数字模型和其强大、完善的建筑工程信息，形成工程建设行业建筑工程的设计、管理和运营的一套方法，实现行业数字化转型。BIM 方法体现了工程信息的集成、可运算、可视化等诸多特性。特别是在多专业的协调领域，BIM 有着其不可替代的可视化管理的优势。随着 BIM 应用以及基于 BIM 的管理平台的发展，基于 BIM 的工程管理应用也越来越成熟。如图 1-4 所示为某工厂建

图 1-3

设项目，在基于 Revit 创建的三维场地模型中进行地下管线的建设协调管理，通过可视化的方式协调地下管线与主体建筑之间的空间关系。

创建完备的 BIM 模型后，结合 WebGL 及 Three. js 技术，可将 BIM 模型以轻量化的方式显示于 Web 端，使 BIM 模型脱离 Revit 等创建软件实现跨平台浏览和查看。轻量化之后的 BIM 模型，可通过软件开发与现场的压力传感器等 IoT 设备信息进行集成，形成完备的数字化工程信息模型，对设备的状态进行实时监控，实现工程的数字孪生。如图 1-5 所示为在 BIM 模型中，经转换后在 Autodesk Forge 平台中实现的与 IoT 设备信息集成，形成运营维护管理应用。

目前，BIM 正在突破软件的应用边界，不断与工程建设行业的建设过程及竣工后的运营维护的需求进一步集成，成为工程建设行业数字化转型的重要力量。在城市管理层面，通过与城市地理信息系统整合，BIM 数据已经成为智慧城市运营的重要数据基础。

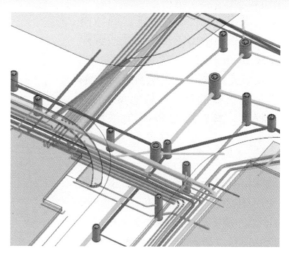

图　1-4

图　1-5

1.2　Revit 基础操作

1.2.1　Revit 界面

2002 年，Autodesk（欧特克）以 1.33 亿美元收购 BIM 参数化设计软件公司 Revit Technology（Revit 技术公司），并于 2004 年在中国发布 Autodesk Revit 5.1 版，BIM 概念随之引入中国。利用 Revit 软件可以创建包含完整建筑工程信息的三维数字模型，利用该数字模型由软件自动生成设计所需要的工程视图，添加尺寸标注等信息，使得设计师可以在设计的过程中在直观的三维空间中审察设计的各个细节，特别对于形态复杂的建筑设计来说，无论其直观的表达还是其高效、准确的图档，效率的提升都不言而喻。

一直以来 Revit 保持着每年升级一个新版本的速度不断更新，目前已经发展到最新的 2022 版（截止 2021 年）。Revit 中已集成了包括建筑、结构、暖通、给水排水、电气、装配式、钢结构功能模块在内的综合型 BIM 工具。

学习和掌握 Revit 最好的方法就是动手实践。接下来，请随笔者一起启动 Autodesk Revit 软件，探索 Revit 软件的操作方法。

要使用 Revit，你必须在计算机中安装它。读者可参考附录 B 中介绍的软硬件要求来判断自己的计算机是否具备安装 Revit 的基础条件, 确认满足要求后根据给出的软件安装步骤即可安装 Revit 程序。

安装完成后, 会在桌面及开始菜单中创建快捷图标, 与其他 Windows 应用程序一样, 双击 Revit 的快捷图标 即可启动 Revit 应用程序。

启动后, 会显示如图 1-6 所示的 "最近使用的文件" 界面。在该界面中, Revit 会分别按时间顺序依次列出最近使用的项目文件和族文件缩略图及文件名称, 单击缩略图将打开对应的文件。单击左侧的 "打开" 按钮可打开指定的项目文件或族文件, 单击 "新建" 按钮可基于指定的样板创建新的项目文件或族文件。如果你在使用 Autodesk 的工程云服务, 还可以单击左侧 "Autodesk Docs" 切换至浏览显示存储于 Autodesk Docs 云服务器的工程文档。

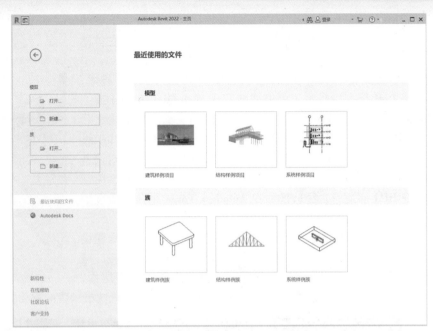

图 1-6

提 示

注意在安装 Revit 后会在开始菜单中同时提供一款名为 "Revit Viewer" 的软件, 该软件用于以只读的方式浏览和查看 Revit 项目文件, 在 Revit Viewer 中不能保存、另存为、导出或打印 Revit 项目文件。

在 "最近使用的文件" 界面 "项目" 列表中单击 "建筑样例项目" 缩略图, 打开 "建筑样例项目" 文件。Revit 进入项目查看与编辑状态, 移动鼠标指针至场景中任意构件位置单击选择该构件图元, Revit 将显示与所选择构件相关的上下文选项卡。其界面如图 1-7 所示。

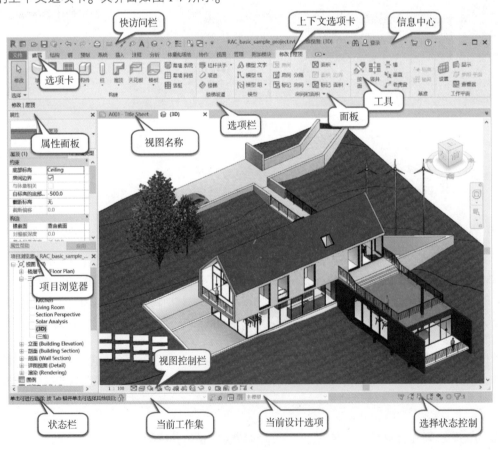

图 1-7

单击选项卡的名称,可以在各选项卡中进行切换。每个选项卡中都包括一个或多个由各种工具组成的面板,每个面板都会在下方显示该面板的名称。单击面板上的工具,可以执行该工具。读者可以自行在不同的选项卡中切换,熟悉各选项卡中所包含的面板及工具。当移动鼠标指针至任意工具图标上并稍做停留,Revit 会给出当前工具的使用提示。如图 1-8 所示,对于有些复杂的工具,停留时间稍长时 Revit 将给出该工具详细的使用指引,以便于用户直观了解该工具的使用方法。

由于 Revit 面向建筑、结构、暖通等各专业用户,因此默认 Revit 将显示全部的功能选项卡。Revit 允许用户根据自身的专业显示或隐藏界面中的选项卡。单击"文件"选项卡列表中的"选项"按钮,打开"选项"对话框,如图 1-9 所示,切换至"用户界面"选项,在右侧"配置"列表中,可以控制要显示在主界面中的各选项卡和工具。如有需要,用户还可以单击"双击选项"后的"自定义"按钮,自定义在视图中双击图元后 Revit执行的操作方式。

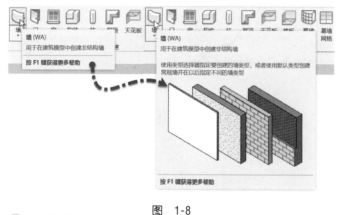

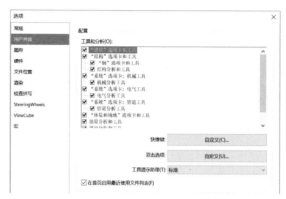

图 1-8 图 1-9

提示

> 用户界面设置中"工具提示助理"选项可用于控制鼠标指针停留在工具上显示工具提示所需要停留的时长。

在 Revit 中,功能区面板有三种显示模式,即最小化为选项卡、最小化为面板标题、最小化为面板按钮。单击选项卡后的选项板状态切换按钮 ,可在以上各状态中进行切换。如图 1-10 所示,为"最小化为面板按钮"状态时 Revit 的界面。当用单击各工具时,将临时弹出完整的面板及相关工具。用户可以尝试将选项板切换为其他状态,以体验不同状态下 Revit 的界面样式。

图 1-10

在功能区任意空白区域内右击,可以控制是否显示面板标题,如图 1-11 所示。当不勾选"显示面板标题",Revit 将隐藏每个工具面板的标题名称。

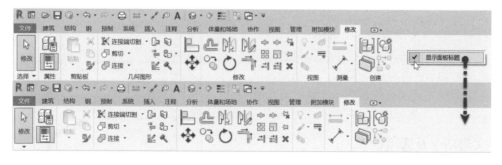

图 1-11

Revit 界面中,单击工具面板名称旁的箭头符号可打开相应的设置对话框用于设置该类别对象的相关设置属性。例如单击"结构"选项卡中"结构"面板右侧的箭头符号,将打开如图 1-12 所示的"结构设置"对话框,用于设置结构图元的显示方式及荷载工况。

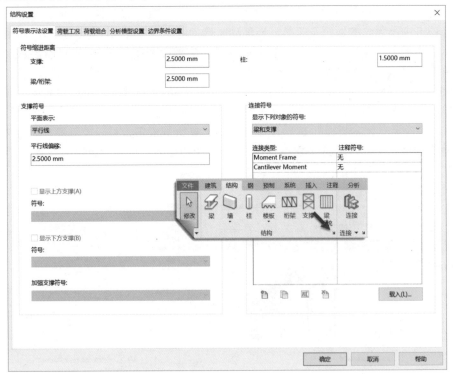

图　1-12

在工具面板标题位置按住鼠标左键并拖动时，可以将该面板拖拽至当前选项卡中其他位置，用于改变功能面板的位置。也可以将面板拖拽至绘图区域的任意位置，使该面板变为浮动面板。浮动面板将不随当前选项卡的切换而变化。可随时单击如图 1-13 所示浮动面板右上方的"将面板返回到功能区"符号使浮动面板返回至该面板原来所在的选项卡中。

图　1-13

对于面板中经常使用的工具，可以在面板中右击该工具，在弹出的右键菜单中选择"添加到快速访问工具栏"，将所选择的工具添加到快速访问工具栏。如图 1-14 所示，可以通过 Revit 快速访问工具栏直接访问其中的工具，其功能与面板中执行该工具相同。由于快速访问工具栏将一直显示在主界面中而不需要在不同的选项卡间进行切换，从而提高命令的执行效率。

图　1-14

如图 1-15 所示，单击快速访问工具栏后方的"自定义快速访问工具栏"下拉菜单，可控制默认工具是否在快速访问工具栏中显示；单击"自定义快速访问工具栏"选项，将打开"自定义快速访问工具栏"对话框。在该对话框中，可以对快速访问工具栏中各工具的显示顺序、显示分组进行调节，并可通过勾选"在功能区下方显示快速访问工具栏"选项将快速访问工具栏显示在功能区的下方。

1.2.2　上下文选项卡及选项栏

在 Revit 中执行任何工具命令后将自动切换至上下文选项卡，并以淡绿色显示该上下文选项卡的内容。如图 1-16 所示，使用"墙"工具后上下文选项卡显示为

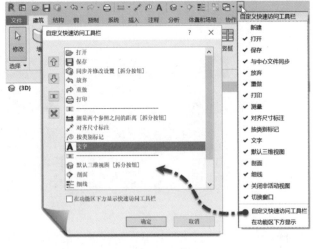

图　1-15

"修改丨放置墙"，在该选项卡中除显示"修改"选项卡中的相关工具面板外，还包含"绘制"方式绿色面板，绿色面板中的工具随当前选择的工具不同而不同，因此称为上下文关联面板。在该面板中，可以在使用工具时选择与该工具相关的操作选项，例如在"绘制"面板中可以选择墙体的绘制方式为直线或矩形。

与上下文选项卡关联的是"选项栏"。选项栏默认位于功能区工具面板下方，用于设置当前正在执行的操作的细节设置。如图1-16所示在3D视图中执行墙工具时可

图 1-16

以通过选项栏设置墙的"标高"，并在"高度"下拉列表中对墙到达的顶部高度进行设置，通过设置"定位线"选项指定绘制墙时的定位方式以及偏移的距离值。右击选项栏的空白位置，在弹出菜单中选择"固定在底部"可将选项栏固定在Revit主界面的下方。

◄)) 提 示

在"属性"面板中也可以直接修改相关尺寸参数值，其作用与选项栏相同。

在Revit中选择对象时，也将自动切换至与所选择对象相关的修改上下文选项卡。如图1-17所示，为选择墙对象时显示的"修改丨墙"上下文选项卡。上下文选项卡是将"修改"选项卡中的工具与所选对象相关的专用编辑工具面板的组合。左侧灰色标题面板中工具为在Revit中通用修改工具，如移动、复制等；而右侧淡绿色标题面板中的工具，则为所选择墙体对象所特有的编辑工具，如编辑轮廓、重设轮廓等。

图 1-17

状态栏位于界面的左下方，用于给出当前相关执行命令的提示。如图1-18所示，在执行"墙"命令后，状态栏提示下一步的操作为在绘图区域"单击可输入墙起始点"。当选择不同的工具时，Revit会在状态栏中给出不同的提示内容。注意状态栏的提示，对于快速掌握Revit软件的操作大有裨益。

1.2.3 属性面板

在"属性"面板可以查看和修改Revit中各图元的参数。在建筑和结构模型创建的过程中通常需要查询及修改各构件的类型、标高、偏移等参数信息，可以通过属性面板中各相应的参数来进行查询和修改。Revit属性面板各部分功能如图1-19所示。可以通过按键盘〈Ctrl+1〉键打开或关闭"属性"面板。

"属性"面板中显示的参数信息随选择的图元属性的不同而变化。如未选择任何图元，将显示当前视图的属性。修改"属性"面板中对应参数名称，将修改图元的相关信息。例如，修改墙的底部约束和底部偏移值将修改所选择墙图元的底部位置，从而修改墙图元的几何尺寸。

单击"属性"面板中"编辑类型"按钮将打开"类型属性"对话框。该对话框中将显示与当前对象相关的族类型参数。不同的图元具有不同的类型参数。以墙为例，在如图1-20所示的类型属性中可以看到当前采用的族为"系统族：基本

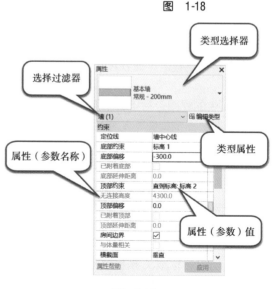

图 1-19

墙"，当前的类型名称为"常规－200mm"，在类型参数列表中，提供了"结构""功能""传热系数"等几个类型参数供用户设置。无论图元属性还是类型属性，Revit都会将参数分组显示以方便参数管理。例如，在如图1-20所示的墙类型参数中，分别显示了"构造""图形""材质和装饰"等多个参数组，并以颜色填充用于区分参数组名称与类型参数名称。可单击参数组名称显示或隐藏该参数组下的所有参数。

在"类型属性"对话框中，单击"复制"按钮可为当前族创建新的族类型。单击"结构"后的"编辑"按钮，Revit将弹出"编辑部件"对话框，在该对话框中可以对墙类型的构造进行设置。如图1-21所示，可通过使用"插入"按钮添加新的墙构造，并通过修改"厚度"参数修改各构造层的几何尺寸，并使用"材质"参数为构造层指定材质信息。点击"预览"按钮将打开预览窗口，预览显示当前族类型的参数设置结果。

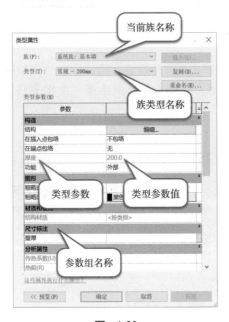

图　1-20

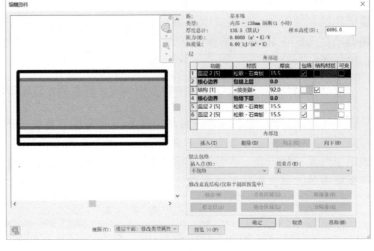

图　1-21

族与族类型是Revit中非常重要的概念，族是Revit管理对象的一种方法。在后面章节中将详细介绍族与族类型。

1.2.4　项目浏览器

Revit中的项目浏览器用来组织和管理当前项目中包括的所有信息，包括项目的视图、族、链接等项目资源。Revit使用树形结构来管理各相关资源。Revit按逻辑层次关系组织这些项目资源，方便用户管理。展开各分支时，将显示下一层级的内容。项目浏览器中，项目类别前显示"田"表示该类别中还包括其他子类别项目。在Revit中进行BIM模型创建和查看时，最常用的操作就是通过项目浏览器在各视图中切换，如图1-22所示，展开视图类别中"楼层平面"类别，Revit将显示该楼层平面类别中所有可用楼层平面视图，双击任意楼层平面视图名称可切换至指定楼层平面视图。

图　1-22

Revit中的视图包括楼层平面视图、立面视图、剖面视图、三维视图、图纸视图、明细表视图、图例视图等多种视图类型。在Revit中可以根据显示规则生成任意类型的视图。例如，可以基于±0.000标高生成一层楼层平面视图、一层防火分区视图、一层楼梯详图视图、一层卫生间大样视图等。可以为视图设置不同视图类型，以方便对视图进行分类管理。在定义视图类型时可以为该类视图指定默认视图样板以满足各类视图出图显示的要求。

如果希望快速查找指定名称的视图，可以在项目浏览器中直接按键盘〈Ctrl＋F3〉键，弹出"在项目浏览器中搜索"对话框，可以输入视图名称或关键字查找到指定的视图，如图1-23所示。项目浏览器设置及视图的控制，特别是视图样板的定义是Revit中

图　1-23

完成施工图设计的重要基础工作。在《Revit 建筑设计思维课堂》一书中对项目浏览器的设置及视图、视图样板有详细的介绍，在此不再赘述。

提示

可以在项目样板中预设好视图及视图样板，以方便在项目中根据视图样板显示相应的视图。

属性面板及项目浏览器面板均属于浮动面板。如图 1-24 所示，单击"视图"选项卡"窗口"面板中"用户界面"下拉列表，可通过勾选"属性"和"项目浏览器"前的复选框来打开或关闭相应的面板。

在 Revit 中当拖动浮动面板至屏幕边缘时会给出面板放置位置的预览。当多个面板重叠放置时可以按组合的形式将各面板堆叠放置以节约屏幕空间。如图 1-25 所示为属性面板与项目浏览器堆叠的显示方式。

图 1-24

图 1-25

1.3 Revit 中常见术语

在 Revit 中要进行 BIM 三维设计，需要先了解 Revit 软件中的几个重要概念。Revit 中大部分的对象工具都采用工程对象术语，例如墙、楼板、楼梯等。但软件中包括几个专用的术语，读者务必全面理解和掌握。

Revit 中常见的术语包括参数化、项目、项目样板、对象类别、族、族类型以及族实例等。

Revit 拥有自己专用的数据存储格式。针对不同用途的文件，Revit 将存储为不同格式的文件。在 Revit 中最常见的几种类型的文件为项目文件、样板文件和族文件。

1.3.1 参数化

"参数化"是 Revit 软件的重要特性，也是基于 BIM 进行三维设计的优势之一。参数化设计（Parameric Design）也称变量化设计（Variational Design），是美国麻省理工学院 Gossard 教授提出的概念，它是 CAD 领域里的一大研究热点。近十几年来，国内外从事 CAD 研究的专家学者之所以对其投入极大的精力和热情进行研究，是因为参数化设计在工程实际中有广泛的应用价值。在 Revit 中，所谓参数化是指各模型图元之间的约束关系，例如约束图元间的相对距离、管道共线等，Revit 会自动记录这些几何约束特征并自动维护几何图元之间的关系。例如，指定窗距离楼面标高的高度为 900mm，当修改建筑标高时，Revit 会自动修改窗的位置以保证其距离标高的距离为 900mm。构件间的参数化关系可以在创建模型时由 Revit 自动创建，也可以根据需要由用户手动创建。

参数化设计是 Revit 的一个重要特征，它分为两部分：参数化图元和参数化修改引擎。Revit 中的图元都以"族"的形式出现，这些构件是通过一系列参数定义的。参数保存了图元作为数字化建筑构件的所有信息。在项目中无论在属性面板还是类型面板中都可以通过输入指定参数的值来修改图元的位置。

Revit 提供了全局参数功能，可以在项目中自定义全局参数，使用该参数对项目进行全面的参数控制。例如，可以定义"门垛宽"参数值，如图 1-26 所示为"全局参数"对话框中定义"门垛宽"参数的示例。

定义全局参数后可以将该全局参数应用于项目所有门垛的尺寸标注位置。如图 1-27 所示，当修改全局参数值时所有应用该参数的门垛将同时进行修改。

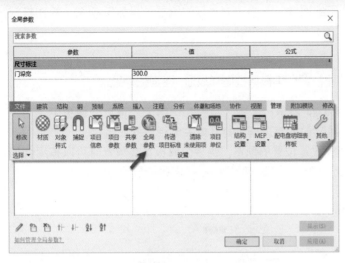

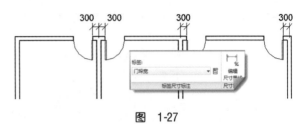

图 1-26　　　　　　　　　　　图 1-27

1.3.2　项目与项目样板

Revit 中所有设计的模型、视图及信息都被存储在一个后缀名为".rvt"的项目文件中，项目文件包括工程项目中所需的全部 BIM 信息。这些信息包括建筑的三维模型、平立剖面及节点视图、各种明细表、施工图以及其他相关信息。可以说 Revit 的项目是一个集成的工程信息数据库。Revit 允许用户根据项目需要为任意构件添加自定义参数，从而扩展 BIM 的信息层级。如图 1-28 所示，使用"项目参数"打开项目参数对话框，通过添加、修改的方式为项目中的各类图元添加指定的项目参数。例如可为门、窗类别的图元添加自定义的"防火等级"参数，用于记录门的防火等级信息。在定义项目参数时可指定该参数的类型为实例参数或类型参数，以便于对构件的参数进行管理。

以实例参数的形式添加"防火等级"参数后，将在门、窗图元的属性面板中显示该参数的信息，如图 1-29 所示。在设计过程中可根据项目的设计需求为图元添加防火等级信息。

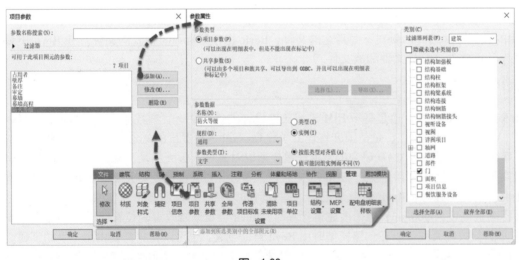

图 1-28　　　　　　　　　　　图 1-29

在 Revit 中，所有的项目在保存时均可控制是否生成项目的备份文件，如图 1-30 所示。通过指定"最大备份数"可以设置保留的备份数量。Revit 会自动按保存备份文件数命名文件为 fileName.001.rvt、fileName.002.rvt、 fileName. 003. rvt……直到达到最大备份数量后，删除最早的备份文件。可以在保存文件时通过单击"保存"对话框中的"选项"按钮打开"文件保存选项"对话框。

当在 Revit 中新建项目时，Revit 会自动以一个后缀名为".rte"的文件作为项目的初始条件，这个".rte"格式的文件称为"样板文件"。样板文件中定义了新建的项目中默认的初始参数，例如项目默认的度量单位、默认的楼层数量的设置、标高信息、线型设置、显示设置、项目参数等。Revit 允许用户自定义样板文件中的各项设置，并保存为新的.rte 文件。

在进行建筑专业或结构专业 BIM 设计时，为满足平面、剖面等各类视图的显示要求，可以在样板中预设置各类视图的样板，以便于在施工图设计时显示正确的线型、线样式及填充。如图 1-31 所示为在项目样板中预设的视图样板。在项目各视图中通过应用相应的视图样板可以自动调整视图的显示方式，以满足不同专业 BIM 设计的显示要求。

图　1-30

图　1-31

使用"管理"选项卡"设置"面板中"传递项目标准"功能可以在已有的几个项目样板间进行预设的信息传递。关于传递项目标准的详细操作请参考本系列丛书《Revit 建筑设计思维课堂》中的相关章节。

1.3.3　对象类别

对象类别也可以称为族类别。Revit 中的轴网、墙、柱、尺寸标注、文字等对象以对象类别的方式进行自动归类和管理，并根据对象的性质将其划分为模型类别、注释类别等进行细分管理。例如，模型图元类别包括墙、楼梯、楼板、卫浴装置等；注释类别包括门窗标记、尺寸标注、轴网、文字等。

在项目任意视图中通过按键盘默认快捷键 VV，将打开"可见性/图形替换"对话框，如图 1-32 所示，在该对话框中可以查看 Revit 包含的详细的类别名称。

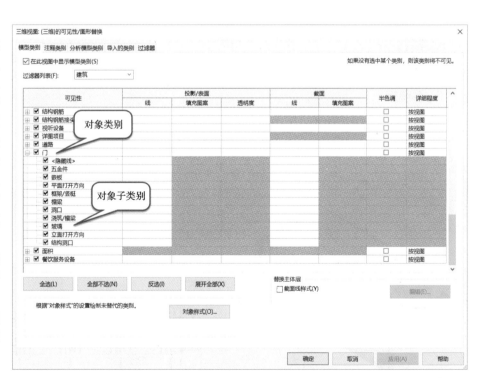

图　1-32

注意在 Revit 的各对象类别中还包含对象子类别。例如门对象类别中还包含五金件、嵌板、玻璃等子类别。Revit 允许分别控制对象类别中各子类别的可见性、线型、线宽等设置，控制模型图元在平面、剖面、立面等不同视图中的显示样式，以满足 BIM 设计出图的要求。要修改子类别，可以通过"管理"选项卡"设置"面板中的"对象样式"来修改和添加子类别，如图 1-33 所示。对于门窗等可载入族，Revit 还允许在自定义族时自定义对象的子类别，并在项目使用时自动继承族中的子类别设置。

在创建各类对象时，Revit 会自动根据对象所使用的族将该图元自动归类到正确的对象类别当中。例如，放置门时 Revit 会自动将该图元归类于"门"对象类别。

1.3.4 族

Revit 的项目是由墙、门、窗、楼板、楼梯等一系列基本对象"堆积"而成的，这些基本的对象模型称为图元。除三维模型图元外，包括文字、尺寸标注等对象也称为图元。

族是 Revit 项目的基础，Revit 的任何单一图元都由某一个特定族产生。例如，一面墙、一个楼梯、一个尺寸标注、一个图框，这些图元均由相应类别的族产生。所有族均属于特定的族类别，Revit 通过识别不同的族类别信息将各类族产生的实例图元归属于不同的对象类别进行管理。

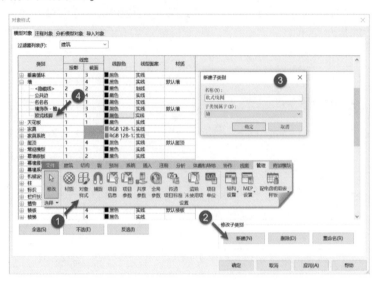

图　1-33

由同一个族产生的不同图元均具有相似的属性或类型属性。例如，对于一个平开门族，由该族产生的图元都具备高度、宽度等参数，但具体每个门的高度、宽度的值可以不同，这由该族的类型或实例参数定义决定。

在 Revit 中，族可划分为以下三种类型：

1. 可载入族

可载入族是指单独保存为族 .rfa 格式的独立族文件，且可以随时载入到项目中的族。Revit 提供了族样板文件，允许用户自定义任意形式的族。在 Revit 中，门、窗、结构柱、卫浴装置等均为可载入族。如图 1-34 所示为家具布置中的沙发族，在该族中定义了沙发的几何形状，并可对各部位的材质进行控制。

2. 系统族

系统族仅能利用系统提供的默认参数进行定义，不能作为单个族文件载入或创建。系统族包括墙、楼板、屋顶、楼梯、标高、轴网、尺寸标注等。系统族中定义的族类型可以使用"项目传递"功能在不同的项目之间进行传递。在 Revit 中，系统族可以嵌套多个可载入族，例如在系统族"栏杆扶手"中可嵌套扶手轮廓、栏杆族等多个可载入族，生成如图 1-35 所示的复杂族图元。

图　1-34

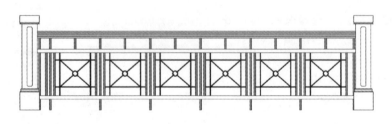

图　1-35

3. 内建族

由用户在项目中直接创建的族称为内建族。内建族仅能在本项目中使用，既不能保存为单独的 . rfa 格式的族文件，也不能通过"项目传递"功能将其传递给其他项目。

内建族仅能包含一种族类型，Revit 不允许用户通过复制内建族类型来创建新的族类型。

1. 3. 5 族类型与族实例

除内建族外，每一个族都包含一个或多个不同的类型，用于定义不同的对象特性。例如，对于特定的平开门族来说，可以通过创建不同的族类型，定义不同洞口宽度和高度尺寸。而每个放置在项目中的实际门图元，则称为该类型的一个实例。Revit 通过类型属性参数和实例属性参数控制图元的类型或实例参数特征。同一类型的所有实例均具备相同的类型属性参数设置，而同一类型的不同实例可以具备完全不同的实例参数设置。

如图 1-36 所示，列举了 Revit 中族类别、族名称、族类型和族实例之间的相互关系。

例如，对于同一类型的不同门实例，它们均具备相同的门洞尺寸和材质定义，但可以具备不同的标高、门槛高等信息。修改类型属性的值会影响该族类型的所有实例图元，而修改实例属性时仅影响所有被选择的图元。要修改某个族实例使其具有不同的类型定义，必须为族创建新的族类型。

在 Revit 中，项目、对象类别、族名称、族类型、族实例构成了完整的 BIM 信息库，其层级关系如图 1-37 所示。

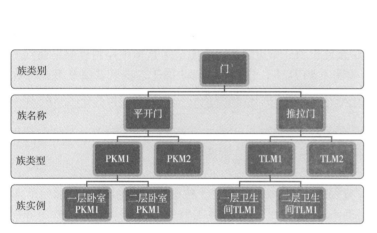

图 1-36

图 1-37

本节中介绍的几个概念构成了 Revit 中 BIM 信息管理的基础，也是 Revit 在操作过程中最常见的一些行为描述。这些晦涩难懂的概念只需要了解和区别即可，在后续的实战操作中会进一步加深对这些概念的理解。

1.4 视图与视图控制

1. 4. 1 视图类型

Revit 提供了多种视图形式用于全面查看 BIM 模型。常用的视图有平面视图、立面视图、剖面视图、详图索引视图、三维视图、图例视图、明细表视图等。同一项目可以有任意多个视图，例如对于 F1 标高，可以根据需要创建任意数量的楼层平面视图，用于表现不同的功能要求，如 F1 梁布置视图、F1 柱布置视图、F1 房间功能视图、F1 防火分区视图、F1 暖通平面视图、F1 给水排水平面视图等。所有视图均根据模型图元剖切后在指定位置投影生成。

如图 1-38 所示，Revit 在"视图"选项卡"创建"面板中提供了创建各类视图的工具，也可以在项目浏览器中根据需要创建不同视图类型。

1. 楼层平面视图及天花板平面视图

楼层平面视图及天花板视图是沿项目水平方向，按指定的标高偏移位置剖切项目生成的视图。楼层平面视图以剖切面为基准自下向上投影，而天花板视图则以剖切面为基准自上向下投影。楼层平面视图类似于建筑设

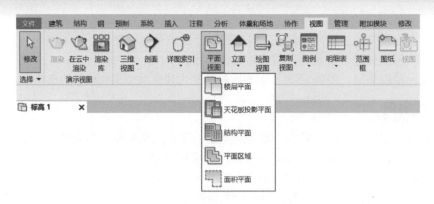

图 1-38

计中的平面图。

大多数项目至少包含一个楼层平面。楼层平面视图在创建项目标高时默认可以自动创建对应的楼层平面视图；在立面视图中，已创建的楼层平面视图的标高标头显示为蓝色，无平面关联的标高标头显示为黑色。除使用项目浏览器外，在立面中可以通过双击蓝色标高标头进入对应的楼层平面视图；使用"视图"选项卡"创建"面板中的"平面视图"工具可以手动创建楼层平面视图。

在楼层平面视图中，当不选择任何图元时"属性"面板将显示当前视图的属性。在"属性"面板中单击"视图范围"后的编辑按钮，将打开"视图范围"对话框，如图1-39所示。在该对话框中可以定义视图的剖切位置以及视图深度范围。

该对话框中，各主要功能介绍如下：

（1）视图主要范围。

每个平面视图都具有"视图范围"视图属性，该属性也称为可见范围。视图范围是用于控制楼层平面视图中几何模型对象的可见性和外观的一组水平平面，如图1-40所示，分别称顶部平面①、剖切面②和底部平面③。顶部平面和底部平面用于制定视图范围最顶部和底部位置，剖切面是确定剖切高度的平面，这3个平面用于定义视图范围的"主要范围"。

在楼层平面视图中与剖切面②相交的图元将以剖面线的方式显示（如常见的墙体）；在剖切面②与底部平面③之间的图元和位于顶部平面①和剖切面②之间的图元将以投影的方式在视图中显示。

（2）视图深度范围。

"视图深度"是视图范围外的附加平面，可以设置视图深度的标高，以显示位于底裁剪平面之下的图元，默认情况下该标高与底部重合。"主要范围"的底部不能超过"视图深度"设置的范围。在 Revit 中位于视图深度范围内的图元将以"超出"线型方式显示在楼层平面视图中。

图 1-39　　　　　　　　　　　　　　图 1-40

2. 立面视图

立面视图是 Revit 几何模型在立面方向上的投影视图。在 Revit 中，默认每个项目将包含东、西、南、北4个立面视图，并在楼层平面视图中显示立面视图符号　。双击立面标记中黑色小三角会直接进入立面视图。Revit 允许用户在楼层平面视图或天花板视图中创建任意立面视图。如图1-41所示为 Revit 中生成的某小别墅项目的东立面视图。

3. 剖面视图

剖面视图允许用户在平面、立面或详图视图中通过在指定位置绘制剖面符号线,在该位置对模型进行剖切,并根据剖面视图的剖切和投影方向生成模型投影。如图 1-42 所示为在 Revit 中生成的小别墅剖面视图,在该视图中添加了尺寸标注、文字标注等注释图元,并开启了阴影效果。剖面视图具有明确的剖切范围,可以通过拖拽剖面标头调整剖切深度及范围。

图　1-41

4. 详图索引视图

当需要对模型的局部细节进行放大显示时,可以使用详图索引视图。可向平面视图、剖面视图、详图视图或立面视图中添加详图索引,这个创建详图索引的视图,被称为"父视图"。在详图索引范围内的模型部分,将以详图索引视图中设置的比例显示在独立的视图中。详图索引视图显示父视图中某一部分的放大版本,且所显示的内容与原模型关联。

在建筑设计中,通常需要生成楼梯详图、卫生间布置详图、局部做法详图等视图。可以利用 Revit 详图索引视图工具,直接生成相应的详图索引视图,以满足施工图的绘制要求。如图 1-43 所示为采用详图索引视图工具,索引生成的剖面视图中的檐口详图,并在详图视图中

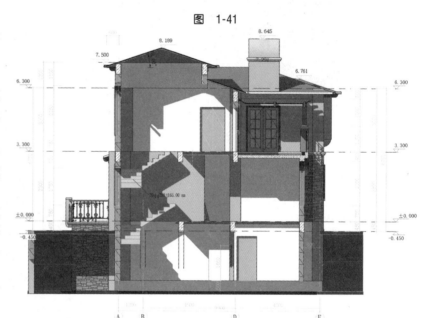

图　1-42

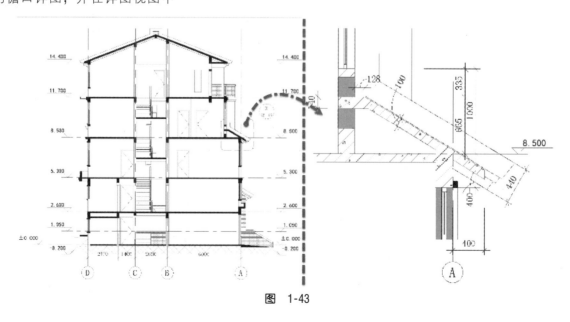

图　1-43

添加了尺寸标注信息。

绘制详图索引的视图是该详图索引视图的父视图。如果删除父视图，也将同时删除与之关联的详图索引视图。

5. 三维视图

Revit 中三维视图分两种：正交三维视图和透视图。在正交三维视图中构件的显示不产生远近透视关系。如图 1-44 所示，左侧图片为"正交"模式三维视图显示，右侧图片为"透视图"模式下的三维视图显示。在透视三维视图中，距离相机位置越远的构件显示越小，这种视图更符合人眼的透视观察视角。单击快速访问栏"默认三维视图"图标 🏠 直接进入默认三维视图，在默认三维视图中可以配合使用键盘〈Shift〉键和鼠标中键灵活调整视图角度。

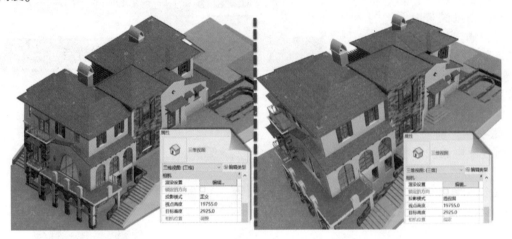

图　1-44

使用"视图"选项卡"创建"面板"三维视图"下拉列表中"相机"工具可在楼层平面视图中通过添加相机生成相机透视三维视图，如图 1-45 所示。

1.4.2　视图操作

可以通过鼠标、ViewCube 和视图导航来对 Revit 视图进行平移、缩放等操作。在平面、立面或三维视图中，通过滚动鼠标滚轮可以对视图进行缩放；按住鼠标中键并拖动，可以实现视图的平移。在默认三维视图中，按住键盘〈Shift〉键并按住鼠标中键拖动鼠标可以实现对三维视图的旋转。

在三维视图中，Revit 还提供了 ViewCube 用于实现对三维视图的控制。ViewCube 默认位于屏幕右上方。如图 1-46 所示，通过单击 ViewCube 的面、顶点或边，可以在模型的各立面、等轴测视图间进行切换。

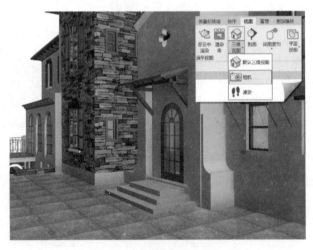

图　1-45

图　1-46

🔊 **提　示**

> 右击 ViewCube，在右键菜单中选择"定向到指定平面"可将任意所选择的平面设置为当前"平面视图"，以便于在该平面上进行绘制。

Revit 还提供了"导航栏"工具条，用于对视图进行更灵活的控制。默认情况下，导航栏位于视图右侧

ViewCube 下方。在任意视图中都可通过导航栏对视图进行控制。

如图 1-47 所示，导航栏提供了视图平移查看工具和视图缩放工具。在透视模式的三维视图中还提供了飞行工具。单击导航栏中上方第一个圆盘图标，将进入全导航控制盘控制模式。如图 1-48 所示，全导航控制盘中提供缩放、平移、动态观察（视图旋转）等命令，移动鼠标指针至导航盘中命令位置，按住左键不动即可执行相应的操作。导航控制盘会跟随鼠标指针的位置一起移动。显示或隐藏导航控制盘的快捷键为〈Shift + W〉键。

导航栏中还提供另外一个工具——"缩放"工具。如图 1-49 所示，单击缩放工具下拉列表可以查看 Revit 提供的视图缩放工具。视图缩放工具用于修改窗口中的可视区域。

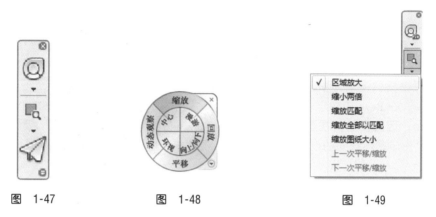

图 1-47　　　　　图 1-48　　　　　图 1-49

在实际操作中，最常使用的缩放工具为"区域放大"，使用该命令时 Revit 允许用户绘制任意的范围窗口区域，将该区域范围内的图元放大至充满视口显示。

任何时候使用视图控制栏缩放列表中"缩放全部以匹配"选项都可以缩放显示当前视图中全部图元。在视图中任意位置双击鼠标中键也会执行该操作。

在透视模式的三维视图中，在导航栏中可单击"飞行"工具进入飞行查看模式，鼠标指针变为 ，此时可按住并拖动鼠标右键对模型进行环视查看。在飞行状态下，按住并拖动鼠标左键可改变相机的查看方向，配合使用键盘的 W、S、A、D 键可以实现向前、向后、向左和向右移动相机，使用键盘的 Q、E 键或〈Page Up〉与〈Page Down〉键来实现向上和向下移动相机。配合使用〈Shift〉键 + 上下滚动鼠标滚轮或按键盘逗号键〈,〉或句号键〈.〉可增加或减少相机的飞行速度。要结束飞行模式，可按键盘〈Esc〉键退出飞行查看模式。需要注意的是，飞行工具仅在"透视图"模式下的三维视图中有效。

◀)) 提示

在调整飞行速度时，Revit 将在状态栏显示当前的飞行速度系数，飞行速度系数越大，飞行速度越快。

除对视口中进行缩放、平移、旋转外，还可以对视图窗口进行控制。前面已经介绍过，在项目浏览器中切换视图时 Revit 将创建新的视图窗口。默认情况下所有已打开的（包括不同项目的）视图窗口将在视图窗口顶部以视图选项卡的方式显示，单击各选项卡的名称可切换至指定的视图窗口。如图 1-50 所示，单击"视图"选项卡"窗口"面板中的"平铺视图"将平铺显示所有已打开的视图，再次单击"选项卡视图"工具将视图显示恢复为选项卡的显示形式。

当打开较多的视图时，这些视图将占用大量的计算机内存资源。在选项卡视图模式下使用"关闭非活动"工具

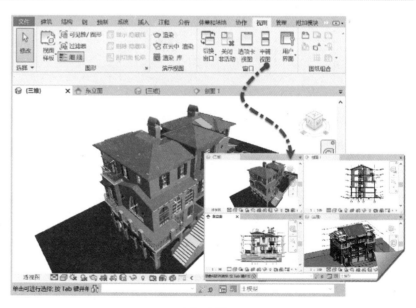

图 1-50

可关闭除当前激活的窗口外的其他视图窗口以节省系统资源。需要注意的是，"关闭非活动"窗口工具不能在平铺视图模式下使用，且会为每个已打开的项目保留一个最近打开的视图。"切换窗口"工具可通过视图名称列表的方式在已打开的视图窗口间进行切换，也可通过键盘快捷键〈Ctrl + Tab〉在各窗口中循环切换显示。

鼠标左键按住并拖动任意视图窗口选项卡，可将该视图设置为独立视图窗口。独立视图窗口可脱离 Revit 绘图区域的限制，作为独立的程序窗口放置在任意位置显示。如果用户的计算机配备多个显示器，可将指定的窗口单独运行于指定的显示器中，以方便追踪和修改窗口中的模型。

1.4.3 视图显示

Revit 为每个视图提供了视图控制栏。通过视图控制栏，可以对视图中的图元进行显示控制，视图控制栏各功能如图 1-51 所示。在三维视图中，Revit 还会在视图控制栏中提供渲染选项，用于启动渲染器对视图进行渲染。在 Revit 中由于各视图均采用独立的视图窗口显示，因此在任何视图中进行视图控制栏的设置均不会影响其他视图的设置。

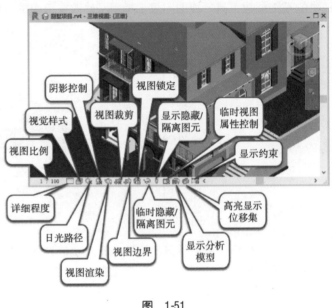

图 1-51

1. 视图比例

视图比例用于控制几何模型与当前视图中尺寸标注等注释图元显示之间的比例关系。如图 1-52 所示，单击视图控制栏"视图比例"按钮，通过在比例列表中选择合适的比例值即可修改当前视图的比例。需要注意的是，无论视图比例如何调整，均不会修改模型的实际尺寸，仅会影响当前视图中添加的文字、尺寸标注等注释信息的相对大小。Revit 允许为项目中的每个视图指定不同比例，也可以创建自定义视图比例。

2. 视图详细程度

Revit 提供了三种视图详细程度：粗略、中等、精细。Revit 中的图元可以在族中定义不同视图详细程度模式下要显示的模型。Revit 通过视图详细程度控制同一图元在不同状态下的显示，以满足出图的要求。如图 1-53 所示分别为管道、风管和桥架在不同视图深度下的显示方式。

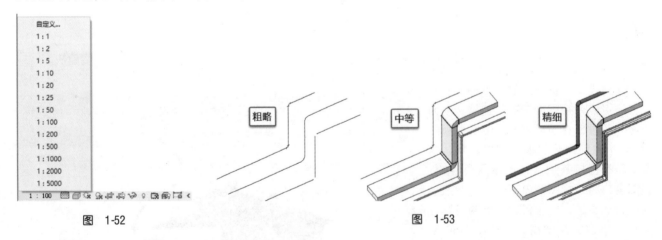

图 1-52

图 1-53

3. 视觉样式

视觉样式用于控制模型在视图中的显示方式。如图 1-54 所示，Revit 提供了 5 种显示视觉样式："线框""隐藏线""着色""一致的颜色"和"真实"，显示效果逐渐增强，但所需系统资源也越来越大。一般情况下可将视图设置为隐藏线或着色模式，这样系统资源消耗较小，运行速度较快；当需要进行项目展示时，可将视图设置为真实模式，以最好的效果充分展示项目的设计成果。

4. 打开/关闭日光路径、打开/关闭阴影

在视图中可以通过"打开/关闭阴影"开关显示模型的光照阴影，增强模型的表

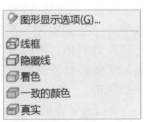

图 1-54

现力。阴影将根据日光路径中日光设置的地理位置和时间进行显示，当检查项目的遮阳设计时，可开启此选项以显示遮阳的效果。

5. 裁剪视图、显示/隐藏裁剪区域

视图裁剪区域定义了视图中用于显示项目的范围，由两个工具组成：是否启用裁剪和是否显示剪裁区域。可以单击"显示裁剪区域"按钮在视图中显示裁剪区域，再通过启用裁剪按钮将视图剪裁功能启用，通过拖拽裁剪边界对视图进行裁剪。裁剪后裁剪区域以外的图元不显示。

6. 临时隔离/隐藏选项和显示隐藏的图元选项

在视图中可以根据需要临时隐藏任意图元。如图1-55所示，选择图元后单击临时隐藏或隔离图元（或图元类别）按钮 ，将弹出隐藏或隔离图元选项，可以分别对所选图元进行隐藏和隔离。其中，隐藏图元选项将隐藏所选图元；隔离图元选项将在视图隐藏所有未被选定的图元。可以根据图元（所有选择的图元对象）或类别（所有与被选择的图元对象属于同一类别的图元）的方式控制图元的隐藏或隔离。

所谓临时隐藏图元是指当关闭项目后，重新打开项目时被隐藏的图元将恢复显示。视图中临时隐藏或隔离图元后，视图周边将显示蓝色边框。此时再次单击隐藏或隔离图元命令，可以选择"重设临时隐藏/隔离"选项恢复被隐藏的图元。或选择"将隐藏/隔离应用到视图"选项，此时视图周边蓝色边框消失，将永久隐藏不可见图元，即无论任何时候图元都将不再显示。

要查看项目中隐藏的图元可以单击视图控制栏中"显示隐藏的图元"按钮 。如图1-56所示，所有被隐藏的图元均会显示为亮红色。选择被隐藏的图元单击"显示隐藏的图元"面板中"取消隐藏图元"选项可以恢复图元在视图中的显示。需要注意的是，恢复图元显示后务必单击"切换显示隐藏图元模式"按钮或再次单击视图控制栏"显示隐藏图元"按钮返回正常显示模式。

图 1-55

图 1-56

> **提示**
>
> 也可以在选择隐藏的图元后右击，在右键菜单中选择"取消在视图中隐藏"子菜单中"按图元"，取消图元的隐藏。

7. 分析模型的可见性

分析模型的可见性用于控制结构体系中分析模型类别的临时可见性。结构图元的分析线会显示一个临时视图模式，隐藏项目视图中的物理模型并仅显示分析模型类别。这是一种临时状态，并不会随项目一起保存，清除此选项则退出临时分析模型视图。

8. 临时视图属性

临时视图属性允许用户通过指定临时视图样板来预览显示应用该视图样板后的视图显示状态。通常用来对视图进行临时显示的快速处理，例如在结构板布置平面视图中临时加载梁平面视图样板，以显示各梁的图元尺寸分布，以方便对其进行参照或处理。临时视图属性通过给视图指定一个新的视图样板的方式，来改变当前视图的显示模式。

9. 显示约束

如果在项目中添加了全局参数，可以通过该开关来显示当前项目中的全局参数的位置。

10. 显示/隐藏渲染对话框（仅三维视图可使用）

单击该按钮将打开渲染对话框，以便对渲染质量、光照等进行详细的设置。Revit 采用 Mental Ray 渲染器进

行渲染。

11. 解锁/锁定三维视图（仅三维视图可使用）

如果需要在三维视图中对模型进行尺寸标注及添加文字注释信息，需要先锁定三维视图，单击该工具将创建新的锁定三维视图。锁定的三维视图不能旋转，但可以平移和缩放。在创建三维详图大样时，可激活该按钮将三维视图方向锁定，防止修改三维视角。

12. 显示位移集

显示位移集用于控制是否以位移的方式显示各构件的关系。位移视图类似于"爆炸"视图，即通过在三维空间中对构件进行分解来表明构件间的关联关系，如图1-57所示。

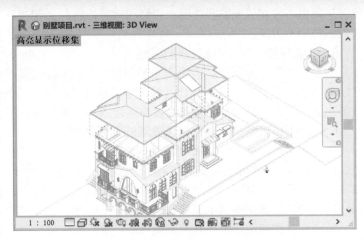

图　1-57

1.5　基本操作

1.5.1　图元选择

要对图元进行修改和编辑，必须选择图元。在 Revit 中可以使用 3 种方式进行图元的选择，即单击选择、框选、按过滤器选择。

1. 单击选择

移动鼠标指针至任意图元上，Revit 将高亮显示该图元并在状态栏中显示有关该图元的信息，单击将选择高亮显示的图元。在选择时如果多个图元彼此重叠，可以移动鼠标指针至图元位置，循环按键盘〈Tab〉键，Revit 将循环高亮预览显示各图元，当要选择的图元高亮显示后单击将选择该图元。

> **◉ 提 示**
>
> 按〈Shift + Tab〉键可以按相反的顺序循环切换图元。

要选择多个图元，可以配合使用键盘〈Ctrl〉键并单击要添加到选择集中的图元；要从选择集中删除图元，可按住键盘〈Shift〉键并单击已选择的图元，将从选择集中取消该图元。

图　1-58

当选择多个图元时，单击"管理"选项卡或上下文关联选项卡中如图1-58所示的"选择"面板中"保存"按钮，弹出"保存选择"对话框，输入选择集的名称，即可保存该选择集。要调用已保存的选择集，单击"管理"选项卡"选择"面板中的"载入"按钮，将弹出"恢复过滤器"对话框，在列表中选择已保存的选择集名称即可。

2. 框选

将光标放在要选择的图元一侧，并以对角线的方式拖拽鼠标指针形成矩形边界，可以绘制选择范围框。当从左至右拖拽鼠标指针绘制范围框时将生成实线范围框，被实线范围框完全包围的图元将被选中；当从右至左拖拽鼠标指针绘制范围框时将生成虚线范围框，所有虚线范围框完全包围或与范围框边界相交的图元均可被选中。

选择多个图元时，如图1-59所示，单击"选择"面板中"过滤器"按钮将打开"过滤器"对话框。在该对话框中可根据图元族类别控制保留在选择集中的图元。

3. 按过滤器选择

在 Revit 中按过滤器选择图元后单击，在空白位置右击，如图1-60所示，在弹出右键快捷菜单中选择"选择全部实例"工具，可在整个项目或当前视图中选择与当前图元相同的所有族实例。

在 Revit 中主界面的右下方提供了选择控制工具。如图1-61所示，各开关分别定义可选择的对象类型，其中链接图元开关控制是

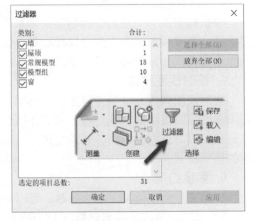

图　1-59

否允许选择链接模型中的图元；基线图元开关控制是否允许选择视图中以基线显示的图元；锁定图元开关控制是否允许选择标记为锁定状态的图元；面图元开关控制是否能够以通过在"面"上单击选择面图元，例如对于楼板，如果允许选择面图元，则在楼板面中任意位置单击均可选择楼板图元，否则仅允许通过楼板边缘进行选择；选择时拖拽用于控制在选择图元时是否可以移动图元的位置。

1.5.2 图元编辑

如图 1-62 所示，Revit 在修改面板中提供了对齐、移动、复制、镜像、旋转等命令，利用这些命令可以对图元进行编辑和修改操作。

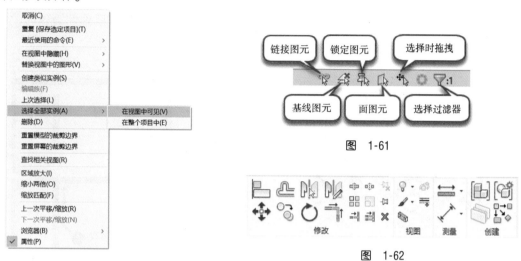

图 1-60

图 1-61

图 1-62

各工具的基本功能见表 1-2。

表 1-2

序号	图标	名称	功能
1		移动	将图元从一个位置移动到另一个位置
2		复制	可复制一个或多个选定图元，并生成副本
3		阵列	创建一个或多个相同图元的线性阵列或半径阵列
4		对齐	将一个或多个图元与选定位置对齐
5		旋转	使图元绕指定轴旋转指定角度
6		偏移	将管道等线性图元沿其垂直方向按指定距离进行复制或移动
7		镜像	通过选择或绘制镜像轴，对所选模型图元执行镜像复制或反转
8		缩放	放大或缩小图元
9		修剪	对图元进行修剪操作
10		拆分图元	将图元分割为两个单独的部分
11		锁定	将图元标记为锁定或解除锁定，锁定图元可防止误操作
12		删除	从项目中删除已选择的图元

在使用上述图元编辑工具时，应多注意选项栏中的相关工具选项。例如，在使用"复制"工具时可以通过勾选选项栏中的"多个"选项实现连续多个复制操作，如图 1-63 所示。各工具均对应不同的选项栏中的选项，请读者自行尝试以熟练掌握各工具的使用。

在设计过程中，经常需要对墙、梁等图元进行修剪、延伸操作。可以使用修剪工具来实现图元的修剪与延伸。如图 1-64 所示，Revit 一共提供了三个修剪和延伸工具，从左至右分别为修剪/延伸为角、单个图元修剪和多个图元修剪。

如图 1-65 所示，使用"修剪"和"延伸"工具时必须先选择修剪或延伸的目标位置，再选择要修剪或延伸的对象。对于多个图元的修剪工具，可以在选择目标后，多次选择要修改的图元，这些图元都将延伸至所选择的目标位置。可以将这些工具用于墙、梁、风管、管道等线性图元的编辑。在修剪或延伸编辑时，单击拾取的图元位置将被保留。

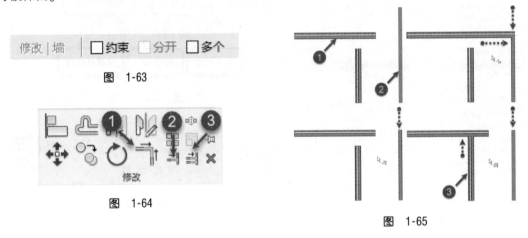

图 1-63

图 1-64

图 1-65

1.5.3 临时尺寸

临时尺寸标注是相对于距离当前光标位置最近的垂直构件进行创建的，并按照设置值递增。如图 1-66 所示，单击项目中的图元，图元周围就会出现蓝色的临时尺寸标注。修改临时尺寸标注上的数值，就可以修改图元位置。可以通过移动尺寸界线来修改临时尺寸标注所参照的构件位置。

可以在"选项"对话框"图形设置"中修改"临时尺寸标注文字外观"中的"大小"，来修改临时尺寸标注的字体尺寸，如图 1-67 所示。

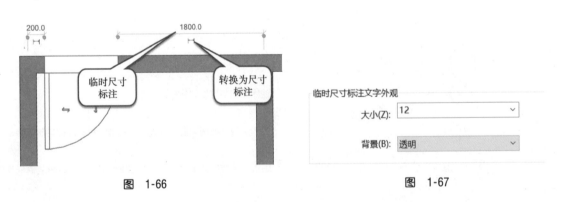

图 1-66

图 1-67

1.5.4 使用快捷键

可以为 Revit 中几乎所有的命令指定键盘快捷键，通过键盘输入快捷键可直接访问 Revit 中的各工具，从而加快工具执行的速度。

例如，在建筑设计过程中，需要经常绘制墙体，可直接通过键盘输入"WA"，Revit 即可执行墙工具，进入墙绘制状态，直接通过键盘输入"MV"将执行修改工具。

在附录 A 中收录了 Revit 常用的默认快捷键清单，并介绍了如何自定义快捷键的操作步骤。用户可根据自己的操作习惯自定义一套属于自己的个性化快捷键，让 Revit 操作更具个性化。

1.6 基于 BIM 的设计流程

在利用 Revit 进行建筑设计时,流程和设计阶段的时间分配上会与二维 CAD 绘图模式有较大区别。Revit 以三维模型为基础,设计过程就是一个虚拟建造的过程。利用 BIM 模型的三维可视化特征,充分协调各专业的三维设计成果,然后再基于三维 BIM 模型通过视图控制生成指定的视图,添加尺寸标注、注释文字等信息得到最终的设计图。Revit 软件目前支持建筑、结构、给水排水、暖通空调、电气等多个专业的设计应用,完成从方案设计、施工图设计、效果图渲染、漫游动画甚至绿色环境分析模拟等所有的设计工作。

针对方案设计,在前期构思时可以利用 Revit 的体量工具进行造型构思,之后再基于体量模型转换为工程设计模型,进一步细化完成施工图设计。本书重点描述基于 Revit 软件以 BIM 设计的方式完成建筑结构专业施工图的模型搭建及图纸绘制,因此如何基于体量完成方案设计不作为本书的重点。

在 Revit 中完成建筑设计时,首先需要对项目进行规划,以明确命名的规则、协同的方式、提资的节点等信息。

开始设计时,需要首先确定好定位信息,通常是从单体开始,确定单体的标高与轴网的信息。对于多个单体组成的建筑群,应分别确定各单体的定位信息,然后再利用共享坐标的方式进行相互定位,以确定各单体的总图位置信息。

在确定了各单体的定位信息后,需要根据各标高的设计需要,分别添加墙、建筑柱、门窗、楼板、楼梯、屋顶等主体图元,生成用于建筑提资的楼层平面视图,将建筑模型发布共享给结构、机电等其他专业进行多专业协同设计。其他专业可采用链接的方式,链接建筑专业的模型作为设计的基础资料。在链接模型文件时,可显示指定的带有标注信息的视图以便于完成设计。同时,在建筑专业模型中继续添加卫浴、家具等装饰图元,并完善外立面等细节模型,根据其他专业的返资情况对主体模型进行优化与调整。

充分协调完成后,结合施工图的需要生成完整的平面、立面、剖面、大样、详图等视图,并分别进行尺寸标注、二维深化、标记等注释信息,得到最终的施工图。由此可见,基于 Revit 的三维设计的流程与二维的设计流程有较大的差异。通过多次协同提资得到最终的优化的设计结果。其优势是即使在协同设计的过程中需要对模型进行优化和调整,Revit 也会自动将变化传递到所有相关联的视图中,以保障图纸的正确性。基于 Revit 的三维协同设计过程,如图 1-68 所示。

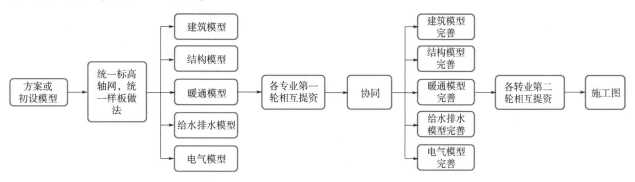

图 1-68

在使用 Revit 进行三维设计时,通常需要先统一项目的样板及定位信息,约定项目的提交节点,各专业分别创建模型并生成独立的单专业的模型文件,各专业模型文件需要根据文件命名规则统一文件名称。在本书中约定以 "项目名称_专业名称" 的规则对各专业的文件进行命名。

项目文件命名中取 4 个字母作为项目名称,通常取项目名称中的首字母,例如可以用 "XMMC" 代表 "项目名称"。专业名称通常用两个字母表示,例如使用 "AR" 代表建筑专业。各专业名称代码见表 1-3。

表 1-3

序号	专业名称	专业代码
1	建筑	AR
2	结构	ST
3	给水排水	PD
4	暖通	AC

（续）

序号	专业名称	专业代码
5	电气	EL
6	场地	ZP
7	小市政	SZ
8	幕墙	MQ
9	综合	ZH

在 Revit 中进行三维设计时，命名规则不仅体现在专业名称中，对于各类构件也应按统一的名称规则进行命名。例如，对于墙体，可以统一为"外墙_砖_200"，这样在整个项目中都采用统一的命名规则，有利于生成施工图时对视图中的显示应用过滤器，以控制图元的显示状态。

在协同设计的过程中，必须保障各专业的 BIM 模型采用相同的定位文件才能保障在链接时各专业模型间不会出现错位。因此，必须在项目开始时规划好项目的标高与轴网文件，该标高与轴网文件将作为整个项目定位文件的基础，其他专业必须以标高与轴网文件作为定位标准。如图 1-69 所示，在 Revit 中可以通过链接的方式以原点到原点的方式链接至本专业的模型中，以保障各楼层、各专业的模型文件项目基点一致。

Revit 还提供了一种名为"工作集"的协同工作方式，在工作集工作状态下，可以多人通过分工，利用同一个"中心文件"模型共同完成设计。这种模式特别适合于同一专业内的分工协作，例如对于同

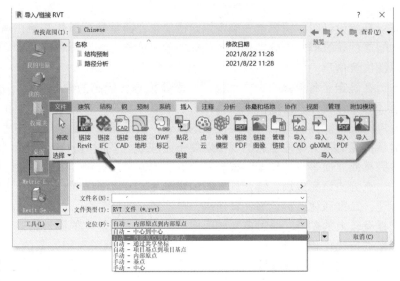

图 1-69

一栋大型商业综合体建筑，可以划分为地下室、裙楼、塔楼三个工作集，同时进行设计，并可通过链接等协同工作方式实时查看其他工作集内的工作成果，以便于实时协作。

在完成协同设计后，可以根据归档或发布的需要将最终的设计模型整合为完整的项目文件。使用"绑定"功能可以将链接的模型文件绑定在当前的项目中，成为当前项目模型的一部分。

1.7 本章小结

本章主要介绍了 BIM 的概念及发展历史，介绍了 Revit 软件的作用及在工程建设行业中的应用范围。读者通过对本章的学习，认识了 Revit 软件中的属性面板、项目浏览器以及系统浏览器的功能及作用，了解了 Revit 中的常见术语（例如参数化、对象类别等）。

本章还介绍了 Revit 中的视图平移、缩放的基本操作方法以及对于图元对象基本编辑的功能。这些内容是 Revit 操作的基础，也是利用 Revit 完成建筑、结构设计的操作基础。

第2章 创建定位图元

第1章介绍了 Revit 中的基本操作，从本章开始将通过具体的案例来学习如何在 Revit 中完成项目的 BIM 设计及出图。Revit 创建和应用模型按流程可以分三大步：第一步为模型定位，第二步为模型创建，第三步为模型应用。模型定位主要是利用标高、轴网等图元对项目的构件进行空间定位。当涉及结构、机电等多专业协同工作时，模型定位非常重要。模型创建主要是将 Revit 的墙、门、窗等图元放置在正确的空间位置，以满足项目的功能设计需求。模型应用主要是指完成 BIM 模型后，依据需求对模型进行分析、出图、管理等应用，从而实现基于 BIM 模型的建筑生命周期管理。

2.1 项目概况

项目实践是最好的学习方式。本书将以如图 2-1 所示的别墅酒店项目为基础，一步一步介绍在 Revit 中创建建筑与结构专业模型，并对建筑与结构专业模型之间进行互相提交，最终生成图纸的全部过程。

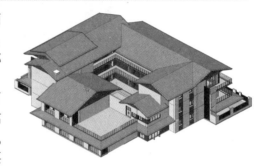

该别墅酒店项目位于重庆市，总建筑面积 1714m²，建筑基底面积 696m²，建筑高度 11.96m，项目 ±0.000 标高等于黄海绝对标高 370.150m。地上共 3 层，均为酒店及客房，无地下室及人防工程。结构采用框架式混凝土结构，抗震设防等级为 6 度。别墅酒店主要平面、立面图如图 2-2 ~ 图 2-7 所示。

图 2-1

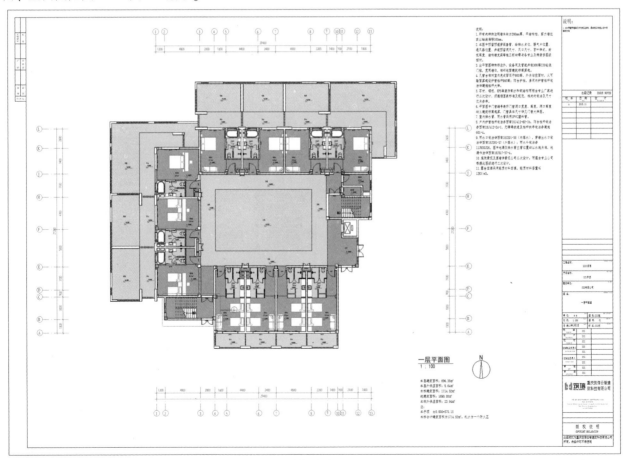

图 2-2

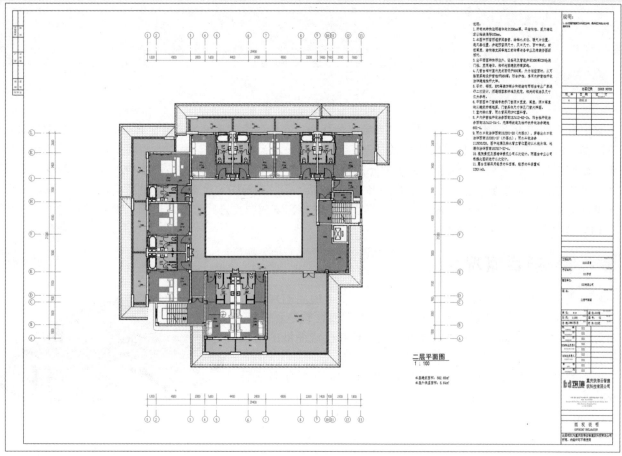

图 2-3

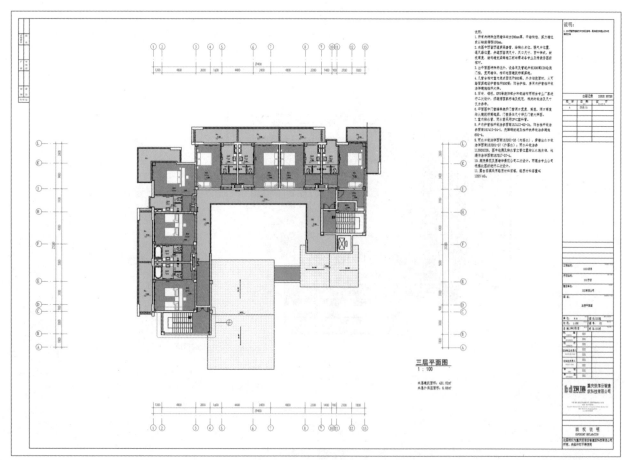

图 2-4

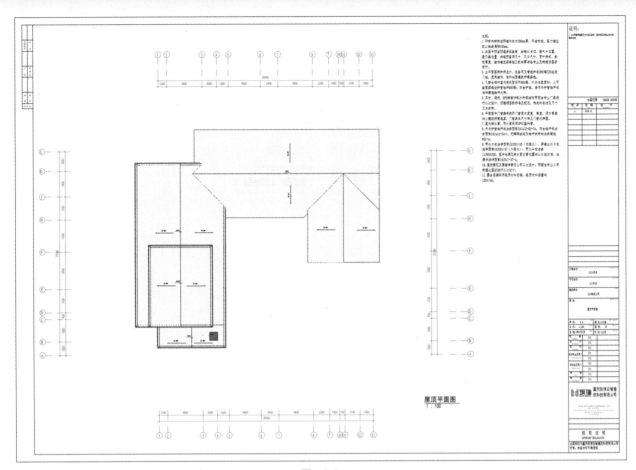

图 2-5

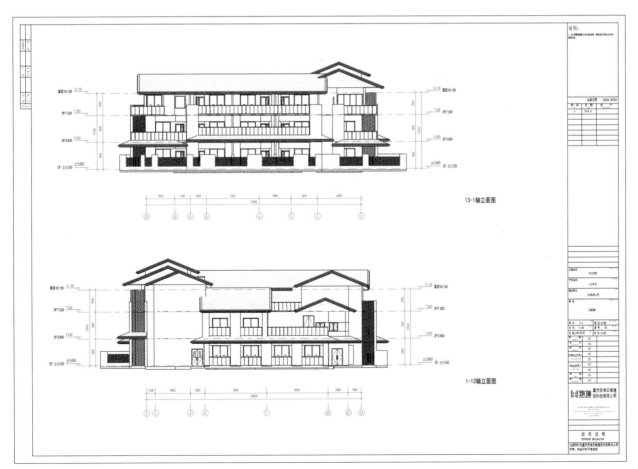

图 2-6

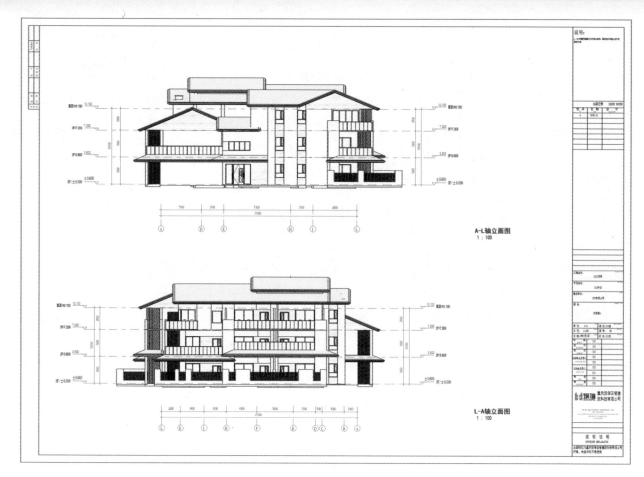

图 2-7

在熟悉了项目的图纸之后，接下来将从空白项目样板开始，创建该项目的 BIM 模型。接下来，将创建别墅酒店项目的定位标高和轴网。

2.2 创建标高

标高和轴网是建筑设计中重要的定位信息。Revit 提供了标高与轴网图元，用于确定构件的位置。由于 Revit 是三维 BIM 软件，因此在 Revit 中标高与轴网均为空间面形式的定位参考平面。如图 2-8 所示，其中轴网控制对象在平面内 X、Y 轴坐标位置，而标高则控制对象在 Z 轴坐标位置。这些面投影在对应的平面视图中则显示为轴网，而投影在立面视图中则投影显示为垂直于该视图的轴网和标高。例如在南立面视图中，将显示数字编号的轴网投影线和标高投影线。

在 Revit 中创建 BIM 模型，一般来说均从标高和轴网定位开始，根据标高和轴网信息建立建筑中的墙、门、窗等模型构件。在 Revit 中创建模型时，遵循"由整体到局部"的原则，从整体出发，逐步细化。建议读者都遵循这一原则进行设计，在创建模型时只需要考虑建模的规则而不需要太多考虑与出图相关的内容，在模型全部创建完成后再来处理图纸相关的工作。

在创建标高时，本书约定项目中标高名称统一为英文缩写：如地下室楼层标高缩写为 B1、B2、B3；正负零以上楼层标高缩写为 F1、F2、F3；屋面层标高缩写为 RF。在项目中统一标高的名称是在 Revit 中进行 BIM 信息统一管理的基础，读者应根据项目的特点，结合企业及行业的一般名称制定统一的标高及其他构件命名规则。

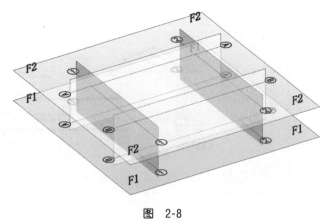

图 2-8

2.2.1　创建项目标高

在别墅酒店项目中，共包括 F1、F2、F3、RF（屋顶）、RF1（屋顶）五个标高。其中，RF 及 RF1 为结构标高，其余标高为建筑标高。接下来将在 Revit 中创建对应的标高图元。

（1）启动 Revit 软件。单击"新建模型"按钮，弹出"新建项目"对话框。如图 2-9 所示，单击"浏览"按钮，浏览至随书文件"第 2 章 \ RVT \ 建筑样板_2022. rte"样板文件，确认"新建项目"对话框中"新建"类型为"项目"，单击"确定"按钮，Revit 将以"建筑样板_2022. rte"为样板建立新项目。

（2）默认将打开 F1 楼层平面视图，注意该样板中默认已经绘制 1 轴和 A 轴两根轴网。在项目浏览器中展开"立面"视图类别，双击"南立面"视图名称，切换至南立面视图。在南立面视图中，显示项目样板中设置的默认标高 F1 与 F2，且 F1 标高值为 ±0.000m，F2 标高值为 3.000m。

（3）适当放大视图显示标高左侧标头位置，单击标高 F2 标高平面选择该标高，标高 F2 将高亮显示。双击标高值，进入如图 2-10 所示标高值文本编辑状态，输入"3.6"，按〈Enter〉键确认输入，向上移动标高 F2 至 3.6m 位置，同时该标高与标高 F1 的临时尺寸标注距离显示为 3600mm。平移视图，观察标高 F2 右侧标头标高值同时被修改。

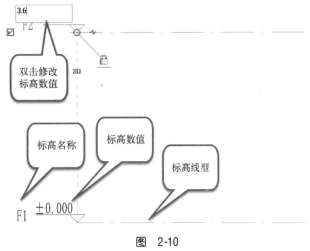

图 2-9　　　　　　　　　　　　　　　图 2-10

🔊 **提　示**

在样板中，已设置标高对象标高值的单位为 m，因此在标高值处输入"3.6"时，Revit 将自动换算为项目长度单位 3600mm。

（4）单击"建筑"选项卡"基准"面板中"标高"工具，进入放置标高绘制模式，Revit 自动切换至"修改 | 放置标高"上下文选项卡。确认"绘制"面板中标高的生成方式为"直线" ⟋。如图 2-11 所示，确认选项栏中勾选"创建平面视图"选项，设置偏移量为 0。

（5）单击选项栏中"平面视图类型"按钮，打开"平面视图类型"对话框，如图 2-12 所示。在视图类型列表中选择"专业拆分"，单击"确定"按钮确认退出"平面视图类型"对话框。将在绘制标高时自动为标高创建与标高同名的楼层平面视图。

图 2-11　　　　　　　　　　　　　　　图 2-12

🔊 **提　示**

"专业拆分"平面视图类型为本节所采用的项目样板中自定义的视图类型。

（6）如图 2-13 所示，单击"属性"面板中类型选择器列表，在弹出列表中将显示当前项目中所有可用的标高类型。选择"上标头"类型，将"上标头"类型设置为当前标高类型。

图 2-13

（7）移动鼠标指针至标高 F2 上方并与 F2 端点对齐，鼠标指针将显示为绘制状态 ┿。当光标位置与标高 F2 端点对齐时，Revit 将捕捉已有标高端点并显示端点对齐蓝色虚线，并在光标与标高 F2 间显示蓝色临时尺寸标注，键盘直接输入 3600 作为 F2 和 F3 之间层高，按〈Enter〉键确认，Revit 将以该位置为起点，进入标高绘制模式。沿水平方向向右移动鼠标指针，当光标移动至已有标高右侧端点位置时，Revit 将显示端点对齐位置，单击完成标高绘制。Revit 自动命名该标高为 F3，并根据与标高 F2 的距离自动计算出标高值为 7.200m，如图 2-14 所示。按〈Esc〉键两次退出当前标高绘制模式。注意观察项目浏览器中将自动建立"F3"楼层平面视图，并显示在"楼层平面（专业拆分）"视图类别中。

（8）使用相同的方式，在 F3 上方 2900mm 位置绘制 F4 标高，标高值为 10.100m。选择 F4 标高，修改"属性"面板"标识数据"参数组中"名称"值为"RF"，勾选"结构"选项，标记该标高将用于确定结构屋面的标高，如图 2-15 所示。

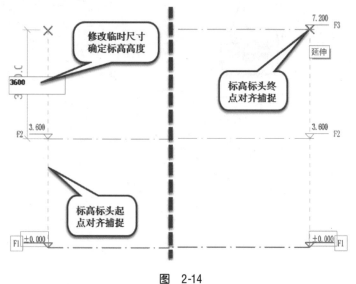

图 2-14

图 2-15

提示

修改标高名称时，Revit 给出"确认标高重命名"对话框，选择"是"提示将对应的视图重新命名为 RF。

（9）选择上一步骤中创建的 RF 标高，Revit 自动切换至"修改 | 标高"选项卡。单击选择"修改"面板中"复制"工具，勾选选项栏中"约束"选项。移动鼠标指针至标高 RF 上任意一点单击作为复制的基点，向上移动鼠标指针，使用键盘输入 3040 并按〈Enter〉键确认，作为复制的距离，Revit 将自动在标高 RF 上方 3040mm 处复制生成新标高，标高值为 13.140m。按〈Esc〉键两次结束绘制模式。通过"属性"面板"名称"参数修改该标高名称为 RF1，注意该标高默认勾选了"结构"参数。完成标高绘制后结果如图 2-16 所示。

（10）注意观察项目浏览器楼层平面视图列表中，并未生成 RF1 标高对应的楼层平面视图，Revit 以黑色标高标头指示没有生成平面视图的标高。至此完成标高绘制。保存该文件，或参见随书文件"第 2 章 \ RVT \ 2-1-1. rvt"项目文件查看完成结果。

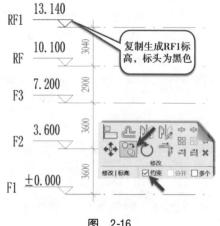

图 2-16

每个标高的高程值、标高名称均由实例参数决定，直接修改标高标头值或名称与修改实例参数中对应的参数值效果完全一致。如图 2-17 所示为 Revit 中标高与标高实例参数的关系。

第一次保存项目时，Revit 会弹出"另存为"对话框。保存项目后，再点击"保存"按钮将直接按原文件名称和路径保存文件。在保存文件时，Revit 默认将为用户自动保留 3 个备份文件，以方便用户找回保存前的项目状态。

2.2.2 标高与视图

在 Revit 中一个标高可以具备多个楼层平面视图或天花板视图。例如，对于 ±0.000 标高，可以具备房间布置视图、防火分区视图、面积分布视图、提资视图等多种类别的视图。在 Revit 中创建标高后，即使在创建标高时未生成楼层平面视图，后续也可根据需要为标高创建楼层平面视图或天花板视图。

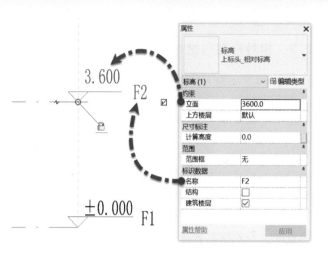

图　2-17

如图 2-18 所示，单击"视图"选项卡"创建"面板中"平面视图"下拉工具列表，在列表中选择"楼层平面视图"，弹出"新建楼层平面"对话框。该对话框中列举了当前项目中所有可用的楼层平面视图类型以及当前项目的标高列表。当勾选"不复制现有视图"选项时，Revit 将在列表中隐藏已在当前楼层平面类型中创建了视图的标高。例如当前楼层平面视图类型为"专业拆分"，标高列表中列举了未创建"专业拆分"视图类型的标高 RF1。

Revit 允许用户根据需要自定义视图类型。单击"新建楼层平面"对话框中"编辑类型"按钮打开"类型属性"对话框。如图 2-19 所示，单击"复制"可为当前楼层平面族创建新的类型，例如创建名称为"提资视图"的新楼层平面视图类型。在创建该视图类型时，可以设置该类型视图中"详图索引标记"的显示方式以及默认的视图样板，视图样板可以定义该类型视图的默认显示方式，包括视图比例、各类图元的显示与隐藏设置、线型设置、颜色设置等。本书第 8 章将介绍视图设置，在此不再赘述。

创建新的视图类型后，将在"新建楼层平面"对话框"类型"列表中显示新建的视图类型。如图 2-20 所示，由于新建的视图类型中还未包含任何标高视图，因此 Revit 将在标高列表中显示项目中所有可用标高。配合键盘〈Ctrl〉键可选择多个标高，单击"确定"按钮后，Revit 将为标高创建新的楼层平面视图，注意项目浏览器中将新建名称为"楼层平面（提资视图）"的新视图类别，以方便管理。

图　2-18

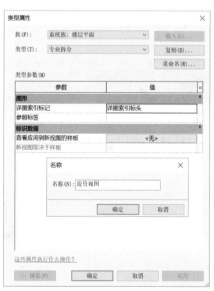

图　2-19

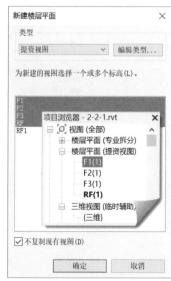

图　2-20

要对视图进行重命名，可在项目浏览器中选择要命名的视图，按键盘〈F2〉键，进入名称修改模式后输入新的视图名称即可。也可以切换至该视图后，通过属性面板对视图名称进行修改。

Revit 通过楼层平面类型来区分不同的视图功能，以满足设计中不同的图纸表达需求，这样可以做到由一个单一的 BIM 几何模型对应不同阶段不同需求的图纸表达的需求。天花板平面视图具有与楼层平面视图相类似的设置模式，在此不再赘述。

2.2.3 相对标高与绝对标高

在 Revit 中，标高值可以显示为绝对高程或相对高程。在别墅酒店项目中，项目 ±0.000 标高对应的绝对高程值为 370.150m，可以通过设置的定位点信息及标高类型属性参数来修改标高值显示为绝对标高还是相对标高。接下来通过操作说明标高修改的操作步骤。

（1）接上节练习，切换至南立面视图。如图 2-21 所示，单击"管理"选项卡"项目位置"面板中"位置"下拉列表，在列表中选择"重新定位项目"选项。

（2）在项目中单击任意标高位置作为操作基点，沿垂直向上方向移动鼠标指针，Revit 会自动捕捉垂直方向位置，并给出当前鼠标指针位置与所选择操作基点间的临时尺寸标注。键盘输入"370.150m"并按键盘〈Enter〉键，修改临时尺寸线标注值，Revit 将项目整体向上移动 370150mm。标高将被移出视图范围之外。

图 2-21

◄)) 提示

在输入长度单位时，输入单位"m"（米），Revit 会自动换算为当前项目长度单位 mm（毫米）。

（3）双击自动根据标高位置重新缩放视图。选择 ±0.000 标高，单击属性面板中的"编辑类型"按钮打开"类型属性"对话框。如图 2-22 所示，修改"类型"值为"上标头"，修改"约束"参数组中"高程基准"值为由"项目基点"修改为"测量点"，单击"确定"按钮退出"类型属性"对话框。

（4）注意项目中所有标高值均显示为绝对高程，如图 2-23 所示。事实上，本次操作执行了两步操作：第一步是将所选择的 ±0.000 标高的类型修改为"上标头"，第二步是由于通过类型参数修改高程基准的值为"测量点"，因此所有采用"上标头"类型的标高图元（包括 F2、F3、RF、RF1）的标高值均以绝对标高的方式显示。

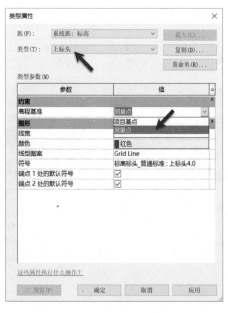

图 2-22

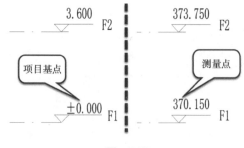

图 2-23

（5）选择 F1 标高，设置标高类型为"正负零标高"，F1 标高将显示为 ±0.000。

（6）再次选择 F2 标高，打开类型属性对话框，如图 2-24 所示，复制创建名称为"上标头_相对标高"的新类型，修改高程基准值为"项目基点"，其他参数不变，单击"确定"按钮退出"类型属性"对话框，注意 F2 标高的标头显示为 3.600m。

（7）在上一步操作中创建了新的标高类型，并设置了不同参数，F2 标高变为"上标头_相对标高"，因此 F2 标头被修改。F3 及 RF、RF1 标高仍为原默认"上标头"实例图元，因此标头显示仍为绝对标高。配合键盘〈Ctrl〉键选择 F3、FR 及 FR1 标高，修改标高类型为"上标头_相对标高"，Revit 将修改各标高为相对标高。到此完成本次操作练习。保存该项目文件或参考随书文件"第 2 章 \ RVT \ 2-2-2. rvt"项目文件查看最终操作结果。

标高类型参数中"基面"参数可分别设置为"项目基点"或"测量点"两种。当设置为"项目基点"时，显示了当前标高值与项目坐标系的原点间的高程，即通常所说的相对标高。而"测量点"显示了当前标高与大地测量零标高间的高程，即项目的绝对高程或海拔高程。

在标高类型属性中通过指定"符号"族可以定义标高的标头样式及所显示的信息。例如显示为如图 2-25 所示的英制标高样式，读者可参考第 2.4 节相关内容进行尝试。

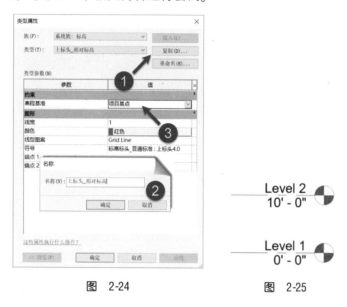

图 2-24　　　　　　　　　　图 2-25

本节为"标高"新建了族类型，并对族类型的类型属性进行设置。Revit 图元为族类型的项目化实例，实例图元将继承类型属性参数中设置的所有参数信息。理解 Revit 的族类型参数和实例参数，将有助于加强对 Revit 族及族实例关系的理解。

2.3　创建轴网

2.3.1　创建项目轴网

Revit 提供了"轴网"工具，用于创建轴网图元。标高创建完成后，可以切换至任意楼层平面视图创建和编辑轴网。项目轴网用于在平面视图中定位项目图元，下面继续为别墅酒店项目创建轴网。创建轴网的过程与创建标高的过程基本相同。

（1）接上节练习，或打开随书文件"第 2 章 \ RVT \ 2-2-2. rvt"项目文件切换至 F1 楼层平面视图。在创建本项目的项目样板中，已在楼层平面中提供 1 轴和 A 轴 2 根定位轴网。

（2）单击"建筑"选项卡"基准"面板中"轴网"工具，自动切换至"修改 I 放置轴网"上下文关联选项卡，进入轴网放置状态。确认属性面板中轴网的类型为"出图_双标头"，绘制面板中轴网绘制方式为"直线"，确认选项栏中偏移量为 0.0。适当缩放视图至 1 轴线顶部位置。

（3）如图 2-26 所示，移动鼠标指针至 1 轴线起点右侧任意位置，Revit 将自动捕捉该轴线的起点，给出端点对齐捕捉参考

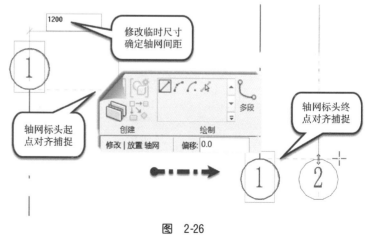

图　2-26

线，并在光标与 1 轴线间显示临时尺寸标注，指示光标与 1 轴线的间距。键盘输入 1200 并按〈Enter〉键确认，将在距 1 轴右侧 1200 处确定为第二根轴线起点。按住键盘〈Shift〉键不放，进入正交绘制模式，可以约束在水平或垂直方向绘制。沿垂直方向移动鼠标指针，直到捕捉至 1 轴线另一侧端点时单击，完成第 2 根轴线绘制。该轴线将自动编号为 2，完成后按〈Esc〉键两次退出放置轴网模式。

提示

> 轴网的绘制是有方向性的，在样板中纵向数字轴网按从上至下的顺序绘制，横向字母轴线沿从左至右的顺序绘制。为保持项目中轴网方向一致，其他轴网也应按从上到下的顺序绘制。

（4）重复第（2）条和第（3）条操作步骤，在 2 号轴网右侧依次绘制 3 ~ 13 号轴线，垂直方向各轴网间距见表 2-1。

表 2-1

轴号	间距/mm	轴号	间距/mm
1 ~ 2	1200	7 ~ 8	4800
2 ~ 3	4800	8 ~ 9	2200
3 ~ 4	2000	9 ~ 10	1400
4 ~ 5	1600	10 ~ 11	700
5 ~ 6	4400	11 ~ 12	2100
6 ~ 7	2400	12 ~ 13	1800

（5）选择 A 轴网，使用"复制"工具，确认勾选选项栏"约束"选项，不勾选"多个"选项；单击 A 轴线上任意一点作为复制操作基点，沿垂直向上方向移动鼠标指针，直接输入 1800 作为复制的距离，在 A 轴线上方复制生成新的轴线。按〈Esc〉键两次退出复制工具。

（6）注意轴网的编号继承了数字编号。如图 2-27 所示，选择上一步骤中创建的新轴网，双击轴网标头进入文字编辑状态，直接输入字母"B"并按〈Enter〉键，Revit 将修改轴网标头名称为 B。注意属性面板中"名称"参数同时修改为 B。

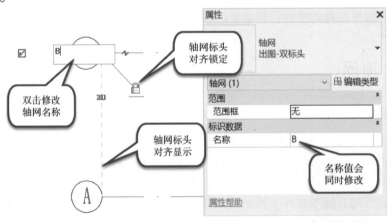

图 2-27

（7）选择 B 轴网，使用"复制"工具，勾选选项栏"约束"和"多个"选项，单击 B 轴线上任意一点作为复制基点，沿 B 轴线垂直向上方向远端位置移动鼠标指针，依次按表 2-2 所示的间距复制生成其他轴网。

表 2-2

轴号	间距/mm	轴号	间距/mm
B ~ C	3000	G ~ H	4300
C ~ D	900	H ~ J	3100
D ~ E	3100	J ~ K	3400
E ~ F	2600	K ~ L	2600
F ~ G	2400		

（8）完成后轴网如图2-28所示。切换至南立面及东立面视图，注意Revit已经在立面视图中生成了正确的轴网投影。至此完成轴网绘制练习。保存该项目文件，或打开随书文件"第2章\RVT\2-3-1.rvt"项目文件查看最终操作结果。

Revit会自动按顺序命名轴网。注意Revit不会自动跳过I、O、Z特殊编号的轴网编号，需要手工进行调整。同时需要注意，在整个项目中Revit不允许出现重复的轴网编号，需要提前规划好轴网的编号，或在生成全部轴网后采用倒序的方式对轴网进行更改。借助橄榄山等基于Revit的二次开发插件提供的"轴线重排"工具，可以对轴线进行自动编号调整，避免了烦琐的手动逐一修改的操作步骤，提高轴网编号的修改效率。

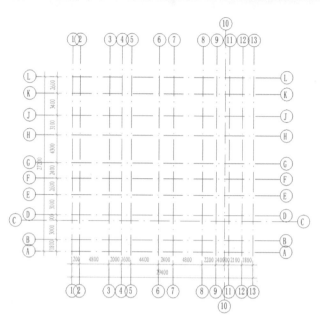

图 2-28

2.3.2 其他形式轴网

在绘制轴网时，Revit在"修改 | 放置轴网"面板中提供了多种轴网的绘制形式。如图2-29所示，在绘制弧形轴网时，还可以使用"起点—终点—半径"①或"中心—端点"②的形式绘制弧形轴网。如果需要通过拾取已有对象生成轴网，还可以使用"拾取"③的方式通过拾取已有图元沿已有图元生成轴网。

使用"多段"方式可以绘制带有折弯的轴网。如图2-30所示，单击"绘制"面板中"多段" ⌐ 选项，将进入草图绘制模式，根据需要绘制任意形式的轴网草图，绘制完成后单击"完成编辑模式"按钮即可生成多段轴网。

利用多段线方式，可以绘制如图2-31所示的复杂轴网形式。这种形式的轴网在国内的建筑设计中并不常用。

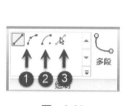

图 2-29   图 2-30   图 2-31

2.4 标高与轴网编辑

2.4.1 自定义样式

在Revit中，标高和轴网有着类似的设置方式。绘制完成标高和轴网图元后，可根据项目的需要对标高和轴网的样式、长度进行必要的细节调整，以满足图纸和显示的相关要求。接下来以轴网为例，说明如何对轴网进行修改，并定义不同的轴网样式。

轴网对象是垂直于标高平面的一组"轴网面"，因此它可以在与标高平面相交的平面视图（包括楼层平面视图与天花板视图）中自动产生投影，并在相应的立面视图或剖面视图中生成正确的投影。注意只有与视图截面垂直的轴网对象才能在视图中生成投影。

Revit的轴网对象由轴网轴头"符号"和"轴线"两部分构成，如图2-32所示。Revit中可以自定义轴网的线宽、颜色、线型图案等图元表现信息，以设置标高在立面、剖面视图中的表现。

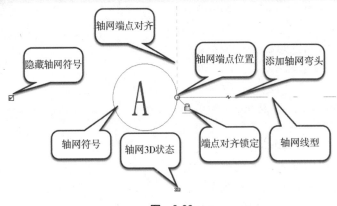

图　2-32

如图 2-33 所示，选择任意轴网图元，单击"隐藏轴网符号"前的复选框取消选择状态，可隐藏该轴网在当前视图中的轴网符号。单击"添加轴网弯头"符号，可为创建带折弯的轴网符号显示，以避免相近的轴网符号重叠。创建折弯符号后，可分别拖动折弯符号的操作夹点改变折弯符号的形状，当两个夹点再次重合时可以恢复原轴网状态。

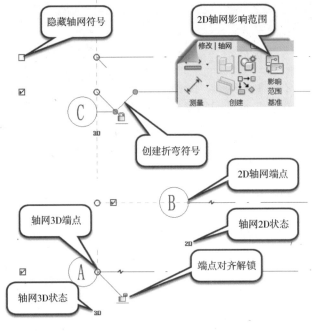

鼠标左键按住并拖动轴网端点位置，可修改轴网的长度，注意在修改任意轴网时 Revit 将修改所有已端点对齐的轴网的长度。要单独修改指定轴网长度，需要先单击"端点对齐锁定"符号 ，将状态修改为"解锁"状态 ，再次拖动轴网端点将仅修改当前轴网长度。在拖动修改轴网长度时，Revit 会自动捕捉对齐至当前位置的其他轴网端点，并显示端点对齐标记，此时松开鼠标将自动对齐锁定至已有端点位置。

默认轴网处于 3D 状态，轴网端点显示为空心圆，修改轴网长度时将修改轴网的三维"面"的长度范围。

图　2-33

单击"轴网 3D 状态"符号，可将轴网切换至 2D 显示状态，轴网端点将显示为实心圆点，此时修改轴网长度时，将仅修改轴网在当前视图中的投影长度。注意在 3D 状态下修改轴网的长度，将修改所有相关视图中轴网的显示长度，而在 2D 状态下修改轴网的长度时仅会影响当前视图中轴网的投影显示。Revit 提供了"影响范围"工具，可以将当前视图中的 2D 轴网状态传递至其他相关视图中。选择要传递至其他视图的轴网图元后，可以在轴网上下文选项卡中找到该工具，该工具还可以将当前视图中创建的折弯符号传递至其他视图。

选择任意轴网图元右击，在如图 2-34 所示右键快捷菜单中提供了"重设为三维范围"和"最大化三维范围"两个工具。其中，"重设为三维范围"可以将 2D 状态轴网恢复为 3D 状态，"最大化三维范围"可以将轴网的三维范围达到所有的标高。

轴网的三维范围代表轴网在空间中可达到的高度和长度。在视图中生成的轴网是轴网图元与视图剖切面相交后生成的投影。如果轴网的三维高度或长度无法与视图剖切位置相交，则轴网无法在视图中生成轴网投影。

在轴网的类型属性对话框中，可以对轴网的样式进行设置。如图 2-35 所示，在轴网类型属性对话框中，可以通过指定"符号"参数中符号类型，来定义轴网的不同轴头符号样式。通过设置"轴线中段"参数为"连续""无"或"自定义"，定义轴线中间部分的样式。通过"轴线末段宽度""轴线末段颜色""轴线末段填充图案"值，可分别设置轴线的末段显示和打印的线宽度、线颜色及线型图案。这里需要注意的是，Revit 中的线宽值为 1 ~ 16，该值并不是实际打印的线宽度，而是定义了打印和显示线

图　2-34

宽的编号，可分别定义在不同比例下的实际打印线宽。在第 8 章中，将详细介绍线宽的定义。

平面视图轴号端点 1 和平面视图轴号端点 2 选项定义了在默认情况下是否显示轴网起点和终点的轴网符号，Revit 将绘制轴网的起点位置定义为平面视图轴号端点 1，轴网绘制的终点位置定义为平面视图轴号端点 2。在前文中提及绘制轴网时应注意轴网的绘制方向，以便对轴网标头的显示进行统一管理。在"非平面视图符号"中可定义轴网在立面、剖面视图中默认显示轴线上端或下端或上下两端同时显示轴网符号。根据施工图立面显示的习惯，通常仅需要显示底部标头符号。注意即使在类型参数中定义了轴网符号的显示，仍然可以在完成轴网绘制后通过勾选隐藏轴网符号的方式来控制轴网实例的符号显示。

标高对象的操作方式与轴网对象基本相同，可以参照轴网对象的修改方式修改、定义 Revit 的标高。关于这部分的操作读者可自行尝试，在此不再赘述。

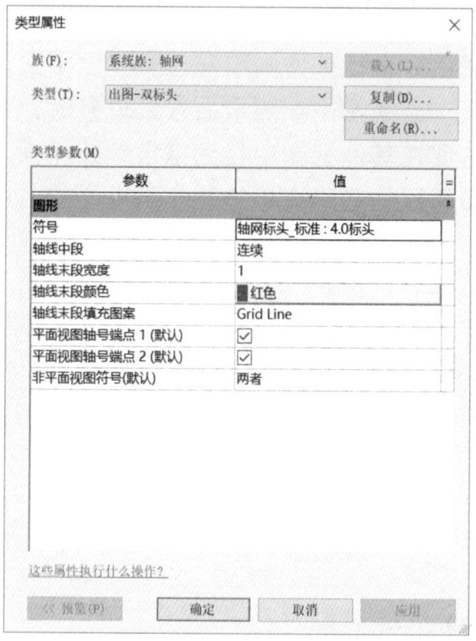

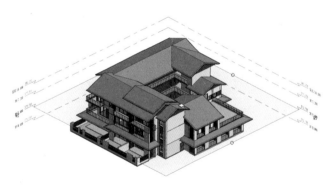

图 2-35

2.4.2 三维视图中显示标高

Revit 2022 支持在三维视图中显示标高。切换至默认三维视图，单击"视图"选项卡"图形"面板中"可见性/图形"工具，打开"可见性/图形替换"对话框，如图 2-36 所示，切换至"注释类别"选项卡，确认勾选在列表中"标高"类别前的复选框，单击"确定"按钮即可在三维视图中启用标高显示。

启用标高后，三维视图显示如图 3-37 所示。

图 2-36

图 2-37

在 Revit 中，标高与轴网均属于"注释类别"图元，可以采用类似的方式控制视图中标高与轴网图元的显示。在默认三维视图中，Revit 可显示标高和轴间标头，但在其他三维视图（如相机视图）中，标高和轴网仅显示为"面"。

2.5 参照平面

在 Revit 项目中，除使用标高、轴网对象进行项目定位外，还提供了"参照平面"工具用于定位。"参照平面"工具可以在任意视图中绘制进行辅助定位，既可以在项目的各视图中进行辅助定位，如在绘制楼梯和坡道时用于在项目中辅助定位起点、终点及梯段宽度，也可以在三维族及二维符号族中用于定位和参数驱动。参照平面不参与图纸打印。

如图 2-38 所示，在"建筑"选项卡"工作平面"面板中，"参照平面"工具用于创建参照平面。参照平面的创建方式与标高和轴网类似，但参照平面可以在包括立面视图、楼层平面视图以及剖面视图在内的任意视图中创建。

图 2-38

参照平面可以在所有与该参照垂直的视图中生成投影，方便在不同的视图中进行定位。例如，在南立面视图中垂直标高方向绘制任意参照平面，可以在北立面视图、楼层平面视图中生成该参照平面的投影。

当视图中参照平面数量较多时，可以在参照平面属性面板中通过修改"名称"参数，为参照平面命名，以方便在其他视图中找到指定参照平面，如图2-39所示。在Revit中，可以在选择参照平面后，通过单击参照平面两端的名称直接修改参照平面的名称。

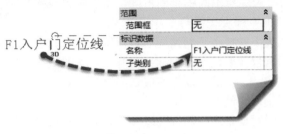

图　2-39

◀)) **提示**

如果未给参照平面命名，则参照平面名称显示为"未命名"。

参照平面是非常重要的定位对象，可以通过常用选项卡工作平面面板中"设置"工具设置所绘制的参照平面作为绘制工作平面。在本书后面的操作中，将多次使用参照平面作为项目或族的定位基准，在此仅粗略介绍。

2.6　本章小结

本章主要介绍了Revit中定位构件标高、轴网的概念，通过创建别墅酒店项目的标高和轴网详细学习如何修改自定义标高与轴网对象，可以根据需要修改任意需要的标高和轴网形式。在创建标高时，随标高创建了楼层平面视图，介绍了如何管理视图的类型名称分类，方便后续对视图进行分类管理。通过标高和轴网的操作，读者需要掌握Revit中类型属性与实例属性的差别，理解Revit中对象管理的模式。本章还介绍了Revit中参照平面的概念及使用。

标高和轴网是Revit中进行项目三维设计的定位基础，请读者务必掌握并完成本章练习内容，特别是别墅酒店项目的标高和轴网的创建，为下一章的学习做好准备。

在上一章中，使用 Revit 的标高和轴网工具为别墅酒店项目建立了基准图元。从本章开始，将为别墅酒店项目创建三维模型。在 Revit 中，模型对象根据不同的用途和特性，被划分为很多类别，如柱、墙、幕墙、门、窗、家具等。我们将首先从建筑最基本的墙体、门窗及建筑柱构件开始。

3.1 创建墙体

墙是建筑设计中最常见的构件，用于划分建筑各功能空间。Revit 提供了墙工具，用于绘制和生成墙体对象图元。在 Revit 中创建墙体时，需要先定义好墙体的类型参数——包括墙体的类型名称、墙体厚度、墙体做法、材质、功能等，再通过实例属性对话框中指定墙体底部约束、顶部约束等参数，在平面中进行绘制以生成项目中所需要的墙体。

Revit 提供基本墙、幕墙和叠层墙三种族类型。使用"基本墙"可以创建项目的外墙、内墙及分隔墙等墙体。下面使用"基本墙"创建别墅酒店项目 F1、F2、F3 以及屋顶的外墙及内部分隔墙体。

3.1.1 创建一层墙体

Revit 的墙体模型不仅显示墙形状，还记录墙的详细做法和参数。在别墅酒店项目中，墙体不考虑外墙保温层等构造要求，考虑 200mm 砌体结构层厚度以及墙体外侧 20mm 厚抹灰层构造。接下来将在别墅酒店项目 F1 楼层平面视图中创建 F1 层的外墙和内墙。

（1）接上章练习文件，或打开"第 2 章 \ RVT \ 2-3-1. rvt"项目文件。双击项目浏览器"楼层平面"类别中 F1 楼层平面视图，切换至 F1 楼层平面视图。

（2）如图 3-1 所示，单击"建筑"选项卡"构建"面板中"墙"工具下拉列表，在列表中选择"墙"工具，自动切换至"修改 | 放置墙"上下文选项卡。

（3）单击"属性"面板类型选择器下拉选择列表，如图 3-2 所示，在"墙类型"下拉列表中，注意当前列表中共有叠层墙、基本墙和幕墙三种墙系统族。选择"基本墙"族下类型名称为"建筑外墙_页岩多孔砖_200_米黄色涂料"的墙类型作为当前墙类型。

图 3-1

图 3-2

> 🔊 **提示**
>
> 类型列表中默认的类型设置取决于建立项目时所使用的项目样板中墙类型的设置。在本项目的样板中，约定墙类型名称按"类别_核心层材质_厚度_面层颜色"规则命名，以方便设计选型。

（4）如图 3-3 所示，确认"修改 | 放置墙"上下文选项卡"绘制"面板中绘制方式为"直线"。

（5）如图 3-4 所示，在选项栏中设置墙生成的方式为"高度"，高度到达标高为 F2，即该墙高度由当前 F1 标高直到 F2 标高；设置墙"定位线"为"核心层中心线"；勾选"链"选项，该选项将允许连续绘制生成墙；设置"偏移"值为 0；不勾选半径选项。

图 3-3

| 修改 \| 放置墙 | 高度: ∨ | F2 ∨ | 3480.0 | | 定位线: 核心层中心线 ∨ | ☑链 偏移: 0.0 | □半径 1000.0 | | 连接状态: 允许 ∨ |

图 3-4

（6）确认属性面板中"底部偏移"和"顶部偏移"值均为0，其他参数默认。如图3-5所示，适当放大视图至2轴与B轴网交点处单击作为墙绘制起点，沿B轴线右侧移动鼠标指针，Revit将在绘制时显示墙体预览；移动鼠标指针直到4轴与B轴网交点处，单击4轴线与B轴线轴网交点位置作为墙绘制终点。按〈Esc〉键两次退出墙体绘制，完成首段墙体。

（7）单击选择上一步中绘制的墙体，如图3-6所示，墙图元上方显示反转符号。该符号所在位置代表墙"外侧"方向。单击该符号或按键盘空格键，可按墙绘制时的定位线为轴线反转墙体方向。确认墙体"外侧"位于B轴线上方。

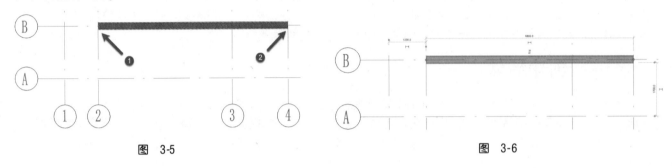

图 3-5   图 3-6

🔊 **提 示**

> 绘制时，Revit将墙绘制方向的左侧设置为"外部"。因此，在绘制外墙时，如果采用"顺时针"方向绘制，即可保证在Revit中绘制的墙体正确的"内外"方向。

（8）重复第（2）~（6）条步骤，参照图3-7创建完成一层外墙创建。

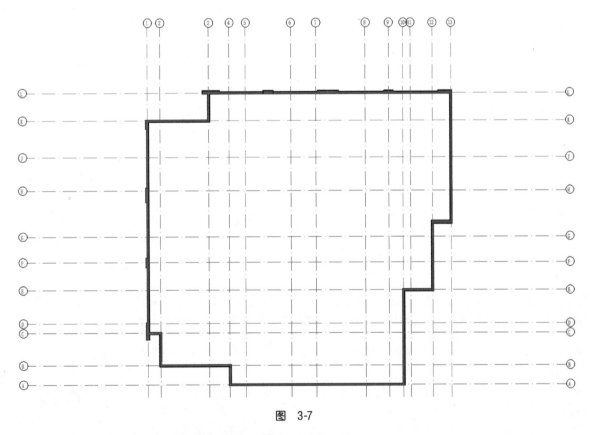

图 3-7

（9）切换至默认三维视图，完成F1外墙三维模型如图3-8所示。

接下来将继续完成内墙绘制。F1层内墙类型包括100mm厚、200mm厚的砖墙以及卫生间隔断。在Revit中创建墙体对象时，需要先定义墙体对象的构造类型。Revit中墙类型设置包括结构厚度、墙做法、材质等，接下来创建100mm及200mm厚内墙墙体类型。

（10）切换至 F1 楼层平面视图。使用墙工具，单击"编辑类型"按钮打开墙"类型属性"对话框。如图 3-9 所示，确认当前墙族为"系统族：基本墙"，选择当前类型为"外墙_页岩多孔砖_200_米黄色涂料"，单击"复制"按钮，弹出"名称"对话框，在"名称"对话框中输入"内墙_页岩多孔砖_200_米白色涂料"作为新类型名称，单击"确定"按钮返回"类型属性"对话框，创建名称为"内墙_页岩多孔砖_200_米白色涂料"的墙的新类型。

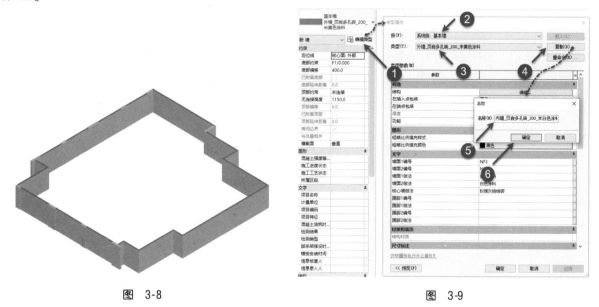

图 3-8　　　　　　　　　　　　　　　图 3-9

（11）如图 3-10 所示，确认"类型属性"对话框"构造"类别参数列表中"功能"设置为"内部"，单击"结构"参数后的"编辑"按钮，打开"编辑部件"对话框，设置内外面层厚度均为 20mm，核心层厚度为 200mm。

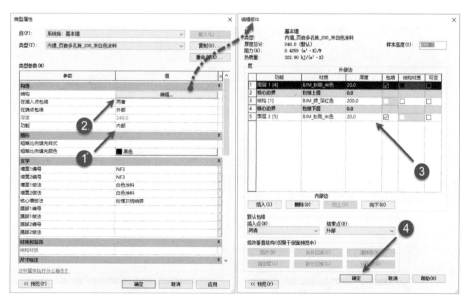

图　3-10

🔊 提示

墙部件定义中，"层"用于表示墙体的构造层次。"编辑部件"对话框中定义的墙结构列表中从上（外部边）到下（内部边）代表墙构造从"外"到"内"的构造顺序。

（12）重复第（10）条操作，复制新建名称为"卫生间隔断_玻璃隔断_10"新类型。确认"类型属性"对话框中"构造"分类下，类型参数列表中"功能"设置为"内部"。单击"结构"参数后的"编辑"按钮，打开"编辑部件"对话框，如图 3-11 所示，单击"材质"单元格中"浏览"按钮，弹出"材质浏览器"对话框。选择"BIM_玻璃_幕墙_蓝色"材质，单击"确定"按钮选择材质，自动返回"编辑部件"对话框。

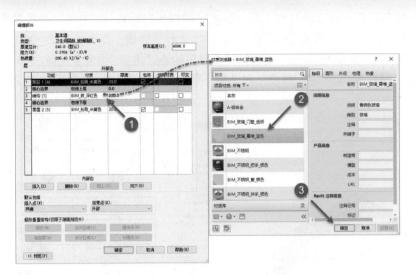

图　3-11

（13）如图 3-12 所示，先选择"面层 1 ［4］"，单击"删除"按钮删除该功能层；使用相同的方式删除"面层 2 ［5］"，只保留结构 ［1］ 构造。修改结构构造层厚度为 10，单击"确定"按钮完成"卫生间隔断_ 玻璃隔断_10"墙类型。

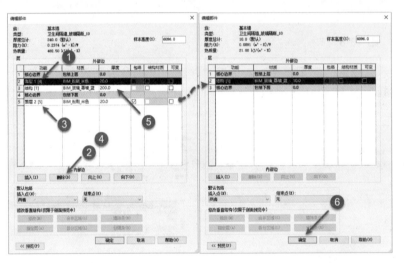

图　3-12

（14）参照以上操作，如图 3-13 所示，依据图中构造厚度及材质设置分别创建名称为"卫生间隔断_ 钢架墙体_30_ 瓷砖"以及"卫生间隔断_ 钢架墙体_145_ 米白色涂料"的墙类型。

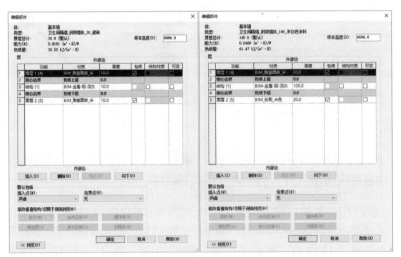

图　3-13

（15）参照随书图纸，使用指定的墙类型完成创建一层内墙。切换至 3D 视图，完成后一层墙体如图 3-14 所示。

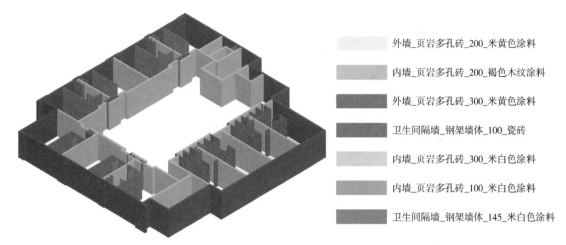

外墙_页岩多孔砖_200_米黄色涂料

内墙_页岩多孔砖_200_褐色木纹涂料

外墙_页岩多孔砖_300_米黄色涂料

卫生间隔墙_钢架墙体_100_瓷砖

内墙_页岩多孔砖_300_米白色涂料

内墙_页岩多孔砖_100_米白色涂料

卫生间隔墙_钢架墙体_145_米白色涂料

图 3-14

（16）保存该项目文件，完成本节练习。或打开随书文件"第 3 章 \ RVT \ 3-1-1. rvt"项目文件查看最终操作结果。

在绘制墙时，Revit 提供了"墙中心线""核心层中心线""面层面：外部""面层面：内部""核心面：外部""核心面：内部"共计六种墙体定位方式，在绘制墙体时应注意。在绘制墙体时可以在选项栏设置墙体的定位方式。墙体绘制完成后，在墙"属性"面板"定位线"中可重新修改墙体的定位方式，如图 3-15 所示。注意修改墙体定位线时并不会修改墙的位置，但反转墙体内外时将以墙体的定位线为基准作为墙体内外反转的镜像轴。

图 3-15

3.1.2 绘制 F2、F3 标高墙体

别墅酒店项目 F2、F3 及屋顶层墙的绘制方式与 F1 墙体绘制过程类似，对于与 F1 层墙相同的部分，可以将 F1 层墙体复制后对齐粘贴至 F2 或 F3 标高后再针对各标高墙体位置的设计要求进行位置调整，提高 BIM 设计的效率。

（1）接上一节练习，切换至 F1 层平面视图，框选 F1 视图中全部墙体图元。如图 3-16 所示，单击"选择"面板中"过滤器"选项，在弹出"过滤器"对话框中只勾选"墙"类别，单击"确定"按钮，退出"过滤器"对话框，将在 F1 层平面视图选中所有墙体，所有被选择的墙呈蓝色高亮显示。Revit 将自动显示为"修改 | 墙"上下文选项卡。

（2）如图 3-17 所示，单击"剪贴板"面板中的"复制到剪贴板"工具，将所选择的墙体复制到 Windows 剪贴板中。

（3）切换至 F2 层平面视图。如图 3-18 所示，单击"剪贴板"面板中的"粘贴"下拉列表，在列表中选择"与当前视图对齐"命令，将所有已选择的 F1 层墙体复制到 F2 标高中。

图 3-16

图 3-17 　　　　　图 3-18

（4）结合 2F 标高墙体布置，使用删除工具删除多余墙体。使用墙工具，注意设置属性面板中墙"底部约束"为 2F/3.600，顶部约束为"直到标高：3F/7.200"，设置墙定位线为"核心层中心线"，根据 2F 图纸中墙体位置选择已设置的墙类型名称完成各墙体的绘制。切换至三维视图，完成后 2F 各墙类型如图 3-19 所示。

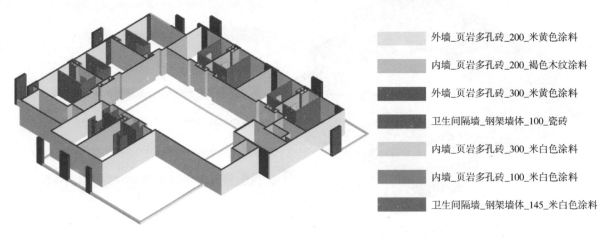

外墙_页岩多孔砖_200_米黄色涂料

内墙_页岩多孔砖_200_褐色木纹涂料

外墙_页岩多孔砖_300_米黄色涂料

卫生间隔墙_钢架墙体_100_瓷砖

内墙_页岩多孔砖_300_米白色涂料

内墙_页岩多孔砖_100_米白色涂料

卫生间隔墙_钢架墙体_145_米白色涂料

图　3-19

（5）重复上述操作步骤，配合使用"复制""对齐粘贴"的方式，完成 3F 墙体。切换至三维视图，完成后 3F 各墙类型如图 3-20 所示。

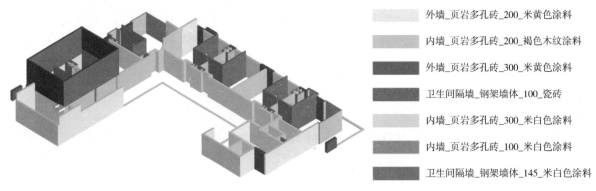

外墙_页岩多孔砖_200_米黄色涂料

内墙_页岩多孔砖_200_褐色木纹涂料

外墙_页岩多孔砖_300_米黄色涂料

卫生间隔墙_钢架墙体_100_瓷砖

内墙_页岩多孔砖_300_米白色涂料

内墙_页岩多孔砖_100_米白色涂料

卫生间隔墙_钢架墙体_145_米白色涂料

图　3-20

（6）至此完成别墅酒店项目墙体绘制工作，结果如图 3-21 所示。保存该项目文件，或打开随书文件"第 3 章 \ RVT \ 3-1-2. rvt"项目文件查看最终结果。

在生成其他标高间的图元时，可以配合使用"复制到粘贴板"和"对齐粘贴"工具，以实现各楼层之间进行图元复制，加快创建模型速度。一般适合重复率很高的标准层或布局变化不大的楼层之间进行复制修改。在"粘贴"到对应楼层后应根据设计需求对各楼层图元的类型、标高偏移等进行复核调整，避免出现粘贴后生成错误或遗漏的图元。

在编辑墙体时，可配合使用拆分、修剪/延伸为角等工具，实现各墙体间的连接。如图 3-22 所示，Revit 同时还提供了一个名为"用间隙拆分"的工具，使用该工具拆分墙体时，将在两段墙体间创建选项卡中"连接间隙"设定的数值的间隙，并自动添加对齐约束，使拆分前后的墙体保持共线约束状态。请读者自行对比该工具与拆分工具的差别。

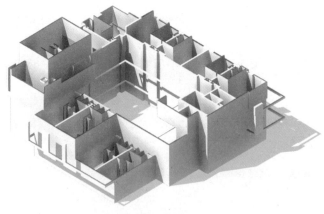

图　3-21

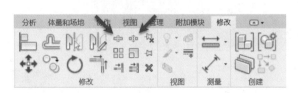

图　3-22

3.1.3 创建室外花园围墙

别墅酒店项目 1F 室外花园围墙形式如图 3-23 所示，花园围墙由实体墙和木格栅两部分构成。要实现室外花园围墙，可以通过分别绘制基本墙和幕墙两种墙组合实现。其中，花园围墙的实体部分可以使用基本墙创建，木格栅部分则使用幕墙创建。

接下来将分别绘制花园围墙的实体墙和木格栅。首先使用基本墙工具绘制花园围墙的实体墙部分，注意创建室外花园墙体时，墙体的高度需根据设计的需求指定特定的高度。

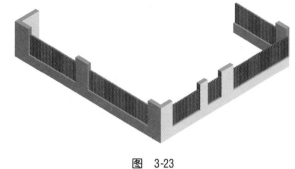

图 3-23

（1）接上节练习，切换至 F1 层平面视图。使用参照平面工具，按如图 3-24 所示位置绘制参照平面，作为室外花园围墙定位中心线。

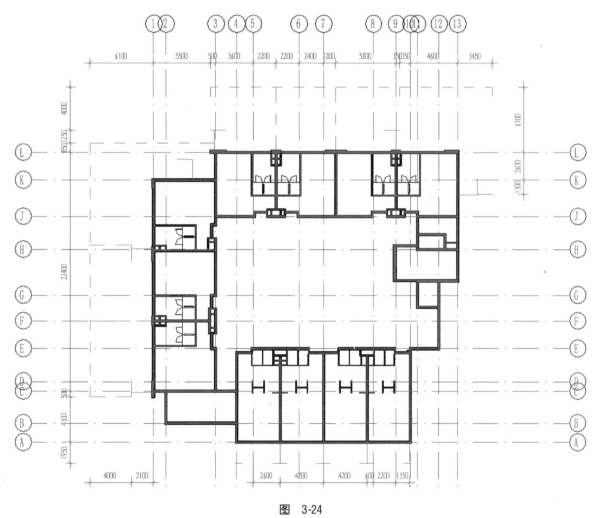

图 3-24

（2）使用"墙"工具，自动切换至"修改 | 放置墙"上下文选项卡。在"属性"面板类型选择器下拉选择列表中选择"基本墙"族下墙类型为"建筑外墙_页岩多孔砖_200_米黄色涂料"。在"修改 | 放置墙"上下文选项卡"绘制"面板中设置墙的绘制方式为"直线"。

（3）如图 3-25 所示，在属性面板中确认"底部约束"为 F1 标高，修改墙"底部偏移"值为"－150"；修改"顶部约束"值为"未连接"，修改"无连接高度"值为"2050"，确认"定位线"为"核心层中心线"，其他参数默认。

🔊 **提示**

在绘制墙体时，使用选项栏也可以设置墙的高度及定位线等参数信息。

（4）参考随书图纸，沿花园外墙参照平面位置按顺时针顺序创建外花园围墙，结果如图 3-26 所示。

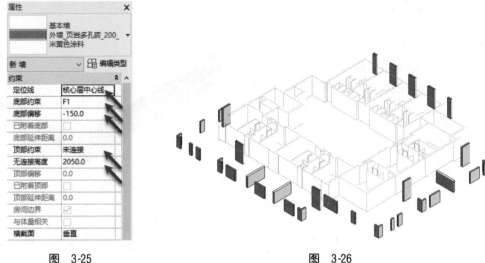

图 3-25　　　　　　　　　　　　　图 3-26

（5）使用墙工具，确认当前墙类型为"建筑外墙_页岩多孔砖_200_米黄色涂料"，选择"修改 | 放置墙"上下文选项卡"绘制"面板中绘制方式为"直线"。如图 3-27 所示，确认选项栏中墙生成方式为"高度"，高度到达标高为"未连接"，修改高度值为"550"，确认墙定位线为"核心层中心线"；确认属性面板中墙"底部偏移"值为"－150"。

| 修改 \| 放置 墙 | 高度: ∨ | 未连接 ∨ | 2050.0 | 定位线: 核心层中心线 ∨ | ☑链 | 偏移: 0.0 | □半径: | 1000.0 | 连接状态: 允许 | ∨ |

图　3-27

（6）沿室外花园墙参照平面，按顺时针方向在上一步骤绘制的实体围墙间绘制高度为 550mm 的墙体，创建出花园栏杆底座。切换至 3D 视图，完成后结果如图 3-28 所示。

接下来，将使用幕墙工具创建木格栅。

（7）使用"墙"工具，如图 3-29 所示，在"属性"面板类型选择器下拉选择列表中选择"幕墙"族类型名称为"普通木格栅"的幕墙类型。在属性面板中确认墙"底部约束"为"F1"标高，设置底部偏移值为"400"，设置"顶部约束"值为"未连接"，输入"无连接高度"值为"1150"。

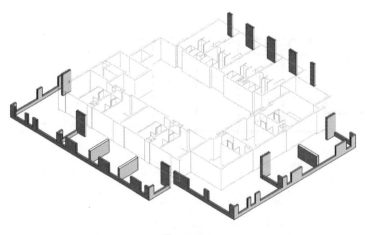

图　3-28　　　　　　　　　　　　　图　3-29

🔊 **提 示**

在绘制幕墙时，无法通过选项栏墙设置"定位线"，默认的定位线为"墙中心线"。

（8）单击"编辑类型"按钮打开"类型属性"对话框。如图 3-30 所示，在"类型属性"对话中设置幕墙"功能"为"外部"；勾选"自动嵌入"选项；在"幕墙嵌板"列表中选择"空嵌板：空嵌板"；修改"垂直网格"参数组中"布局"形式为"固定布局"，设置"间距"值为"100"，设置"垂直竖梃"的"内部类型"为

"矩形竖梃：矩形竖梃_木_50×100"，其他参数参照图中所示，单击"确定"按钮退出"类型属性"对话框，完成幕墙类型属性设置。

（9）确认"修改 | 放置 墙"上下文选项卡"绘制"面板中墙体绘制方式为拾取线，依次单击拾取第（6）条操作步骤中已绘制完成的底座墙中心线，将沿所拾取墙中心线生成幕墙。切换至三维视图，结果如图 3-31 所示。

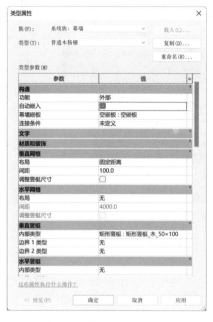

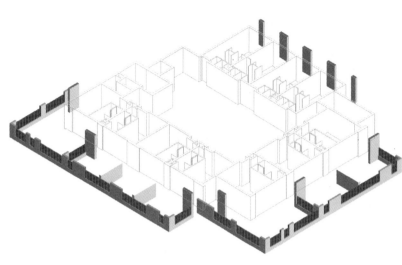

图 3-30   图 3-31

（10）使用墙工具，确认当前墙类型为"幕墙：普通木格栅"。在属性面板中确认墙"底部约束"为"F1"标高，设置"底部偏移"值为"−150"；设置幕墙"顶部约束"为"3F"，修改"顶部偏移"值为"0"。确认墙体绘制方式为直线，沿 C 轴、F 轴、H 轴、3 轴、9 轴、5 轴与 6 轴之间以及 7 轴与 8 轴之间位置绘制木格栅。切换至默认三维视图，完成后结果如图 3-32 所示。

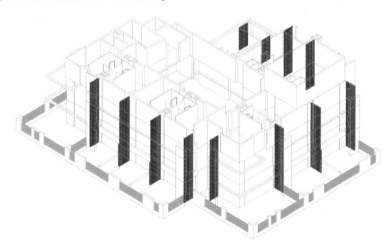

图 3-32

（11）至此创建完成室外花园围墙及木格栅。保存该项目文件，或打开随书文件"第 3 章 \ RVT \ 3-1-3. rvt"项目文件查看最终操作结果。

除使用幕墙的方式创建室外场地木格栅外，还可以利用扶手工具通过指定扶手参数的形式创建木格栅，在第 5 章中将介绍扶手的相关功能。

Revit 中提供了三种墙体族，分别为基本墙、叠层墙和幕墙。在别墅酒店项目中通过灵活定义幕墙类型参数生成仅带有幕墙竖梃的木格栅。Revit 中的幕墙可以通过参数定义得到不同的幕墙形式。

如图 3-33 所示，幕墙由"幕墙嵌板""幕墙网格""幕墙竖梃"三部分构成。幕墙嵌板是构成幕墙的基本单元，幕墙由一块或多块幕墙嵌板组成。幕墙嵌板的大小、数量由划分幕墙的幕墙网格决定。幕墙竖梃即幕墙龙骨，是沿幕墙网格生成的线性构件。当删除幕墙网格时，依赖于该网格的竖梃也将同时删除。可以手动或通过参数指定幕墙网格的划分方式和数量。

如图 3-34 所示，在幕墙"类型属性"对话框中，可以通过"幕墙嵌板"列表指定幕墙系统中默认的幕墙嵌板族类型，可以是项目中已定义的"基本墙"或"叠层墙"族，也可以是当前项目中已载入的幕墙嵌板族。

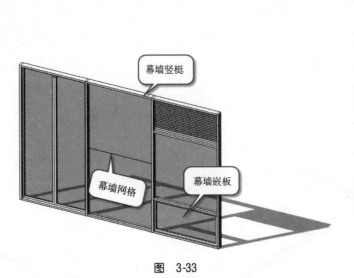

参数	值	
构造		♠
功能	外部	▼
自动嵌入	☐	
幕墙嵌板	空嵌板:空嵌板	
连接条件	未定义	
文字		♥
材质和装饰		♥
垂直网格		♠
布局	固定距离	
间距	100.0	
调整竖梃尺寸	☐	
水平网格		♠
布局	无	
间距	4000.0	
调整竖梃尺寸	☐	
垂直竖梃		♠
内部类型	矩形竖梃:矩形竖梃_木_50×100	
边界 1 类型	无	
边界 2 类型	无	
水平竖梃		♠
内部类型	无	
边界 1 类型	无	
边界 2 类型	无	

图 3-33　　　　　　　　　　　　　　　　　　　　图 3-34

在垂直网格和水平网格参数中，可以分别设置幕墙垂直方向和水平方向的网格，用于在绘制幕墙时自动生成满足条件的幕墙网格。别墅酒店项目的木格栅采用的就是设置垂直网格间距为 100mm 的固定距离而设置水平网格为"无"，得到幕墙网格。

如图 3-35 所示，除设置嵌板和网格的形式外，在幕墙"类型属性"对话框中还可以指定默认的垂直竖梃和水平竖梃形式，幕墙竖梃是沿幕墙网格线根据指定的轮廓族生成的带状放样模型。

如图 3-36 所示为幕墙竖梃的生成示意。当在幕墙"类型属性"对话框中定义了水平竖梃的内部类型时，Revit 将根据该轮廓族中定义的轮廓形状沿网格线方向生成放样三维竖梃模型图元。

如图 3-37 所示为通过定义幕墙嵌板、幕墙竖梃生成的幕墙模型。在生成默认的幕墙模型后，还可以对指定的嵌板进行替换，例如将部分玻璃嵌板替换为幕墙窗，以满足幕墙设计的要求。

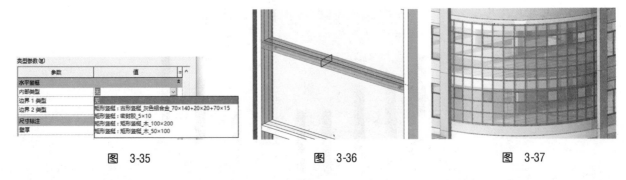

图　3-35　　　　　　　　　图　3-36　　　　　　　　　图　3-37

勾选幕墙"类型属性"对话框中"自动嵌入"选项将允许幕墙以类似于门窗的方式自动剪切基本墙等主体图元。如图 3-38 所示为开启"自动嵌入"选项后绘制的幕墙，该幕墙自动嵌入在主体墙图元中，通过自定义的幕墙嵌板族得到特殊幕墙样式。

图　3-38

除使用墙体绘制幕墙外，还可以使用"屋顶"工具中的"玻璃斜窗"沿标高方向创建平行于标高或与标高有一定角度的幕墙。如图 3-39 所示，利用玻璃斜窗通过自定义幕墙嵌板族快速生成钢结构桁架。

Revit 中墙体绘制比较灵活，在《Revit 建筑设计思维课堂》一书中对墙体、幕墙进行了详细的介绍，读者可自行查阅相关章节内容。

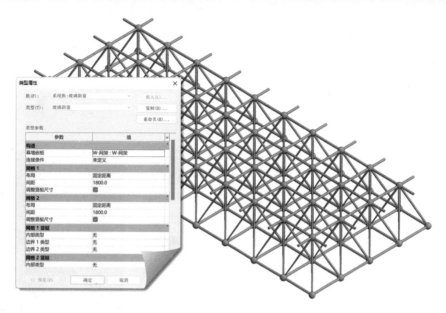

图 3-39

3.1.4 创建墙面装饰

在别墅酒店项目中，外墙由不同材质的装饰面层组成，可以配合使用拆分面和填色工具，来修改外墙装饰面局部的材质。接下来将为别墅酒店项目创建外墙面装饰。

（1）接上节练习，切换至南立面视图，适当放大 5、6 轴线间 F1 窗位置。单击选择 5 轴线右侧 1F 外墙体及 5 轴线和 6 轴线轴网图元。如图 3-40 所示，单击视图底部视图控制栏"临时隔离/隐藏图元"中的"隔离图元"选项在视图中隔离显示所选择的外墙图元。

（2）如图 3-41 所示，单击"修改"选项卡"几何图形"面板中"拆分面"工具，进入面选择模式。单击选择墙体外表面

图 3-40

进入创建边界草图绘制模式，自动切换至"修改 | 拆分面 > 创建边界"上下文选项卡。注意原墙体轮廓边界以橘黄色显示。确认绘制面板中绘制方式为"直线"，捕捉至墙底部边界单击作为草图边界起点，按图中所示尺寸绘制轮廓并将结束点捕捉至墙体底部边界形成封闭区域。绘制完成后，单击"模式"面板中"完成编辑模式"按钮，完成草图编辑。

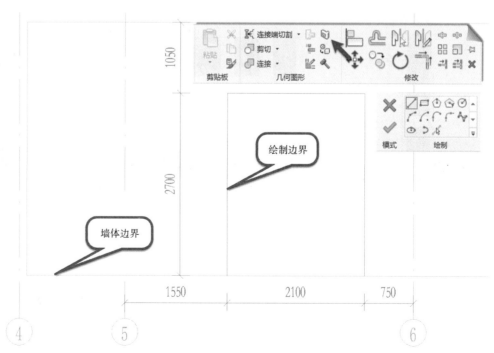

图 3-41

（3）单击"修改"选项卡"几何图形"面板中"填色"工具，弹出"材质浏览器"对话框。如图 3-42 所示，在"材质浏览器"对话框中选择"褐色木纹"材质，单击上一步骤中拆分的面将所选择的面的材质修改为褐色木纹。

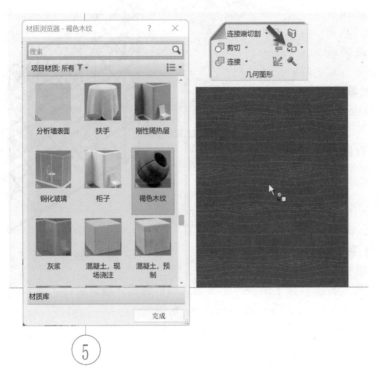

图　3-42

（4）使用类似的方式，完成南立面视图中其他墙体的面域拆分，并使用填色工具将面域内的材质修改为褐色木纹。结果如图 3-43 所示。

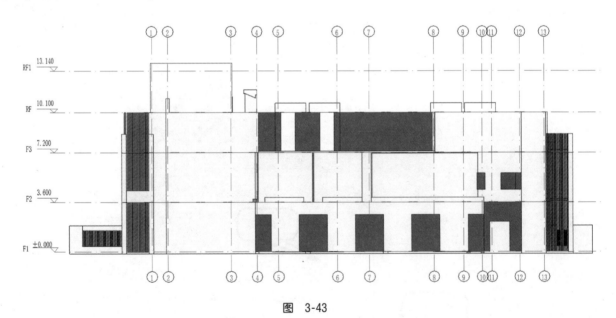

图　3-43

（5）重复上述操作步骤，分别在东、北、西立面中，对各外墙进行面域拆分，并指定拆分后面域材质为褐色木纹。切换至三维视图，完成后别墅酒店项目墙体如图 3-44 所示。

（6）保存该项目文件，或打开随书文件"第 3 章 \ RVT \ 3-1-4. rvt"项目文件查看最终操作结果。

在进行拆分面域编辑草图轮廓时，允许存在多个独立且封闭的草图轮廓。所有草图轮廓必须首尾相连且闭合，不得出现交叉或重叠的草图轮廓线。草图轮廓可以与墙对象边界位置相交，但草图轮廓的起点或终点必须与边界轮廓线相交以形成封闭的区域，不得出现交叉，否则将无法生成面域。

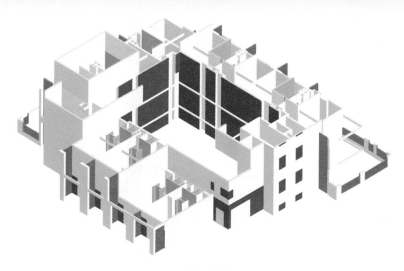

图 3-44

要创建外墙装饰面，除可通过拆分面域并配合使用填色工具外，还可以通过定义专用的墙体类型作为外墙装饰面，指定外墙装饰面厚度为 1mm，沿外墙面绘制以满足局部外墙装饰面材质不同的设计目标要求，这种方法的缺点是需要绘制较多的墙体图元，增加了系统模型处理的工作量。这种方式通常用于创建各房间的精装修内墙表面。

3.2 创建门窗

门窗是建筑设计中最常用的构件。Revit 提供了门窗工具，用于在项目中添加门窗图元。门窗必须放置于墙、屋顶等主体图元上，这种依赖于主体图元而存在的构件称为"基于主体的构件"。

3.2.1 创建门

（1）接上一节练习文件，或打开"第 3 章 \ RVT \ 3-1-4. rvt"项目文件，切换至 F1 层平面视图，适当放大视图至 4 轴线与 B 轴线轴网交点位置。单击"建筑"选项卡"构建"面板中选"门"工具，进入"修改 | 放置门"上下文选项卡。在属性面板类型选择器列表中选择门类型为"双扇平开防火门：双扇平开防火门"。打开"类型属性"对话框，如图 3-45 所示，复制新建名称为"FM1522 乙"的门类型，修改"尺寸标注"参数分组中"宽度"值为 1500，"高度"值为 2200，其他参数保持不变。设置完成后，单击"确定"按钮退出"类型属性"对话框。

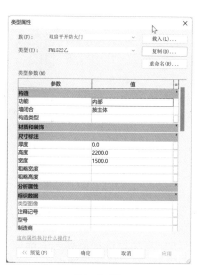

图 3-45

🔊 **提 示**

若直接使用书中提供的样板，可直接使用门类型"FM1522"，无须重新创建。

（2）如图 3-46 所示，单击"标记"面板中"在放置时进行标记"按钮，确认该选项处于激活状态，不勾选选项栏中"引线"选项，其他参数按默认值设置。

（3）确认属性面板中"底高度"为 0。在视图中移动鼠标指针，当鼠标指针处于视图中空白位置时，鼠标指针显示为 ⊘，表示不允许在该位置放置门图元。移动鼠标指针至 B 轴 3～4 轴线间外墙位置，将显示放置门预览，并在门两侧与 3、4 轴线间显示临时尺寸标注指示门边与轴线的距离。如图 3-47 所示，鼠标指针移动至靠墙外侧墙面时，预览显示门开门方向为外侧；左右移动鼠标指针，当与 3 轴线临时尺寸标注线显示

图 3-46

为 200 时，单击放置门图元，同时自动放置该门图元的门标记"FM1522 乙"。放置门时会自动在所选墙上剪切洞口。放置完成后按〈Esc〉键两次退出门工具。

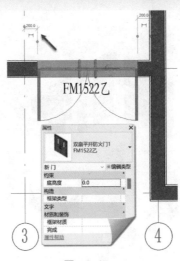

图 3-47

　　只有激活"在放置时进行标记"按钮时，才会在放置门图元的同时自动为该图元添加门标记。该标记的文字内容取决于项目样板中门类别设置的标记族。本案例中标记将显示门图元的类型名称。

　　（4）使用门工具，如图 3-48 所示，单击"修改 | 放置门"上下文选项卡"模式"面板中"载入族"工具，弹出"载入族"对话框，浏览至随书文件"第 3 章 \ RFA \ 双扇推拉玻璃门 . rfa"族文件，单击"打开"按钮将族载入至当前项目中。此时在属性面板类型选择器中将出现双扇推拉门族及其默认类型。

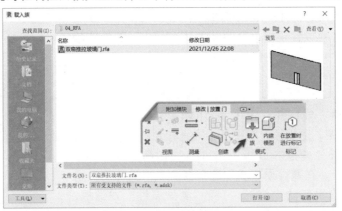

图 3-48

　　（5）在类型选择器列表中选择"双扇推拉门：2127"族类型，确认激活"在放置时进行标记"选项。适当放大 4 轴线与 6 轴线间酒店房间外墙位置，配合临时尺寸标注线当显示居中放置推拉门图元时单击放置推拉门图元。单击门内外翻转符号调整门的开启方向，结果如图 3-49 所示。

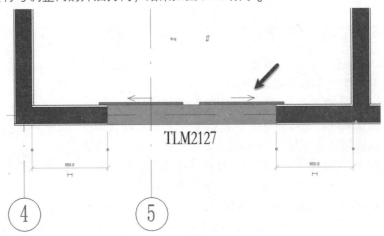

图 3-49

（6）单击选择上一步骤中创建的门图元，单击"修改"面板中"镜像—拾取轴"工具，确认勾选选项栏"复制"选项，单击拾取右侧内部墙体，将以所选择墙体为镜像轴复制生成右侧门图元，结果如图 3-50 所示。注意 Revit 仅复制了三维门图元，并未复制门标记。

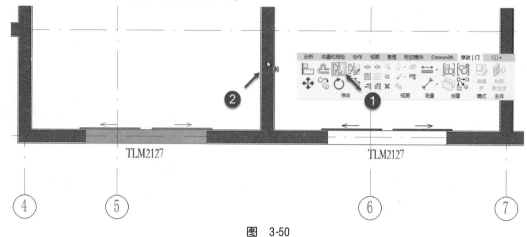

图 3-50

（7）配合使用〈Ctrl〉键，选择上一步骤中创建的两个门图元。如图 3-51 所示，单击"复制到剪贴板"工具，将图元复制到剪贴板。再次单击"粘贴"下拉列表，在列表中选择"与选定的标高对齐"选项，弹出"选择标高"对话框。在对话框标高列表中选择"2F"标高，单击"确定"按钮，在 2F 标高相同位置复制生成相同的门图元。

（8）切换至默认三维视图，完成后模型如图 3-52 所示。

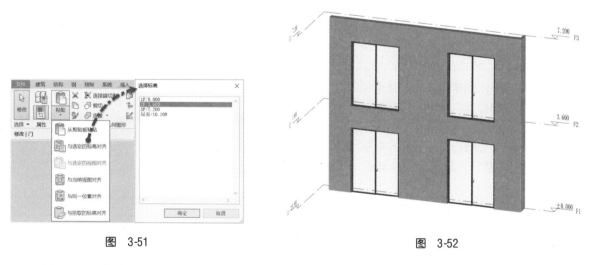

图 3-51

图 3-52

（9）重复上述操作步骤，按随书图纸选择适当的门类型，配合使用镜像、复制到剪贴板、对齐粘贴等方式，复制创建出项目中所有门图元，结果如图 3-53 所示。保存该项目文件，或打开随书文件"第 3 章 \ RVT \ 3-3-1. rvt"项目文件查看最终操作结果。

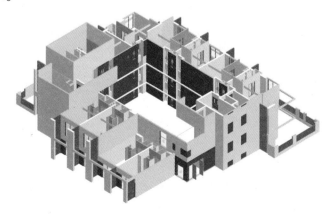

图 3-53

在 Revit 中，门图元与门标记是不同的对象。因此，在使用镜像、复制等方式复制生成门图元时并不会自动生成门标记。在如图 3-54 所示的"注释"选项卡"注释"面板中提供了"按类别"标记工具，用于对已创建的图元添加标记。

使用门工具可以在项目中创建任意形式的门，如图 3-55 所示，所创建的门样式由所使用的门族决定。因此，在项目中创建门时应通过"载入族"按钮载入所需要的门族。Revit 允许用户自定义任意形式的门族以满足设计的需要。

图　3-54

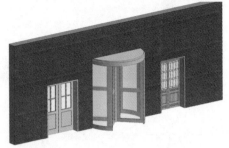

图　3-55

对于已经放置完成的门，可调整门的开启方向。选择已放置的门图元，单击内外翻转符号或左右翻转符号反转翻转门的开启或安装方向。或单击空格键，可在内外、左右翻转间循环。

由于门是基于墙主体的图元，因此在同一视图中复制门图元时，Revit 默认会自动勾选选项栏中"约束"选项，将门约束在所在墙图元上。在复制门图元时按住键盘〈Shift〉键可以临时取消对门图元所在墙体的约束限制，以便于指定新的墙图元作为门的主体，读者可自行尝试相关操作，提高门图元创建的效率。

在放置门时，可在放置门后配合使用"临时尺寸标注"精确确定门的位置。在第 2 章中，详细介绍了临时尺寸标注的捕捉设置方式，读者可根据项目的需要调整临时尺寸标注的默认捕捉位置。

3.2.2 创建窗

创建窗的方法与上述创建门的方法完全相同。与门稍有不同的是，在窗户绘制完成时需要考虑设置窗台高度。接下来，继续为别墅酒店项目创建窗图元。

（1）接上节练习，切换至 F1 层平面视图。适当放大 2 轴线与 B 轴线交点处。如图 3-56 所示，单击"建筑"选项卡"构建"面板中"窗"工具，进入"修改 | 放置窗"上下文选项卡。

图　3-56

（2）单击属性面板中"编辑类型"按钮打开窗"类型属性"对话框，如图 3-57 所示，在"族"列表中选择族类型为"铝合金组合窗-双层双列（平开固定）"，复制新建名称为"C1218"新类型。修改类型参数下"尺寸标注"参数分组中"粗略宽度"值为1200，"粗略高度"值为1800，其他参数保持不变。设置完成后，单击"确定"按钮退出"类型属性"对话框。

（3）确认激活"修改 | 放置窗"上下文选项卡"标记"面板中"在放置时进行标记"选项，不勾选选项栏中"引线"选项，其他参数采用默认值。移动鼠标指针至 2 轴线墙体位置，显示窗图元放置预览。如图 3-58 所示，配合使用临时尺寸标注在距离 C 轴 900mm 位置单击放置窗 C1218，注意保证窗内外反转符号位于墙外侧。按〈Esc〉键两次退出放置窗模式。

（4）选择上一步骤中创建的窗图元，如图 3-59 所示，修改属性面板中"底高度"值为 900，单击"应用"按钮确认该参数，该参数决定了窗的窗台高度。

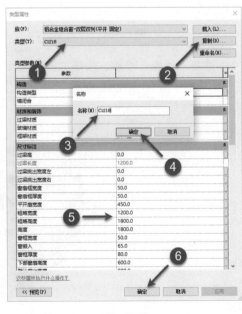

图　3-57

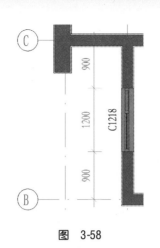

图 3-58　　　　　　　　　　　　　　　图 3-59

（5）采用类似的方式，参照如表 3-2 所示各窗尺寸，采用指定的窗族创建相应的窗类型，并在"类型属性"对话框中分别修改各窗类型中宽度与高度参数值。参考随书图纸，重复（1）~（4）步骤继续在 F1 楼层平面视图中放置其他的窗图元，注意放置时调整各窗图元属性面板中"底高度"数值和表 3-1 一致，结果如图 3-60 所示。

表　3-1

族与类型	高度	宽度	底高度
单扇固定窗：C0327	2700	370	0
单扇固定窗：TC1316	1600	1300	900
双扇不等开外平开窗：C1215	1500	1200	900
双扇平开窗：C1212	1200	1200	900
组合窗：C3012	1200	3000	900
组合窗：C3427	2700	3450	0
组合窗：C3627	2700	3550	0
铝合金组合窗-双层双列（平开 固定）：C1218	1800	1200	900

（6）配合使用复制到剪贴板和对齐粘贴至指定标高的方式，参考随书图纸，创建 F2、F3 标高窗图元，结果如图 3-61 所示。保存该项目文件完成本节操作，或打开随书文件"第 3 章 \ RVT \ 3-2-2. rvt"项目文件查看最终操作结果。

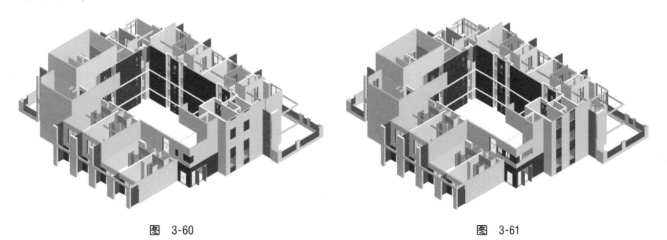

图　3-60　　　　　　　　　　　　　　　图　3-61

窗与门工具的使用方式非常类似，在插入窗后，可以通过内外、左右翻转符号对已插入的窗图元进行修改。插入门窗后，门窗将依附于主体而存在。例如，在墙上放置门窗后，如果删除了墙图元，则门窗将被一并删除；如果使用"复制"工具复制墙图元，则门窗将随墙图元一并被复制。如图 3-62 所示，选择已插入的门窗图元，在上下文选项卡中单击"主体"面板中"拾取新主体"工具可以重新为门窗指定主体。

图 3-62

除以墙为主体外，还可以利用族编辑器定义以其他类别的对象元为主体的窗，例如可以定义以"屋顶"对象为主体的"天窗"。

为方便模型后期管理，在使用门、窗族时，应根据设计需要按规则正确命名族的类型名称。读者在进行 BIM 设计的过程中，应养成规范的族类型命名管理习惯。

在使用对齐粘贴时，除本案例操作中使用的"与选定的标高对齐"及"与选定的视图对齐"外，Revit 还提供了"与当前视图对齐""与同一位置对齐""与拾取的标高对齐"和"从剪贴板中粘贴"几个不同的选项，如图 3-63 所示。

其中，"与当前视图对齐"选项将剪贴板中的图元对齐粘贴到当前激活的视图中。"与同一位置对齐"选项将在原复制图元位置创建完全重合的两个图元。"与拾取的标高对齐"用于当复制模型图元至剪贴板时，允许用户在立面和剖面视图中通过直接单击标高对象的方式对齐粘贴生成图元。而"从剪贴板中粘贴"将允许用户在模型中任意位置放置被复制到粘贴板中的模型图元对象。如果选择集中包含注释图元，由于 Revit 中的注释图元与视图相关，因此使用对齐粘贴至视图时当前视图的视图类别必须与复制图元时的视图类别相同，例如 Revit 不允许将楼层平面视图中复制的门及门标记对齐粘贴至立面视图中。

图 3-63

3.3 创建建筑柱

Revit 中提供了两种不同用途的柱：结构柱和建筑柱。结构柱和建筑柱所起的功能和作用并不相同，结构柱主要用于支撑和承载荷载，结构工程师可以继续为结构柱进行受力分析和钢筋配置，建筑柱通常作为结构柱的外装饰柱或非承重作用的装饰柱。

3.3.1 链接结构模型

在进行三维设计时，楼层标高、轴网、墙体、房间功能设计等通常由建筑专业绘制完成后通过提资给其他专业使用。对于建筑柱这一部分，可利用结构专业设计的结构柱排布方案完成建筑柱的创建。

可以使用链接的方式与结构专业进行专业协作，将结构专业的模型链接至建筑专业中作为建筑柱布置的基础。为方便后面布置建筑柱，需要对当前视图中结构模型的显示进行设置。Revit 通过"可见性图形替换"对话框对当前视图中的各类别构件进行显示控制。接下来使用链接的方式将别墅酒店项目的结构模型链接至当前建筑模型中，并对其视图进行视图可见性设置，隐藏视图中结构基础类别的图元，以方便布置建筑柱的操作。

（1）接上节练习，或打开随书文件"第 3 章 \ RVT \ 3-2-2. rvt"项目文件，切换至 F1 层平面视图。如图 3-64 所示，单击"插入"选项卡"链接"面板中"链接 Revit"工具，打开"导入／链接 RVT"对话框。在"导入／链接 RVT"对话框中，浏览随书文件"第 3 章 \ RVT \ 别墅酒店_ST_2022. rvt"文件，设置链接"定位"方式为"自动-内部原点到内部原点"，然后单击"打开"按钮，退出"导入／链接 RVT"对话框。

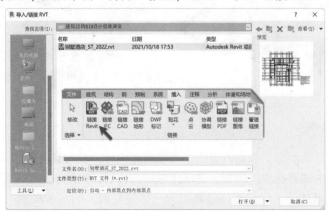

图 3-64

（2）Revit 将载入"别墅酒店_结构"模型，并按原点到原点的方式放置于当前项目中。注意 F1 楼层平面视图中，"别墅酒店_结构"模型中的轴已与当前项目中的轴完全对齐。

◀》提 示

> 由于链接的结构模型中包含独立的轴网图元，楼层平面视图中将显示两套轴网，一套是当前建筑模型的轴网，另一套为链接结构模型中的轴网。

（3）如图 3-65 所示，单击"视图"选项卡"图形"面板中"可见性/图形"工具，系统会自动弹出"楼层平面：F1 的可见性/图形替换"对话框。单击"模型类别"界面，单击过滤器列表后方下拉列表，仅勾选"结构"专业，不勾选"楼板"以及"结构基础"对象类别，以便于在当前视图中隐藏楼板及结构基础图元。

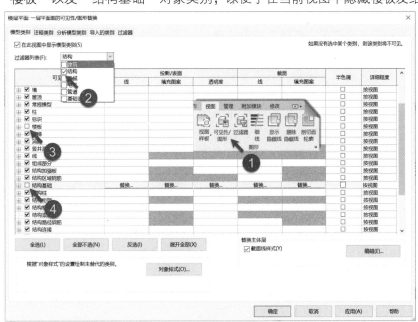

图 3-65

（4）如图 3-66 所示，单击"结构柱"类别后"截面"类别"填充图案"中"替换"按钮，弹出"填充样式图形"对话框。确认勾选"前景"可见选项，单击前景"填充图案"列表，在列表中选择"实体填充"，其他参数默认，单击"确定"按钮返回"可见性/图形替换"对话框，再次单击"确定"按钮退出"可见性/图形替换"对话框。

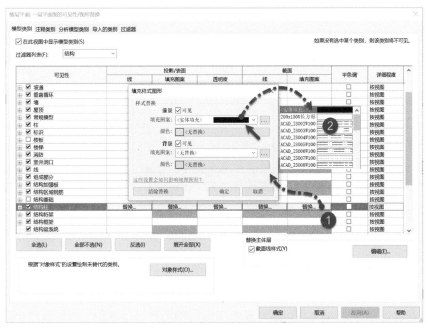

图 3-66

（5）注意 F1 楼层平面视图中已经不再显示结构基础及楼板图元，且所有结构柱已用实体填充的方式显示，突出显示了结构柱图元，如图 3-67 所示。

（6）重复上述步骤，分别设置 F2、F3 楼层平面视图中结构图元的可见性。保存该项目文件完成本节练习，最终结果参见"第 3 章 \ RVT \ 3-3-1. rvt"项目文件。

通过"可见性/图形替换"对话框对象类别控制各类构件的否可见及显示方式。除设置模型可见性外，还可以对注释类别、分析模型类别以及过滤器等进行设置。需要注意的是，"可见性/图形替换"的设置仅针对当前视图，各视图应分别设置以满足显示的要求。在第 7 章中还将对"可见性/图形替换"做进一步的说明。可利用"视图样板"功能快速实现各视图的快速显示设置。在第 8 章中将对其进行详细介绍。

Revit 提供了两种协同工作模式，分别为链接和工作集的方式。链接方式是最为常用的协同工作方式。在做链接前需要规划好链接的各文件间的坐标对齐方式，以保障各文件空间位置一致。

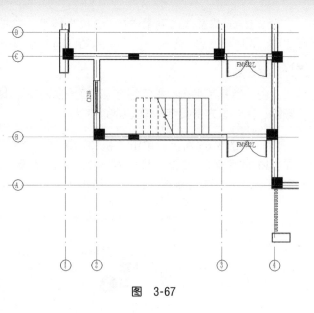

图 3-67

3.3.2 创建建筑柱

在链接结构模型后，会显示当前建筑专业模型及结构专业中附带的模型。可以基于链接模型中的结构柱位置，布置别墅酒店项目的建筑柱图元。

（1）接上一节练习文件，切换至 F1 楼层平面视图。如图 3-68 所示，适当放大视图 1 轴线与 K 轴线交点位置。移动鼠标指针至结构柱位置上方，不要单击，按键盘〈Tab〉键，此时 Revit 将高亮显示鼠标指针位置的结构柱图元，单击选择结构柱图元。在属性面板类型选择列表中可查看该结构柱族类型名称为"矩形柱_混凝土_400 × 400"，表示此结构柱尺寸为 400mm × 400mm。

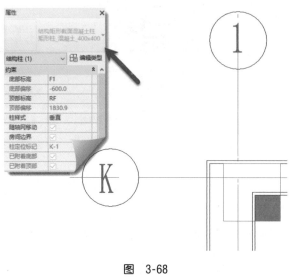

图 3-68

> 🔊 **提 示**
>
> 由于结构柱图元属于链接的结构模型，因此无法在当前建筑专业中对其进行修改。但可以通过属性面板或类型属性对话框查看该图元的各项参数设置信息。

（2）如图 3-69 所示，单击"建筑"选项卡"构建"面板中"柱"工具下拉列表，在列表中选择"建筑柱"工具，自动切换至"修改 | 放置柱"上下文选项卡。

（3）在类型选择器中选择建筑柱类型为"矩形柱_米黄色_400 × 400"，如图 3-70 所示，不勾选选项栏"放置后旋转"选项，设置放置方式为"高度"，设置顶部标高选择"F2"。勾选"房间边界"选项。

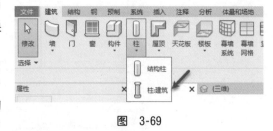

图 3-69

图 3-70

> 🔊 **提 示**
>
> 房间边界是指在放置房间时 Revit 将以该对象作为房间的边界进行面积、周长等数据的统计和计算。在第 4 章将说明房间边界的功能。

（4）如图 3-71 所示，移动鼠标指针至结构柱左下角位置单击放置建筑柱，在建筑柱族中已设置该建筑柱仅包含 20mm 厚抹灰层，形成结构柱的装饰抹灰层。

（5）重复上述操作步骤，参考结构模型中柱尺寸，完成一层建筑柱创建。结构柱尺寸除 A 轴、L 轴、1 轴、7 轴、13 轴上以及 11 轴交 H 轴交点，4 轴交 B 轴交点，3 轴交 E 轴交点结构柱尺寸为 "矩形柱_米黄色_400×400" 外，均为 "矩形柱_米黄色_300×300"，如图 3-72 所示完成一层建筑柱。

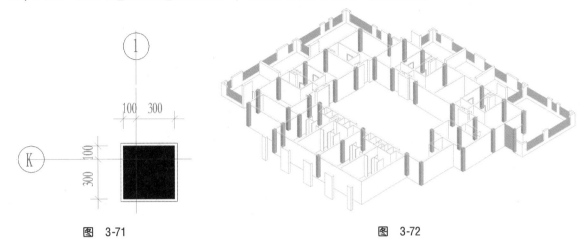

图 3-71   图 3-72

（6）框选 F1 楼层平面视图中所有图元，单击 "选择" 面板中 "过滤器" 工具弹出 "过滤器" 对话框。如图 3-73 所示，在 "过滤器" 对话框类别列表中仅勾选 "柱" 类别，单击 "确定" 按钮退出 "过滤器" 对话框，将仅保留选择集中柱图元。

（7）配合使用复制到剪贴板和按楼层选择标高工具，将所选择的柱图元对齐粘贴至 F2 楼层标高。切换至 F2 楼层平面，依据结构模型中结构柱位置核对所有建筑柱图元进行增补或删除，并对尺寸不一致的建筑柱进行类型修改，确保建筑柱与结构柱一致，结果如图 3-74 所示。

（8）使用类似的方式完成 F3 建筑柱绘制，结果如图 3-75 所示。

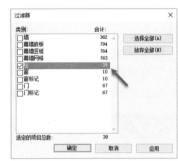

图 3-73

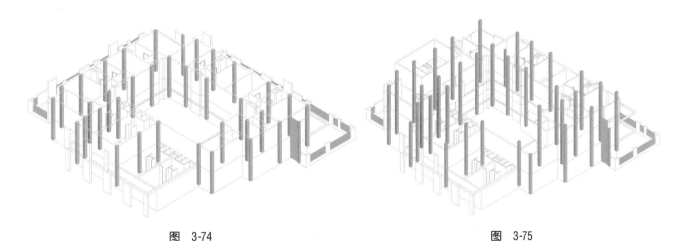

图 3-74   图 3-75

（9）单击 "插入" 选项卡 "链接" 面板中 "管理链接" 工具，弹出 "管理链接" 对话框。如图 3-76 所示，确认当前选项卡为 "Revit"，在该对话框中将显示当前项目中已链接的结构文件名称。单击选择该链接文件名称，单击 "删除" 按钮，Revit 给出提示对话框，告知用户将从项目中删除链接文件，需要通过重新插入链接文件的方式才能再次显示，单击 "确定" 按钮删除链接文件。再次单击 "确定" 按钮退出 "管理链接" 对话框。注意在当前项目中已经不再显示结构模型中的结构柱图元。

（10）保存项目文件，或打开随书文件 "第 3 章 \ RVT \ 3-3-2. rvt" 项目文件查看最终操作结果。

在项目中可配合使用键盘〈Tab〉键选择链接模型中的图元。在 "管理链接" 对话框中，选择 "删除" 将从当前项目中删除链接文件。如果选择 "卸载" 的方式可以临时关闭链接模型，且在链接的结构模型更新后可

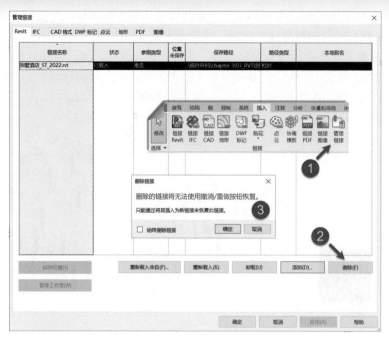

图 3-76

以通过"重新载入"或"重新载入来自"的方式随时更新当前项目中的链接模型状态。

建筑柱属于可载入族，其类型属性中参数取决于建筑柱族中的参数定义。创建建筑柱时 Revit 提供了两种确定建筑柱高度的方式：高度和深度。高度方式是指从当前标高到达的标高的方式确定结构柱高度；深度方式是指从指定的标高到达当前标高的方式确定结构柱高度。

3.4 系统族与可载入族

在第 1 章中介绍了族的基本概念，族是 Revit 项目的基础，Revit 的任何单一图元都由某一个特定族产生，本章中创建的墙、门、窗及建筑柱均属于 Revit 的族。但墙与门、窗等图元不同，它属于系统族，即由 Revit 通过系统参数的定义来直接生成图元。系统族已在 Revit 中预定义且保存在样板和项目中，用于创建项目的基本图元如墙、楼板、天花板、楼梯等。系统族还包含项目和系统设置，这些设置会影响项目环境，如标高、轴网、图纸和视图等。门、窗、建筑柱等属于可载入族，可载入族为由用户自行定义创建，独立保存为 . rfa 格式的族文件。在创建门、窗等这类构件时，必须在项目中载入相应的族文件，并通过族文件中定义的类型或实例参数修改得到指定的图元尺寸。由于可载入族具有高度灵活的自定义特性，因此在使用 Revit 进行 BIM 设计时最常创建和修改的族为可载入族。Revit 提供了族编辑器，允许用户自定义任何类别、任何形式的可载入族。

Revit 不允许用户创建、复制、修改或删除系统族，但可以复制和修改系统族中的类型，以便创建自定义系统族类型。对于系统族，Revit 会在类型选择器中进行标记，以区分系统族与可载入族。如图 3-77 所示，在族名称中，会显示"系统族"，以示区分。

族属于 Revit 项目中某一个对象类别，例如门、窗、环境等。在定义 Revit 族时，必须指定族所属的对象类别。Revit 提供后缀名为". rft"的族样板文件。该样板决定所创建的族所属的对象类别。根据族的不同用途与类型提供了多个对象类别的族样板。在模板中预定义了构件图元所属的族类别和默认参数。当族载入到项目中时，Revit 会根据族定义的所属对象类别归类到对应的对象类别中。在族编辑器中创建的每个族都可以保存为独立的格式为". rfa"的族文件。

Revit 的模型类别族分为独立个体族和基于主体的族。独立个体族是指不依赖于任何主体的构件，例如家具、结构柱等。基于主体的族是指不能独立存在而必须依附于主体图元的构件，例如门、窗等图元必须以

图 3-77

墙体为主体而存在。可以作为依附的主体对象类别有墙、天花板、楼板、屋顶、线和面，Revit 分别提供了基于这些主体图元的族样板文件。

Revit 允许用户在族中自定义任何需要的参数。可以在定义族参数时选择"实例参数"或"类型参数",实例参数将出现在"属性"面板中,类型参数将出现在"类型属性"对话框中。

如图 3-78 所示为在定义门族时定义的各类型参数。当在项目中使用该族时,可以在"类型属性"对话框中调节所有族中定义的参数。

如图 3-79 所示,在项目浏览器中,展开"族"可以查看当前项目中所有已定义的系统或已载入的族的名称及已设置的族类型。双击族类型名称可打开"类型属性"对话框,对类型属性进行自定义。

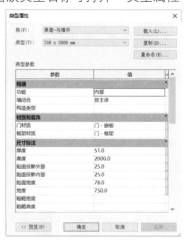

图 3-78

图 3-79

幕墙属于系统族,但幕墙中除了基于系统族参数进行设置和定义外,幕墙的竖梃、嵌板等均属于可载入族,即在系统族中以嵌套的方式嵌套了可载入族,以达到满足生成灵活多变设计对象的目的。

3.5 本章小结

本章通过创建别墅项目外墙、内墙、格栅、门窗以及建筑柱,学习 Revit 中不同类型图元的绘制、创建、编辑和修改的方法。在定义族类型时,合理命名族类型是更好管理建筑信息模型的前提基础,在 BIM 设计时应养成规范命名的习惯。在 Revit 软件中,墙属于系统族,门窗以及建筑柱属于可载入族,要在项目中创建门窗以及建筑柱,必须先载入门窗以及建筑柱族,并设置好族类型和族参数。

下一章中,将使用 Revit 中楼板、屋顶和天花板工具,继续完成别墅项目模型设计。

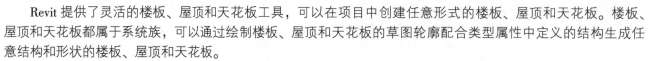
Revit 提供了灵活的楼板、屋顶和天花板工具，可以在项目中创建任意形式的楼板、屋顶和天花板。楼板、屋顶和天花板都属于系统族，可以通过绘制楼板、屋顶和天花板的草图轮廓配合类型属性中定义的结构生成任意结构和形状的楼板、屋顶和天花板。

本章将使用这些工具继续完成别墅酒店项目，掌握楼板、屋顶和天花板工具的使用方法。

4.1 创建楼板

楼板是建筑设计中常用的建筑构件，用于分隔建筑各层空间。Revit 提供了三种创建类型的楼板的方式：楼板、结构楼板和面楼板。其中，面楼板是用于将概念体量模型的楼层面转换为楼板模型图元，该方式只能用于从体量创建楼板模型时使用。与建筑模型中的建筑柱类似，建筑楼板用于表达楼板的建筑面层做法，根据各功能区域的建筑楼板面层做法不同设置不同的建筑楼板类型以定义不同的厚度，一般情况下以建筑标高与结构板面标高之差作为建筑楼板厚度。

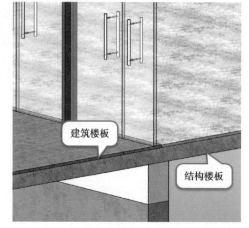

建筑楼板

结构楼板

4.1.1 楼板拆分说明

在建筑与结构共同完成的三维设计项目中，考虑到满足建筑与结构专业的链接与协同工作，本书将楼板划分为建筑楼板和结构楼板，组合后效果如图 4-1 所示。结构楼板将在结构模型中绘制，按照功能和受力条件，区分不同的楼板厚度。建筑模型中楼板仅作为楼板建筑面层做法，而不考虑结构楼板厚度。为简化操作，在别墅酒店项目中未考虑建筑楼板面层具体做法，如防水层、找平层等构造层，在施工图阶段使用设计说明补充即可。

图 4-1

在别墅酒店项目中，根据不同的部位将建筑楼板分别采用的楼板类型名称，见表 4-1。

表 4-1

应用部位	楼板类型名称
室内楼梯间部位	室内_楼面_走道_50
室内走道内廊	室内地面_米色地砖_80
室内常规楼面部位	室内地面_木地板_100
室内卫生间楼面部位	室内地面_卫生间瓷砖_480
室外露台部位	室内地面_米色地砖_180
室外台阶部位	室外地面_米色地砖_330
室外草坪	室外草坪_草地_200

接下来，将使用楼板工具创建别墅酒店项目各标高的楼板。

4.1.2 创建 F1 标高楼板

F1 标高各楼板分布位置如图 4-2 所示，各部分的名称分别为：①室内_楼面_走道_50、②室内地面_米色地砖_80、③室内地面_木地板_100、④室内地面_卫生间瓷砖_480、⑤室外地面_米色地砖_330 以及⑥室外草坪_草地_200。建筑楼板根据建筑设计的要求，通常沿楼板所在空间的墙内侧核心层表面绘制。对于门、洞口等部位，需要考虑与其他房间楼板的连接关系。楼板的绘制顺序通常为先整体、后局部，即首先绘制通道等区域面积较大的楼板，再绘制各房间内不同做法的楼板，最后绘制室外部分楼板。

接下来，为别墅酒店项目创建 F1 标高的室内楼板。注意在别墅酒店项目中，已在样板内预设了楼板"室内_楼面_走道_50" 和楼板 "室内地面_木地板_100" 等常用楼板类型，可直接选择已定义的楼板类型。

（1）接第3.3.2节练习文件，或打开随书文件 "第3章 \ RVT \ 3-3-2.rvt" 项目文件。切换至F1层平面视图，2轴与B轴交点位置为楼梯间位置。

（2）如图4-3所示单击 "建筑" 选项卡 "构建" 面板中 "楼板" 工具，进入创建楼板边界模式。自动切换至 "修改 | 创建楼层边界" 上下文选项卡，Revit 将淡显视图中其他图元。

（3）单击 "属性" 面板 "类型选择器" 中选择楼板类型为 "室内地面_米色地砖_50"，设置属性栏中 "标高" 为F1，"自标高的高度偏移" 值为0。打开 "类型属性" 对话框，如图4-4所示，该对话框显示的信息与墙类型属性对话框类似。单击 "结构" 后的 "编辑" 按钮，打开 "编辑部件" 对话框，该对话框可对楼板的结构进行设置，注意当前楼板的结构厚度设置为50mm。不修改任何参数，单击 "确定" 按钮两次，退出 "类型属性" 对话框。

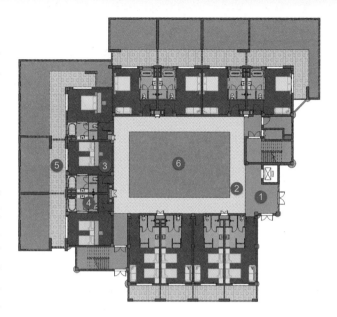

图 4-2

图 4-3

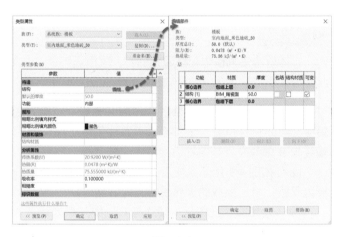

图 4-4

（4）如图4-5所示，确认 "修改 | 创建楼层边界" 上下文选项卡 "绘制" 面板中绘制状态为 "边界线"，绘制方式为 "拾取墙" 的方式。

图 4-5

🔊 **提 示**

在 "创建楼层边界" 时，默认的绘制选项为 "拾取墙" 方式。

（5）如图4-6所示，设置选项栏中 "偏移" 值为0.0，勾选 "延伸至墙中（至核心层）" 选项，该选项表示在拾取墙时将沿墙核心层表面生成草图边界线。

偏移: 0.0   ☑ 延伸到墙中(至核心层)

图 4-6

（6）如图 4-7 所示，移动鼠标指针至楼梯间墙体图元位置墙将高亮显示，依次单击将沿墙核心层表面生成粉红色楼板边界线。配合使用"修剪/延伸为角"工具，延伸 C 轴线与 3 轴线楼板边界线保持连续。

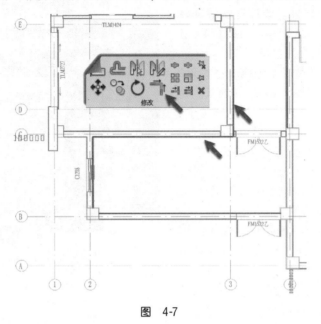

图 4-7

（7）如图 4-8 所示，单击"绘制"面板中绘制方式为"拾取线"，切换至拾取线模式。适当放大 2 轴线与 B 轴线交点建筑柱位置，依次拾取下方柱子内边缘位置沿建筑柱内边缘生成楼板边界线。使用同样的方式拾取 4 轴线与 B 轴线交点建筑柱内边缘，生成楼板边界线。

（8）如图 4-9 所示，使用"修剪/延伸为角"工具，依次单击上一步中创建的建筑柱轮廓及相邻墙生成的楼板边界线，将已生成的边界线修剪为首尾闭合轮廓。

（9）适当缩放视图至 4 轴线与 E 轴线交点处建筑柱位置。如图 4-10 所示，单击"绘制"面板中绘制方式为"直线"，切换至绘制直线模式。移动鼠标指针至 4 轴线与 E 轴线建筑柱内侧交点位置，单击作为直线的起点，沿水平向左绘制直到捕捉至 3 轴线与 E 轴线交点建筑柱边缘交点，单击完成轮廓边界线绘制。

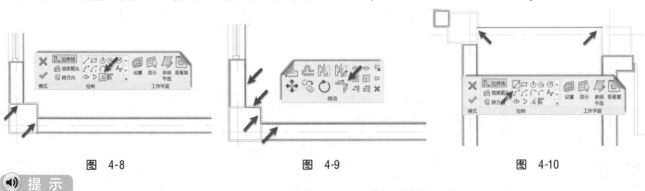

图 4-8　　　　　　　　　　图 4-9　　　　　　　　　　图 4-10

（10）配合使用"修剪/延伸为角"工具，将所有草图轮廓修改为首尾相连的封闭轮廓。如图 4-11 所示，完成后单击"完成编辑模式"按钮完成草图轮廓编辑。由于楼板与墙体面层重叠，Revit 弹出"是否从墙中剪切重叠的体积"询问对话框，单击"是"确认。Revit 将根据所绘制的轮廓生成楼板。

（11）重复以上操作步骤，参考随书文件选择不同的楼板类型分别为不同房间创建楼板图元，结果如图 4-12 所示。注意在创建卫生间及阳台楼板时，应设置属性面板"自标高的高度偏移"值为 −20，即楼板板面较当前 F1 标高低 20mm；在创建内庭花园以及外部花园时，应设置属性面板"自标高的高度偏移"值为 −150，即楼板板面较当前 F1 标高低 150mm。

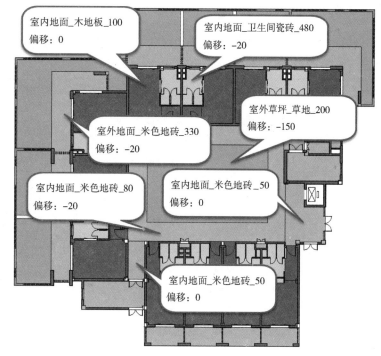

室内地面_木地板_100
偏移：0

室内地面_卫生间瓷砖_480
偏移：-20

室外草坪_草地_200
偏移：-150

室外地面_米色地砖_330
偏移：-20

室内地面_米色地砖_80
偏移：-20

室内地面_米色地砖_50
偏移：0

室内地面_米色地砖_50
偏移：0

图 4-11

图 4-12

（12）保存该项目文件，完成本节练习。或打开随书文件"第 4 章 \ 03_RVT \ 4-1-1. rvt"项目文件查看最终操作结果。

楼板创建方式比较简单，设置好楼板类型中楼板结构，绘制首尾相连的楼板轮廓边界线即可。

创建完成楼板图元后，选择楼板，双击楼板图元或单击"修改 | 楼板"上下文选项卡"模式"选项板中"编辑边界"按钮，将重新进入楼板边界轮廓编辑模式，可以重新修改和编辑楼板边界轮廓形状。

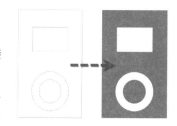

图 4-13

在创建楼板过程中，无论是"拾取线"还是"拾取墙"，目的都是为了保证楼板边界线和墙面位置一致。在绘制楼板边界线过程中需要保证轮廓边界线连续和闭合。Revit 允许在绘制楼板草图时存在多个独立的、封闭的轮廓边界线。但楼板草图轮廓中不能存在重合的、交叉的或具有开放端点的轮廓边界线。楼板边界轮廓允许嵌套，如图 4-13 所示，当两个轮廓相互嵌套时，Revit 会为楼板创建洞口（如图 4-13 中矩形洞口）。当多个独立的轮廓嵌套时（如图 4-13 中圆形轮廓），Revit 将依次创建洞口、楼板。在同一草图中创建的边界轮廓 Revit 将作为单一的楼板对象进行管理。

图 4-14

要创建有高差的楼板，可以通过修改如图 4-14 所示属性面板中"自标高的高度偏移"值来确定当前楼板的板面标高。楼板图元以楼板的顶面作为当前定位面，当"自标高的高度偏移"值为正值时，楼板板面将高于当前标高平面，当"自标高的高度偏移"值为负值时，楼板板面将低于当前标高平面。

4.1.3 创建 F2、F3 楼板

与墙图元一样，可以通过使用"复制到剪贴板"和"对齐粘贴"的方式，将楼板图元对齐粘贴至其他标高。复制生成后的楼板图元可继续返回轮廓草图编辑模式对其进行修改或编辑以满足设计的需求。接下来将创建别墅酒店项目 F2、F3 标高的楼板。

（1）接上节练习文件。切换至 F1 层平面视图。框选所有构件，如图 4-15 所示，单击"修改 | 选择多个"上下文选项卡"选择"面板中"过滤器"工具，弹出"过滤器"对话框，在类别列表中仅勾选"楼板"类别，单击"确定"按钮，将在选择集中仅保留楼板类别的图元。

（2）如图 4-16 所示，单击"粘贴板"面板内"复制到剪贴板"工具，将一层楼板复制至 Windows 剪贴板。

切换至 F2 层平面视图，单击"粘贴板"面板内粘贴下拉框，选择"与当前视图对齐"工具，将 F1 标高楼板对齐粘贴至当前视图。

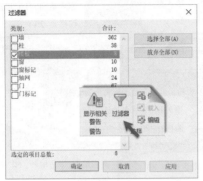

图 4-15   图 4-16

（3）结合随书文件，使用"删除"工具删除与 F2 标高不符的室外草坪等楼板图元。

（4）视图适当放大至 A 轴线 4-10 轴线间位置。双击阳台楼板，进入"修改 | 编辑边界"状态。如图 4-17 所示，使用对齐工具将阳台右侧板边界与 7 轴线对齐，单击"模式"面板中"完成编辑模式"按钮完成楼层边界修改，重新生成楼板图元。

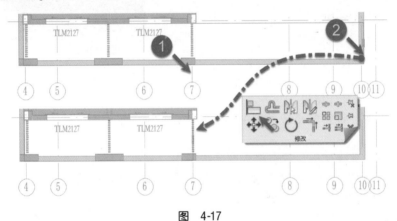

图 4-17

（5）使用楼板工具，在类型选择器中选择当前楼板类型为"室内地面_米色地砖_180"，修改"自标高的高度偏移"值为 130，即板面高程在标高之上 130mm。使用拾取墙工具配合使用修剪延伸为角工具，按如图 4-18 所示草图绘制 F2 室外上人屋面轮廓，完成后单击"完成编辑模式"按钮完成室外上人屋面。

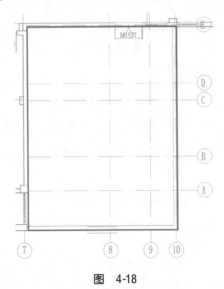

图 4-18

（6）重复上述步骤，参考随书文件，完成创建 F2 标高其他楼板。结果如图 4-19 所示。

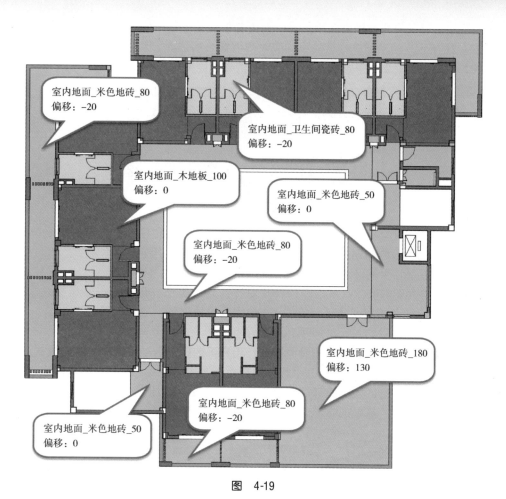

图 4-19

（7）使用类似的方式，完成 **F3** 标高其他楼板图元的创建，结果如图 4-20 所示。保存该项目文件，完成本节练习。读者可参考随书文件"第 4 章 \ 03_RVT \ 4-1-2. rvt"项目文件查看最终操作结果。

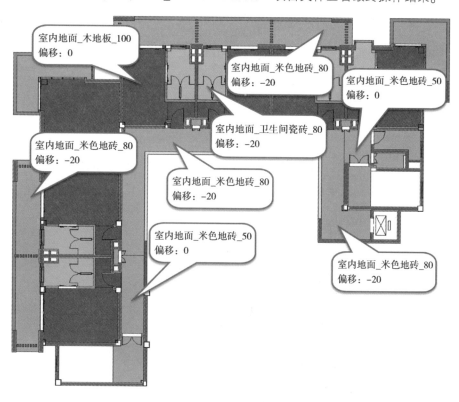

图 4-20

在绘制建筑楼板时，可以将同一标高偏移、同一类型的楼板全部绘制在同一个轮廓草图中，以方便对楼板的统一管理。如图 4-21 所示，注意建筑楼板轮廓均应对齐墙核心层边界，对于门洞位置，楼板轮廓应与门洞另一侧楼板边缘对齐，特别是在卫生间等两侧存在高差部位的楼板需要精确绘制与处理。

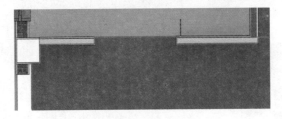

图　4-21

在修改楼板的过程中为方便楼板的选择，可激活如图 4-22 所示状态栏中"按面选择图元"模式。

在粘贴下拉列表中提供了多种粘贴的工具。"从剪贴板粘贴"工具用于将复制的图元粘贴至当前视图中并可手动指定粘贴后图元放置的位置。"与选定的标高对齐""与当前视图对齐""与拾取的标高对齐"功能类似，用于将复制的图元放置在指定标高或视图的相同位置。"与同一位置对齐"通常用于跨项目复制，并保障粘贴后的图元与原项目中的项目坐标一致；"与选定的视图对齐"仅在复制尺寸标注等注释图元时有效。用户可选择适合项目操作的粘贴模式进行操作。

图　4-22

默认情况下 Revit 中生成的楼板与所在标高平行，即楼板板面均为平面。在部分特殊建筑中，比如使用连廊的形式连接有高差的两栋建筑时就必须创建带有坡度的楼板。如图 4-23 所示，在绘制楼板轮廓草图时可以创建坡度箭头并定义坡度箭头的箭头、箭尾的高度偏移来生成带坡度的楼板。

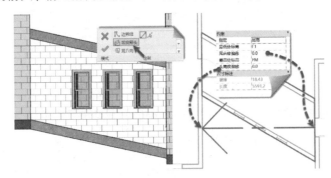

图　4-23

在楼板草图轮廓中，还可以定义轮廓边界线高度、定义边界线坡度、修改子图元 4 种方法来创建不规则楼板造型。限于篇幅本书不再赘述上述相关操作，读者可参考"BIM 思维课堂"系列其他书籍来了解相关功能。

4.2　创建屋顶

如图 4-24 所示，别墅酒店项目包括多个不同形式的屋顶，分别位于 F2、F3 及 RF 标高。使用 Revit 提供的屋顶工具可以创建各种形式的屋顶。

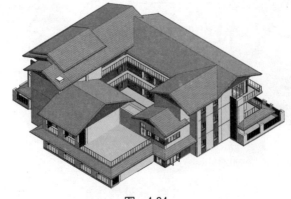

图　4-24

Revit 提供了迹线屋顶、拉伸屋顶和面屋顶三种创建屋顶的方式。其中，迹线屋顶的使用方式与楼板的创建方法非常类似。不同的是，在迹线屋顶中可以灵活为屋顶定义多个坡度。

4.2.1 创建 F2 屋顶

别墅酒店 F2 标高屋顶由 4 部分构成，各屋顶的底边缘距离标高的偏移值如图 4-25 所示，各屋顶厚度为 180mm，坡率均为 40%（21.8°）。

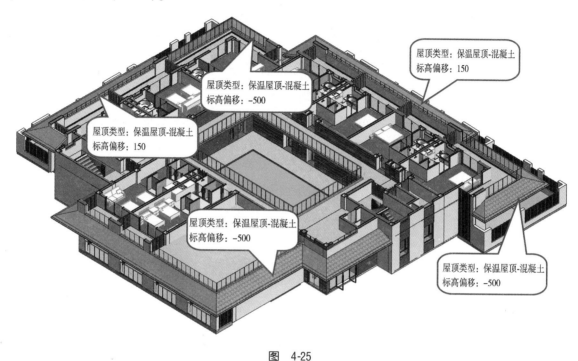

图 4-25

接下来使用"迹线屋顶"的方式创建 F2 标高的各屋顶。与楼板类似，在建筑专业中可只创建楼板的建筑构造面层图元。

（1）接上节练习，或打开随书文件"第 4 章 \ RVT \ 4-1-2.rvt"项目文件。切换至 F2 层平面视图，适当放大 1 轴线 A 至 H 位置。

（2）如图 4-26 所示，单击"建筑"选项卡"构建"面板中"屋顶"工具后黑色三角形弹出屋顶下拉选项列表，单击"迹线屋顶"工具，自动切换至"修改 | 创建屋顶迹线"上下文选项卡。该模式与上一节中"创建楼板边界"选项卡类似。

（3）单击"属性"面板中"编辑类型"按钮，打开屋顶"类型属性"对话框。在"族"列表中选择"系统族：基本屋顶"。在"类型"列表中选择"保温屋顶-混凝土"。单击"结构"参数后"编辑"工具，弹出"编辑部件"对话框，如图 4-27 所示，可查看当前屋顶中已定义的功能层以及材质。不修改任何参数，单击"确定"按钮两次退出类型属性对话框。

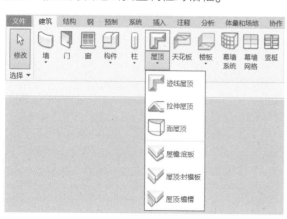

图 4-26

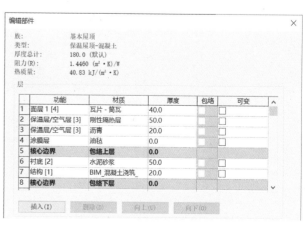

图 4-27

◀)) 提 示

　　屋顶结构编辑与楼板类似，随书所附的样板文件中已创建出"保温屋顶-混凝土"类型，并设置好功能层及厚度，可直接选择使用。

　　（4）设置"属性"面板中屋顶"底部标高"为 **F2** 标高，设置"自标高的底部偏移"值为 150，设置完成后，单击"应用"按钮应用该设置。

　　（5）确认"绘制"面板中绘制模式为"边界线"，绘制方式为"线"；如图 4-28 所示，勾选选项栏中"定义坡度"选项，确保"偏移量"为 0。

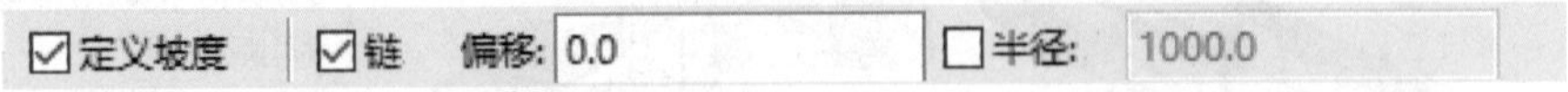

☑定义坡度　☑链　偏移: 0.0　　　　　　　□半径: 1000.0

图　4-28

　　（6）如图 4-29 所示，依次绘制屋顶边界线。屋顶靠墙侧沿墙外部核心层表面，屋顶宽度为 1400mm，下部右侧边界与 1 轴对齐，上侧边界距离 H 轴 400mm。

　　（7）如图 4-30 所示，配合键盘〈Ctrl〉键选中内侧三个边界线，取消选项栏中"定义坡度"选项，草图线边的坡度指示符号 ◢ 将消失，表示该边界线不创建坡度屋顶。

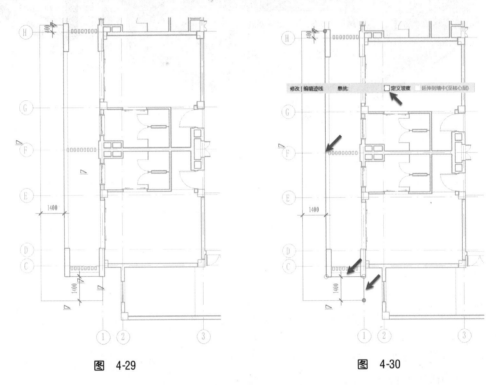

图　4-29　　　　　　　　　　　　　　　　　　图　4-30

　　（8）配合键盘〈Ctrl〉键选择带有坡度的边界线，如图 4-31 所示，修改"属性"面板中"坡度"为 40%，其他参数默认。

图　4-31

"属性"面板中"定义屋顶坡度"选项与选项栏中"定义坡度"选项功能相同。

（9）按〈Esc〉键取消选择集，此时"属性"面板中显示当前屋顶图元属性。如图 4-32 所示，修改"自标高的底部偏移"值为 150，即屋顶位于标高之上 150mm，确认"椽截面"的方式为"垂直截面"，其他参数默认。

（10）单击"修改 | 创建屋顶迹线"上下文选项卡"模式"面板中"完成编辑模式"按钮完成屋顶创建。Revit 弹出是否将墙附着到屋顶询问对话框，如图 4-33 所示，单击"不附着"按钮退出该对话框。

（11）Revit 将依据所选择的迹线轮廓生成屋顶，结果如图 4-34 所示。

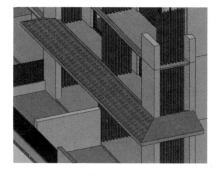

图　4-32　　　　　　　　　　图　4-33　　　　　　　　　　图　4-34

（12）重复以上步骤，参照图 4-35 中各屋顶迹线草图尺寸，创建其他屋顶图元。完成 F2 的屋顶。保存该项目文件完成本节练习，最终结果参见随书文件"第 4 章 \ 03_RVT \ 4-2-1. rvt"项目文件。

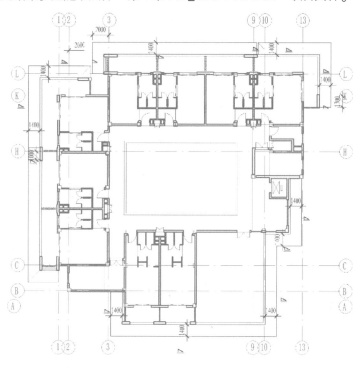

图　4-35

迹线屋顶的创建方式与楼板相似。但在创建迹线屋顶时，"属性"面板中设置的屋顶"标高"及"自标高的底部偏移"确定的高程位置定位于屋顶的"底面"标高。而在楼板"属性"面板中设置的"标高"及"自标高的高度偏移"定位于楼板的楼板顶面标高。

Revit 提供了 3 种形式椽截面形式，分别为垂直截面、垂直双截面、正方形截面。这些类型分别和"封檐带深度"参数共同影响屋顶形式，见表 4-2。

表 4-2

椽截面形式	封檐带深度	椽截面形式示意图	封檐带极限形式
垂直截面	不可用		不可用
垂直双截面	可用		
正方形截面	可用		

4.2.2 创建其他屋顶

使用类似的方式,可以创建别墅酒店项目 RF 及 F3 标高屋顶。如图 4-36 所示,为方便表达,在本书中将别墅酒店项目各屋顶分别编号为 RF01、RF02、RF03、RF04、RF05、F301、F302。各屋顶类型均为保温屋顶-混凝土,坡度均为 40%,F301、F302 距离 F3 标高的底部偏移值为 0,RF01、RF05 距离 RF 标高的底部偏移值为 680,RF02 距离 RF 标高的底部偏移值为 2300,RF03 距离 RF 标高的底部偏移值为 0,RF04 距离 RF 标高的底部偏移值为 400。

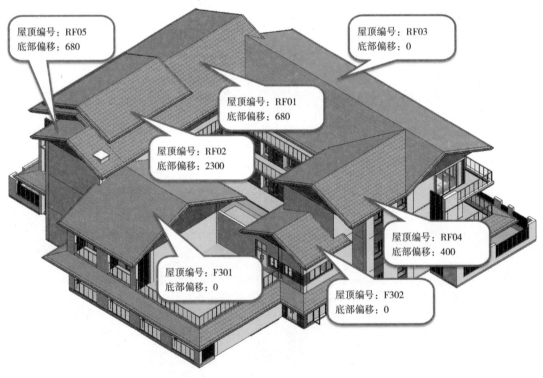

屋顶编号:RF05
底部偏移:680

屋顶编号:RF03
底部偏移:0

屋顶编号:RF01
底部偏移:680

屋顶编号:RF02
底部偏移:2300

屋顶编号:RF04
底部偏移:400

屋顶编号:F301
底部偏移:0

屋顶编号:F302
底部偏移:0

图 4-36

接下来继续使用迹线屋顶工具创建 F3 及 RF 标高屋顶。

(1)首先创建 RF01 屋顶。接上节练习,切换至 RF1 层平面视图。使用"迹线屋顶"工具,自动切换至"修改 | 创建屋顶迹线"上下文选项卡。确认当前屋顶图元类型为"基本屋顶:保温屋顶-混凝土"。修改属性面板中"底部标高"为"RF","自标高的底部偏移"值为"680"。

(2)适当放大 1 轴线、3 轴线 C-G 轴位置。不勾选选项栏"定义坡度"选项;如图 4-37 所示,使用"矩形"绘制方式,配合使用临时尺寸标注线,按图 4-37 所示轮廓草图位置绘制屋顶迹线轮廓。单击"绘制"面板中"拾取墙"绘制方式，依次拾取视图中墙体内侧边缘，绘制内部迹线轮廓。

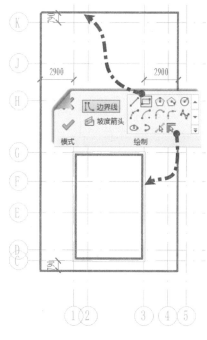

图 4-37

（3）配合键盘〈Ctrl〉键选择 1 轴线、4 轴线两侧垂直方向轮廓草图线。如图 4-38 所示，勾选属性面板中"定义屋顶坡度"选项，修改"坡度"值为 40%。

（4）完成后单击"模式"面板中"完成编辑模式"按钮完成屋顶创建，当询问是否将墙附着至屋顶时，选择"不附着"。切换至三维视图，结果如图 4-39 所示，注意在嵌套的轮廓部分并未创建屋顶。

图 4-38   图 4-39

（5）接下来创建 RF02 屋顶。重复上述操作步骤，按如图 4-40 所示草图轮廓，注意屋顶坡度所在的位置。在 RF 标高上方 2300 位置创建屋顶。

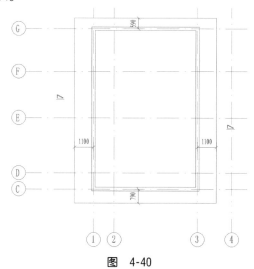

图 4-40

（6）接下来创建 RF03 屋顶。继续使用迹线屋顶工具，按如图 4-41 所示尺寸完成 3 ~ 13 轴线 J ~ L 轴屋顶轮廓草图，设置屋顶标高为 RF，自标高的高度偏移值为 0。注意屋顶坡度所在的位置。单击"完成编辑模式"按钮完成屋顶创建。

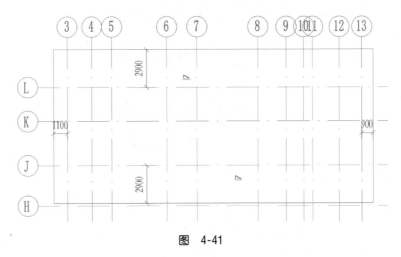

图 4-41

（7）继续创建 RF04 屋顶。重复以上步骤，在 8 ~ 13 轴线 F、H 轴线位置绘制如图 4-42 所示屋顶轮廓草图，设置屋顶标高为 RF，自标高的高度偏移值为 400。注意屋顶坡度所在的位置。单击"完成编辑模式"按钮完成屋顶创建。

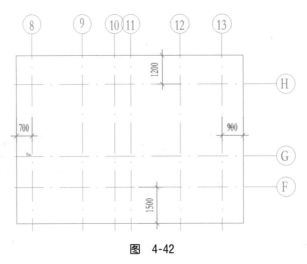

图 4-42

（8）接下来，创建 RF05 屋顶。使用迹线屋顶工具，按如图 4-43 所示尺寸完成 3 ~ 13 轴线 J ~ L 轴屋顶轮廓草图，设置屋顶标高为 RF，自标高的高度偏移值为 680。注意屋顶坡度所在的位置。单击"完成编辑模式"按钮完成屋顶创建。

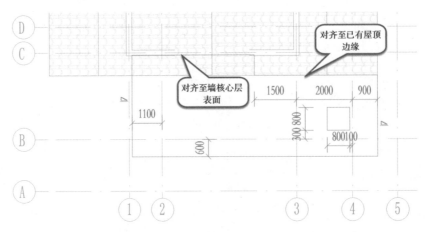

图 4-43

（9）完成 RF 标高屋顶后，接下来创建 F301 和 F302 屋顶。切换至 F3 楼层平面视图。使用迹线屋顶工具，设置屋顶标高为 F3，自标高的高度偏移值为 0。按如图 4-44 所示尺寸分别完成 4~7 轴线 A~F 轴屋顶轮廓草图和 8~13 轴线 E、F 轴屋顶轮廓草图。注意各屋顶的坡度所在的位置。单击"完成编辑模式"按钮完成屋顶创建。

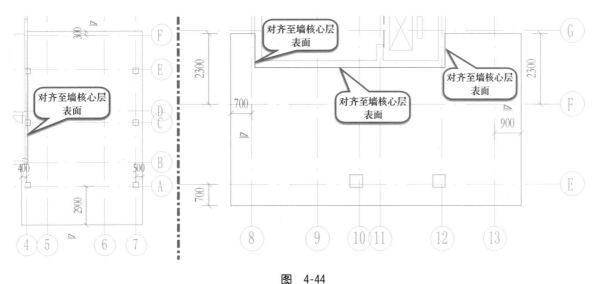

图　4-44

🔊 **提 示**

F301 和 F302 屋顶应分别使用迹线屋顶工具单独创建屋顶轮廓草图，不可在创建 F301 屋顶时同时绘制 F302 的迹线。

（10）至此完成屋顶创建。切换至三维视图，完成后屋顶如图 4-45 所示。保存该项目文件完成本节练习，或打开随书文件"第 4 章 \ 03_RVT \ 4-2-2.rvt"项目文件查看最终操作结果。

在绘制屋顶轮廓草图时，可使用拾取墙工具并勾选选项栏"延伸至墙中（至核心）"选项，沿墙核心层表面创建草图。配合使用对齐、修剪延伸为角等工具，可以加快草图的编辑。

屋顶属于系统族。Revit 共提供了两种族：基本屋顶和玻璃斜窗。基本屋顶的类型属性定义方式与本书前述中介绍的基本墙、楼板完全一致。而玻璃斜窗则可以视为幕墙。与幕墙不同的是，玻璃斜窗可以不必像幕墙那样垂直于标高平面。

图　4-45

4.2.3　屋顶连接与修剪

在别墅酒店项目中，RF 标高的部分屋顶范围相交，需要对相交的屋顶进行进一步的处理以满足设计要求。Revit 提供了"连接屋顶/取消连接屋顶"工具，用于处理相交的屋顶之间的剪切关系。

（1）接上节练习，或打开随书文件"第 4 章 \ RVT \ 4-2-2.rvt"项目文件。切换至默认三维视图。配合键盘〈Shift〉键和鼠标中键，旋转视图至 RF03 与 RF04 交界位置。

（2）如图 4-46 所示，单击"修改"选项卡下"几何图形"面板中"连接/取消连接屋顶工具"。移动鼠标指针至 RF04 屋顶的边界位置，屋顶边界将显示为蓝色预选状态，单击选择屋顶边界，此时屋顶边界高亮显示为蓝色细线。移动鼠标指针至 RF03 屋顶的屋面位置，屋面将

图　4-46

显示为蓝色预选状态，单击选择屋面。

（3）RF04屋顶将延伸至RF03屋面处，结果如图4-47所示。

图 4-47

提示

要取消屋顶连接，可再次使用"连接/取消连接屋顶"工具，选择RF04屋顶边缘即可。

（4）重复以上操作，将RF03连接至RF01屋顶表面。结果如图4-48所示。

（5）选择RF01和RF03屋顶。如图4-49所示，单击视图控制栏中"临时隐藏隔离"工具，在列表中选择"隔离图元"选项，将在视图中隐藏其他所有图元，隔离显示RF01及RF03屋顶。

（6）如图4-50所示，单击"建筑"选项卡"洞口"面板中"垂直"开洞工具，单击选择RF03屋顶。进入创建洞口边界轮廓草图编辑模式。

（7）单击ViewCube，将视图设置为"顶"。如图4-51

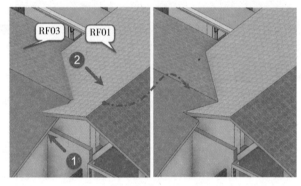

图 4-48

所示，使用"绘制"面板中"拾取线"工具，确认选项栏"偏移"值设置为0；依次拾取RF03屋顶边缘及与RF01屋顶交线生成垂直洞口草图轮廓边界线。配合使用"修剪/延伸为角"将洞口轮廓边界修剪至首尾相连。

图 4-49

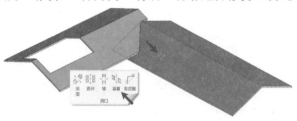

图 4-50

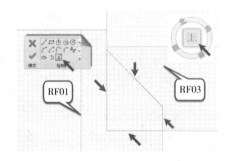

图 4-51

（8）单击"模式"面板中"完成编辑模式"按钮完成洞口创建，该洞口将剪切RF03多余的部分，配合使用键盘〈Shift〉键盘和鼠标中键，旋转三维视图结果如图4-52所示。

（9）如图4-53所示，单击"建筑"选项卡"洞口"面板中"老虎窗"工具，单击选择 RF01 屋顶进入洞口轮廓草图编辑模式。

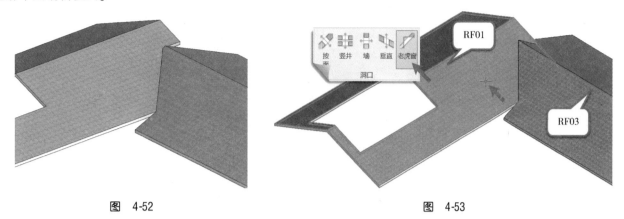

图 4-52   图 4-53

（10）老虎窗草图编辑模式中仅允许通过拾取现有屋顶边缘的方式创建老虎窗轮廓边界。如图4-54所示，单击"拾取"面板中"拾取屋顶/墙边缘"工具，单击选择 RF03 屋顶，将自动沿 RF03 屋顶下边缘生成老虎窗洞口边界线。

（11）继续使用"拾取屋顶/墙边缘"工具，依次拾取 RF01 屋顶边缘，沿 RF01 已有边缘生成老虎窗洞口边界轮廓。配合使用"修剪/延伸为角"对老虎窗边界进行修剪，保持草图轮廓首尾连接，结果如图4-55所示。

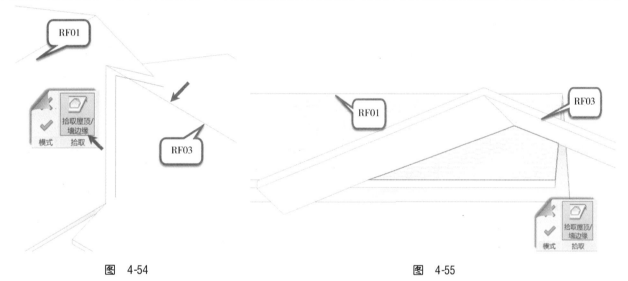

图 4-54   图 4-55

（12）单击"模式"面板中"完成编辑模式"按钮完老虎窗创建。结果如图4-56所示，RF01 屋顶在 RF03 之下部分已被老虎窗图元剪切。

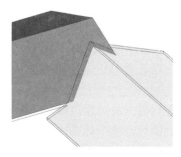

图 4-56

（13）适当旋转视图至 RF01、RF03 屋顶下方，如图4-57所示，由于 RF01 沿 RF03 屋顶底面被老虎窗剪切，因此两屋顶图元间仍存在交叉连接，显示多余的交线。单击"修改"选项卡"几何图形"面板中"连接"工具下拉列表，在列表中选择"连接几何图元"选项，按顺序单击 RF01 后再单击 RF03 屋顶，两屋顶将进行连接计算，消除多余交线。

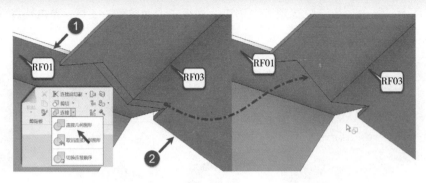

图　4-57

（14）单击视图控制栏中"临时隐藏隔离"工具，在列表中选择"重设临时隐藏/隔离"工具，取消图元隔离显示，显示全部图元。依次选择 RF03 及 RF04 屋顶图元，再次使用视图控制栏中"临时隐藏隔离"工具，隔离显示 RF03 及 RF04 屋顶。

（15）使用老虎窗工具，选择 RF03 屋顶，进入编辑草图状态。如图 4-58 所示，使用"拾取屋顶/墙边缘"工具，依次拾取 RF04 及 RF03 屋顶下部边缘，配合使用修剪延伸为角工具生成首尾相连的草图边界。

（16）单击"完成编辑模式"按钮完成老虎窗绘制。配合使用"连接几何图形"工具，依次拾取 RF03、RF04，完成屋顶几何图形连接。结果如图 4-59 所示。

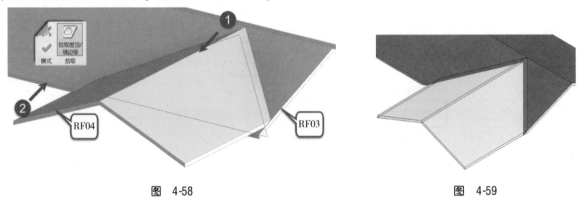

图　4-58　　　　　　　　　　　　　　　　图　4-59

（17）到此，完成别墅酒店项目的屋顶连接和修剪操作。保存该项目文件，或打开随书文件"第 4 章 \ 03_RVT \ 4-2-3. rvt"项目文件查看最终操作结果。

使用"连接屋顶/取消连接屋顶"可以处理相交屋顶间的几何关系。在连接屋顶后，通常需要配合"建筑"选项卡"洞口"面板中"老虎窗"工具沿相交的屋顶迹线对主屋顶进行剪切。

"老虎窗"洞口不允许用户自由绘制洞口边界轮廓，必须是通过两个连接的屋顶使用拾取的方式在连接位置生成洞口边界线，若有墙附着于屋顶之间，还可拾取墙边界线作为洞口边界线。

Revit 提供了几种不同的"洞口"工具可以在墙、楼板、天花板、屋顶、结构梁、支撑和结构柱上剪切洞口。在剪切楼板、天花板或屋顶时，可以选择竖直剪切或垂直于表面进行剪切。通过编辑洞口的轮廓草图，可以创建复杂形状的洞口。

除本节中介绍的垂直洞口用于沿垂直于标高方向对屋顶等图元进行剪切外，还可以使用"按面"的方式创建垂直于所选择图元表面的洞口。如果要创建跨越多个标高的洞口，例如电梯井，可以使用"竖井"工具，并指定竖井的高度范围。在该范围内的楼板、屋顶及天花板图元均将被竖井对象剪切。

4.2.4　墙与屋顶的附着

在别墅酒店项目中添加屋顶后，应处理墙体与屋顶的连接关系，以便于墙体与屋顶能够正确连接。在 Revit 中提供了墙体附着工具，用于将墙连接至屋顶图元。

接下来将使用墙附着工具，完成别墅酒店项目墙体立面形状的修改。

（1）接上节练习，或打开随书文件"第 4 章 \ RVT \ 4-2-3. rvt"项目文件。切换至默认三维视图。

（2）配合键盘〈Shift〉键和鼠标中键，调整视角至如图 4-60 所示，移动鼠标指针至凸出屋面的任意墙体图元位置，按键盘〈Tab〉键将高亮显示连接的四面墙图元，单击选择所有高亮的墙体，自动切换至"修改 | 墙"上下文选项卡。

修改墙"面板中"附着顶部/底部"工具，确认选项栏中附着墙的方式为"顶目标形状。

顶位置，单击选择该屋顶，Revit 会自动修改墙顶部轮廓以适应屋顶形状，结式附着 RF02 屋顶下其他墙顶部至 RF02 屋顶。

图 4-61

图 4-62

置，可见该位置下方墙体并未与屋顶相连。如图 4-63 所示，单击选择屋顶下方选项卡下"模式"面板中选择"编辑轮廓"工具，进入"修改 | 墙"下"编

草图编辑模式。

墙顶边界线。如图 4-64 所示，使用拾取线工具拾取屋顶下侧边缘，沿屋顶坡度延伸为角工具，将墙轮廓草图修剪为首尾相连。

图 4-63

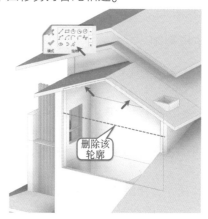

图 4-64

中"完成编辑模式"按钮完成编辑墙体。

着"工具以及墙体"编辑轮廓"工具，顶连接。保存该项目文件，或打开随书-4. rvt"项目文件查看最终操作结果。

平面、楼板、屋顶、屋顶檐底板等对象之上，实现对墙立面形状的快速编辑。在使用墙附着工具时，注意选择要修改选项栏中附着墙的顶部还是底部，以得到正确的结果。

在墙附着于屋顶等图元后，如果需要取消附着，可以选择墙图元，单击"修改墙"面板中"分离顶部/底部"按钮，选择要分离的对象即可。如图 4-66 所示，如果墙附着于多个图元，可单击选项栏中"全部分离"选项，则墙将与所有附着的图元分离，恢复为原始

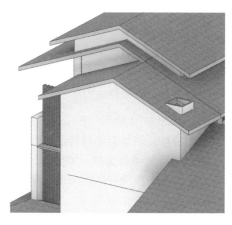

图 4-65

状态。

在处理墙体顶部不规则造型或没有可以附着的主体时，采用编辑墙轮廓的方式修改墙立面造型。选择编辑墙轮廓后的墙图元，在"修改 | 墙"上下文关联选项卡"模式"面板中"重设轮廓"工具将变为可用。单击"重设轮廓"工具，可以删除所选择墙用户编辑的轮廓形状，还原为默认墙绘制状态。

Revit 中的墙图元可以理解为基于立面轮廓草图根据墙类型属性中的结构厚度定义拉伸生成的三维实体。与楼板、屋顶轮廓相同，在编辑墙轮廓时，轮廓线必须首尾相连，不得交叉、开放或重合。轮廓线可以在闭合的环内嵌套。如图 4-67 所示墙轮廓，将在墙体上生成洞口。

图 4-66

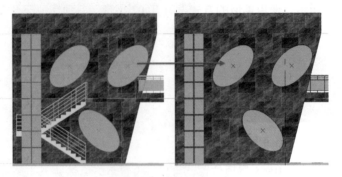

图 4-67

4.3　创建天花板

使用天花板工具，可以快速创建室内天花板。在 Revit 中创建天花板的过程与楼板、屋顶的绘制过程类似，可以通过绘制天花板轮廓草图的方式生成天花板图元。除绘制轮廓草图边界外，还可以根据房间边界沿房间边界自动生成天花板。

接下来继续为别墅酒店项目创建天花板图元。为方便天花板显示，在创建天花板之前需要先创建天花板视图，用于显示天花板图元。

4.3.1　创建天花板视图

天花板视图属于平面视图类别，可以依据标高创建不同的天花板视图。

（1）接上节练习，或打开随书文件"第 4 章 \ RVT \ 4-2-4. rvt"项目文件。如图 4-68 所示，选择"视图"选项卡"创建"面板中"平面视图"工具三角下拉框，在列表中选择"天花板投影平面"。

（2）如图 4-69 所示，弹出"新建天花板平面"对话框，确认视图"类型"为"天花板平面"视图类型，在列表中列举了当前别墅酒店项目中所有可以用于创建天花板视图的标高名称列表。配合键盘〈Ctrl〉键，依次选择 F1、F2、F3 以及 RF 标高名称，单击"确定"按钮完成创建天花板平面图。

图 4-68

图 4-69

🔊 **提示**

默认列表中将隐藏已创建了"天花板平面"类型视图的标高。可通过取消对话框底部"不复制现有视图"选项来显示所有可用标高。

（3）如图 4-70 所示，在项目浏览器中新增"天花板平面"视图类别，并可以查看上一步骤中创建的天花板平面视图名称，默认自动跳转至 RF 标高天花板平面图。

（4）保存该项目文件，完成本节练习，最终结果参见随书文件"第 4 章 \ 03_RVT \ 4-3-1. rvt"项目文件。

天花板平面视图投影方向是从平行于标高的剖切平面位置向上方查看，并将视图范围内图元投影到当前剖切平面位置。如图 4-71 所示，视图中①为剖切平面，天花视图可见区域是①至②之间，类似于仰视视图。天花板平面视图通常用于查看天花吊顶以及天花板之上的机电专业管线及末端点位。

图 4-70

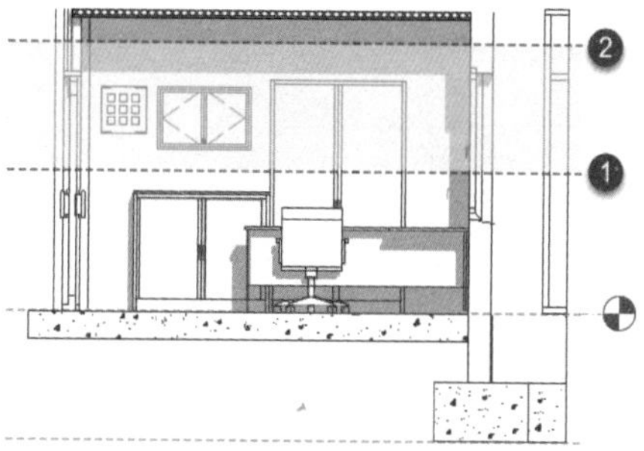

图 4-71

天花板视图与楼层平面视图定义类似，可以根据设计需求自定义视图范围。在天花板平面视图中，不选择任何图元，属性面板将显示当前视图属性。如图 4-72 所示，单击"视图范围"后编辑按钮，弹出"视图范围"对话框，在该对话框中，可以对天花板视图的主要范围以及视图深度进行进一步的设置。

关于视图及视图深度的说明，可参考第 1.4.1 节、第 2.2.2 节及第 8 章相关内容。

图 4-72

4.3.2　创建天花板面层

创建完成天花板视图后，可以使用天花板工具创建天花板图元。接下来继续为别墅酒店项目创建天花板。

（1）接上节练习，或打开随书文件"第 4 章 \ RVT \ 4-3-1. rvt"项目文件。切换至 F1 层天花视图。如图 4-73 所示，修改视图控制栏中视图"详细程度"由默认的"粗略"修改为"精细"，修改"视图样式"为"着色"模式。

（2）如图 4-74 所示，单击"建筑"选项卡"构建"面板中"天花板"工具，进入"修改 | 放置天花板"编辑模式。自动切换至"修改 | 放置天花板"上下文选项卡。

图 4-73

图 4-74

（3）默认天花板创建方式为"自动创建天花板"。在"属性"面板中单击"编辑类型"按钮，打开"类型属性"对话框，复制新建名称为"防潮乳胶漆 – 20mm"新天花板类型。

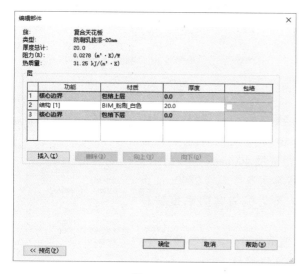

图 4-75

（4）单击"结构"参数后"编辑"按钮，弹出"编辑部件"对话框，如图 4-75 所示，设置结构层厚度为 20，材质选择"BIM_ 粉刷_ 白色"，单击"确定"按钮两次完成天花板类型设置。

（5）如图 4-76 所示，单击"修改 | 放置天花板"选项卡"天花板"面板中天花板创建方式为"绘制天花板"，进入天花板轮廓草图编辑模式。

图 4-76

（6）以 4 轴线右侧客房为例，如图 4-77 所示，使用"拾取墙"的方式，不勾选选项栏"延伸至墙中（至核心层)"选项，依次沿客房内墙体生成天花板轮廓边界。配合使用修剪延伸为角工具修改边界线首尾相连。设置"属性"面板中天花板"自标高的高度偏移"值为2800，单击"模式"面板中"完成编辑模式"按钮完成天花板创建。

◀)) 提 示

> 与屋顶图元类似，天花板以底面作为标高偏移定位面。

（7）重复以上步骤，创建卫生间及过道天花板，其中卫生间天花板净高为 2.4m，出风口区域净高为 2.6m，结果如图 4-78 所示。

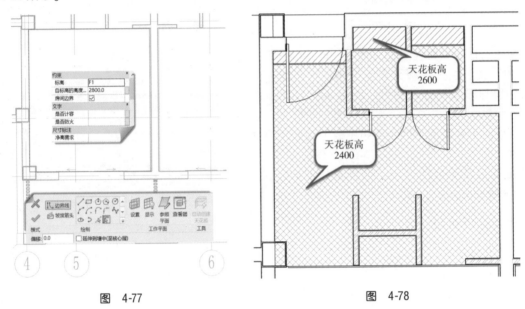

图　4-77　　　　　　　　　　图　4-78

（8）如图 4-79 所示，由于各天花板标高间存在高差，需要使用墙工具绘制垂直天花板图元。

（9）使用墙工具，复制新建名称为"天花板_装饰_防潮乳胶漆_20mm"的新墙类型。使用与天花板相同的结构设置按如图 7-80 所示参数设置墙结构。

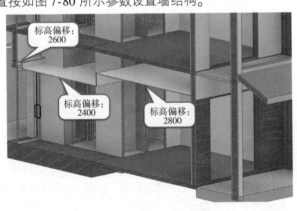

图　4-79

图　4-80

（10）如图 4-81 所示，设置属性面板中墙定位线为"面层面：外部"，确认底部约束标高为 F1，设置底部偏移值为 2400，即 F1 标高之上 2400mm 作为墙底部位置，设置顶部约束值为"未连接"，设置"无连接高度"值为 400，即墙高度 400mm。

（11）确认墙绘制方式为拾取线，在 F1 天花板视图中拾取客房高度偏移 2800mm 天花板边界生成墙体，该墙体作为卫生间高度偏移 2400mm 天花板与客房高度偏移 2800mm 天花板的连接部分。

（12）采用类似的方式，修改属性面板"无连接高度"值为 200，其他参数不变；依次沿高度偏移 2400mm 天花板边缘拾取生成墙，连接卫生间高度偏移 2400mm 天花板与高度偏移 2600mm 天花板。

图　4-81

（13）重复以上操作，创建 F1 其他房间天花板。配合使用复制到剪贴板、对齐粘贴至选定标高的方式，创建完成 F2 以及 F3 标高天花板图元的创建。

（14）至此完成天花板创建。保存该项目文件，或打开随书文件 "第 4 章 \ 03_ RVT \ 4-3-2. rvt" 项目文件查看最终操作结果。

在三维建筑设计中，天花板净高是确定房间使用净高的重要依据。各专业应配合建筑天花板高度要求，调整和优化各专业的设计，以满足房间的使用要求。在其他专业考虑天花板净高时，还应考虑天花板龙骨等构造所占用的空间，通常按 120 ~ 150mm 空间考虑。

在别墅酒店项目中，使用天花板工具仅创建了天花板面层，对于天花板内的龙骨、吊杆等构造图元，需要配合使用

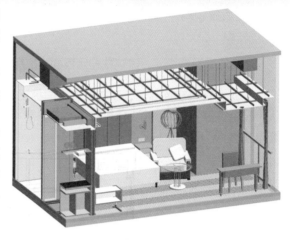

图 4-82

结构梁、构件等工具继续完善，完整的天花板模型如图 4-82 所示。限于篇幅，本书不再详述天花板构造模型的创建过程。

4.4 创建房间

在建筑设计中需要标识明确各房间的功能。Revit 提供了 "房间" 工具用于在项目中创建房间对象。"房间" 属于模型对象类别，可以像其他模型对象图元一样使用 "房间标记" 提取并显示房间各参数信息，如房间名称、面积、功能等。Revit 还可以根据房间的属性在视图中创建房间图例，以彩色填充图案直观标识各房间。

下面将为别墅酒店项目添加房间和房间标记，学习如何使用房间工具创建和修改房间。

4.4.1 手动创建房间

房间布置的基本过程是：进行房间面积、体积计算规则设置，放置房间，放置或修改房间标记。房间是基于图元（例如墙、楼板、屋顶和天花板）对建筑模型中的空间进行细分的部分，这些图元定义为房间边界图元。Revit 在计算房间周长、面积和体积时会参考这些房间边界图元。可以根据设计的需要启用或禁用各图元的 "房间边界" 参数。

（1）接上节练习，或打开随书文件 "第 4 章 \ RVT \ 4-4-1. rvt" 项目文件，切换至 F1 楼层平面视图。

（2）如图 4-83 所示，单击 "建筑" 选项卡 "房间和面积" 面板中 "房间" 工具。进入放置房间状态，自动切换至 "修改 | 放置房间" 上下文选项卡。

（3）如图 4-84 所示，确认激活 "标记" 面板 "在放置时进行标记" 选项，确认 "属性" 面板类型选择器中当前房间标记类型为 "房间标记_ 标准：房间面积" 族类型。

图 4-83

图 4-84

🔊 提 示

此时若不选择 "在放置时进行标记"，放置房间时不会自动出现房间标记，若忘记选择 "在放置时进行标记" 命令，可通过使用 "标记房间" 工具重新标记房间。

（4）如图 4-85 所示，确认选项栏中房间 "上限" 设置为 F2，设置偏移量为 0，其他参数默认。

| 修改 \| 放置 房间 | 上限: F2 | 偏移: 0 | 水平 | □ 引线 | 房间: 新建 |

图 4-85

🔊 提 示

选项栏 "上限" 和 "偏移" 值用于确定房间的高度，该参数将影响房间的体积参数。

（5）适当放大视图移动鼠标指针至客房内，如图 4-86 所示，Revit 会自动搜索封闭的房间边界，并给出房间范围预览。单击，Revit 会自动创建房间并对房间进行标记，显示房间名称以及面积。默认房间名称为 "房

间"。完成后按〈Esc〉键退出放置房间工具。

（6）单击选择房间标记，双击进入房间标记名称修改状态。修改房间名称为"标间"，按键盘〈Enter〉键确认。配合键盘〈Tab〉键选择房间图元（注意不是房间标记），"属性"面板"标识数据"分组中"名称"值也改为"标间"，如图4-87所示。

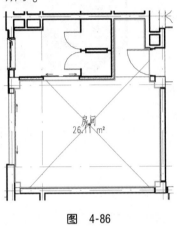

图 4-86   图 4-87

（7）重复上述操作，为项目中其他客房、卫生间创建房间。保存该项目文件，或打开随书文件"第4章\03_RVT\4-4-1.rvt"项目文件查看最终操作结果。

在创建房间对象时所有的房间参数信息（例如房间名称、房间面积等）已存储在房间对象图元中。Revit通过房间标记以二维注释的方式在视图中显示房间的名称、面积等信息。房间的参数信息与标记中的参数信息双向关联，当修改房间属性时房间标记中的信息会自动更新，反之当修改房间标记中的信息时也会同步修改房间中的相关属性信息。注意并非所有的房间信息都允许用户修改，房间面积、体积等信息软件会根据房间对象进行自动计算，因此并不允许用户直接对其进行修改。

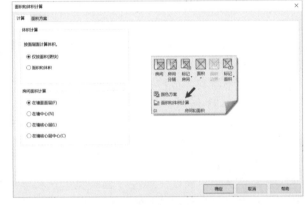

图 4-88

单击"建筑"上下文选项卡"房间和面积"面板名称下拉三角形展开"房间和面积"面板，单击"面积和体积计算"工具后进行房间面积、体积计算规则设置。如图4-88所示，可以在"计算"选项卡中定义房间的计算方式为只计算面积还是计算房间的面积和体积，同时可以指定房间面积的计算方式是基于墙面还是基于墙核心层中心。不同的面积计算方式影响房间的统计面积。

在实际工作中还会遇到房间空间形状并不是规则立方体的情况，例如4-89所示带有斜墙的房间，那么在计算房间面积时必须指定一个房间面积计算高度作为房间面积计算的依据。

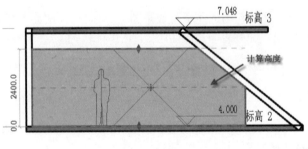

图 4-89

在Revit中可以为每个标高设置房间的计算高度。要设置"计算高度"需首先切换至立、剖面视图，选择该房间图元的基准标高，如图4-90所示，在标高"属性"面板中"计算高度"参数即是在计算该标高房间面积时的计算截面位置，该参数决定了该标高的房间面积、周长的计算位置。在处理异形房间时，该参数可满足计算规则的要求。根据《建筑工程建筑面积计算规范》（GB/T 50353—2013）规定，计算高度应设置为1200。

房间体积是通过在房间面积值基础上乘以房间高度得到的。因此，房间计算高度的设置也将同时影响房间体积的计算。在进行 BIM 设计时，房间不仅用于显示各空间区域的功能名称，还可以将该房间的体积等信息传递至其他节能分析软件中进行节能分析计算。房间面积、体积在进行房间节能计算时是非常重要的计算参数。

除手动放置房间外，在创建房间时可选择"自动放置房间"命令，Revit 会根据选项栏上的参数在当前标高中构成房间的封闭区域自动创建房间。只有具有封闭边界的区域才能创建房间对象。在 Revit 中墙、结构柱、建筑柱、楼板、幕墙、建筑地坪、房间分隔线等图元对象均可作为房间边界。Revit 可以自动搜索闭合的"房间边界"，并在闭合房间边界区域内创建房间。

如图 4-91 所示，墙属性面板中"房间边界"选项可以决定该图元是否作为房间边界。当取消该选项时，Revit 在生成房间时会忽略该墙图元。

图 4-90　　　　　　图 4-91

4.4.2　创建房间分隔

当空间中不存在房间边界图元时，还可以使用房间分隔线进一步分割空间。当添加、移动或删除房间边界图元时，房间的面积、周长等尺寸信息将自动更新。在别墅酒店项目中，由于电梯间、走廊等功能区域并没有墙等分隔图元，因此需要手动创建房间边界来区分不同的功能房间。

（1）接上节练习，切换至 F1 楼层平面图。适当放大视图于轴 1 轴线 C 至 F 轴位置。使用"房间和面积"面板中"房间"工具，移动鼠标指针至如图 4-92 所示室外区域位置，将显示房间范围预览。由于阳台与室外花园之间没有墙体对该区域进行空间划分，因此默认将查找该区域周边的墙体作为房间。需要将该区域划分为花园和阳台两个房间，按〈Esc〉键两次不放置任何房间。

（2）如图 4-93 所示，单击"建筑"选项卡"房间和面积"选项卡中"房间分隔"工具。自动切换至"修改 | 放置房间分割"上下文选项卡。

（3）选择创建"线"工具进行创建房间分隔线，如图 4-94 所示，绘制房间分隔线。

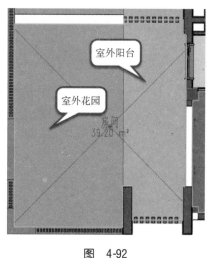

图　4-92

图　4-93

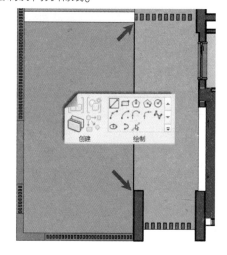

图　4-94

🔊 提 示

房间边界线需与墙、柱等带有房间边界构件相交，才能对房间进行重新划分。

（4）再次使用房间工具，注意激活"在放置时进行标记选项"，确认当前标记名称为"房间标记_标准：房间面积"。移动鼠标指针至阳台位置，注意该区域已经变为独立的房间区域。如图 4-95 所示，移动至室外花园位置，该区域同样可以生成独立的房间区域。在上述区域内分别单击放置房间，并分别命名为阳台和花园。

（5）选择阳台房间标记，打开"类型属性"对话框，复制新建名称为"房间名称"的新标记类型。如图 4-96 所示，在类型属性对话框中取消勾选"面积"选项，完成后单击"确定"按钮退出"类型属性"对话框。

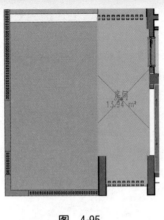

图 4-95　　　　　　　　　　　　图 4-96

（6）阳台房间标记将仅显示房间名称，不再显示面积信息。选择花园房间标记，修改其类型为上一步骤中创建的"房间名称"房间标记类型。

（7）使用类似的方式处理 F1 标高其他房间分隔并添加房间标记。到此完成房间分隔练习，保存该项目文件，或打开随书文件"第 4 章 \ 03_ RVT \ 4-5-2. rvt"项目文件查看最终结果。

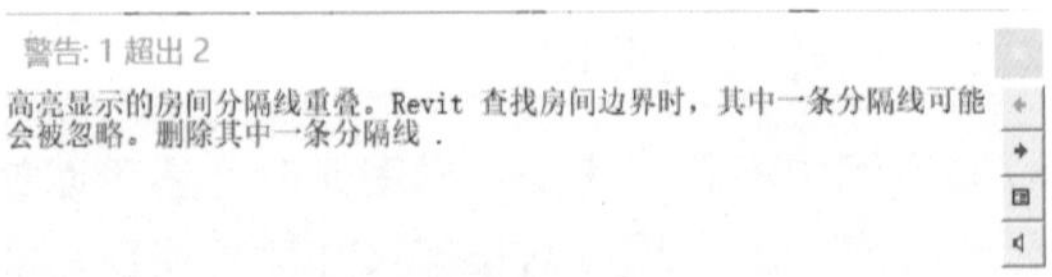

在绘制房间分隔线时，由于房间分隔线与墙体重叠，Revit会给出分隔线重叠的警告对话框，如图 4-97 所示。由于 Revit中墙体将默认作为房间的分隔线，因此会造成墙体与绘制的分隔线重叠。

图 4-97

如果在创建房间时未激活"放置时进行标记"选项，可以通过单击如图 4-98 所示"标记房间"下的三角下拉框，在列表中选择"标记所有未标记的对象"工具，可将当前视图中所有未进行标记的房间全部一次性进行标记。

房间标记属于注释族图元。它与第 3 章中创建门、窗时的门标记和窗标记类似，可根据定义显示房间中定义的各类信息。注意删除房间标记不会删除房间，但删除房间时将同时删除房间标记。

图 4-98

4.4.3 放置房间图例

添加房间后，可以在视图中添加房间图例，并采用颜色块等方式用于更清晰地表现房间范围、分布等。下面继续为别墅酒店项目添加房间图例。

（1）接上节练习。在项目浏览器中右键单击 F1 楼层平面视图，在弹出右键快捷菜单中选择"复制视图→复制"，复制新建视图。切换至该视图，重命名该视图为"F1-房间图例"。

（2）按快捷键"VV"，打开"可见性/图形替换"对话框。在"可见性/图形替换"对话框中，切换至"注释类别"选项卡，不勾选当前视图中剖面、详图索引符号、轴网和参照平面等不必要的对象类别。

（3）如图 4-99 所示，单击"建筑"选项卡"房间和面积"面板名称黑色三角形展开"房间和面积"面板，单击"颜色方案"工具后进行房间图例方案设置。在弹出的"编辑颜色方案"对话框中的左侧方案列表中设置类别为"房间"，单击"重命名"按钮修改方案的名称为"按名称显示"；在右侧方案定义中，修改"标题"为"一层房间图例"，选择"颜色"设置为"名称"，即按房间名称定义颜色。Revit 弹出"不保留颜色"对话框，提示用户如

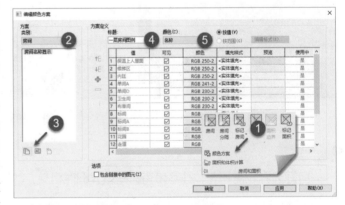

图 4-99

果修改颜色方案定义将清除当前已定义颜色，单击"确定"按钮确认；在颜色定义列表中自动为项目中所有房间名称生成颜色定义，完成后单击"确定"按钮完成颜色方案设置。

在"编辑颜色方案"对话框中单击颜色列表左侧向上、向下按钮移动行工具可调整房间名称各行顺序。同时，在"颜色"列中可以对自动生成的图例颜色进行更改，在"填充样式"列中可以对图例的填充样式（默认是"实体填充"）进行更改。

（4）单击"注释"选项卡"颜色填充"面板中"颜色填充图例"命令，确认当前图例类型为"仿宋 3mm"，单击"编辑类型"打开"类型属性"对话框，如图 4-100 所示，修改"显示的值"选项为"按视图"，即在图例中仅显示当前视图中所包含的房间图例。其他参数参照图 4-100 所示。

"显示的值"参数设置为"全部"时，将显示当前项目中所有房间图例。在图例"类型属性"对话框中，可以设置和调整图例的显示大小、文字特性等内容。请读者自行尝试该操作。

（5）在视图空白位置单击放置图例，弹出如图 4-101 所示"选择空间类型和颜色方案"对话框。选择"空间类型"为"房间"，选择"颜色方案"为之前设定的"方案"，单击"确定"按钮移动鼠标指针至视图中空白位置单击放置图例。

图 4-100

选择视图中创建的图例将自动切换至"修改 | 颜色填充图例"上下文关联选项卡，单击"方案"面板中"编辑方案"按钮，可再次打开"编辑颜色方案"对话框。

（6）Revit 将按第 3 步操作中设置的颜色方案填充各房间。结果如图 4-102 所示。

图 4-101

（7）使用类似的方式，生成其他楼层平面房间图例视图。保存文件，或参见随书文件"第 4 章 \ rvt \ 4-4-3. rvt"项目文件查看最终操作结果。

可以在当前视图"实例属性"对话框中定义视图显示的默认"颜色方案"类型，还可以设置"颜色方案位置"调整颜色方案作为前景绘制还是作为视图背景绘制，当使用"背景"时视图中墙等模型图元会遮挡图例填充图案，如图 4-103 所示，请读者自行尝试该操作。

图 4-102

图 4-103

4.5 绘制方式和捕捉设置

在 Revit 中创建墙、楼板轮廓边界线、屋顶迹线轮廓边界线、拉伸屋顶轮廓线、天花板边界线以及后面章节中介绍的楼梯、扶手、二维符号线等操作时，都需要使用绘制方式。在 Revit 中提供了如直线、矩形、圆弧等共计 14 种绘制方式。在不同的功能下，绘制的方式基本相同。在使用各绘制方式时在选项栏均有"偏移量""链"和"半径"几个选项。其中，偏移量是指距离绘制点的偏移距离，"链"是指在绘制时是否允许连续绘制，"半径"选项在不同的绘制方式下有不同的作用。表 4-3 中列举了 Revit 提供的各种绘制方式及实现操作方式。

表 4-3

类别	名称	图标	功能描述	链	偏移量	"半径"作用
直线	直线		在两点间绘制直线	√	√	连续绘制时，在线段连接处以相切圆弧连接
多边形	矩形		通过确定对角线方式绘制矩形	×	√	在矩形转角处以相切圆弧连接
	外内接多边形		在选项栏中确定边数，单击圆心位置和外接圆半径，绘制多边形	×	√	指定外接圆半径
	内接多边形		在选项栏中确定边数，单击圆心位置和内切圆半径绘制内接多边形	×	√	指定内切圆半径
圆	圆		确定圆心位置和半径绘制圆	×	√	指定圆半径
弧	起点—终点—半径弧		确定起点、终点和半径绘制圆	√	√	指定弧半径
	中心—端点弧		确定圆弧中点、半径，圆弧起点和终点绘制圆弧	×	√	指定弧半径
	切线端点弧		捕捉开放图元端点、绘制方向和半径与所选图元相切绘制圆弧	√	×	指定弧半径
	圆角弧		拾取两已有图元，绘制与已有图元相切圆弧，并修剪已有图元	×	×	指定圆角弧半径
椭圆	椭圆		确定椭圆圆心、长轴和短轴绘制椭圆	×	×	×
	半椭圆		确定长轴起点、终点和短轴半径方式绘制半椭圆	√	×	×
样条曲线	样条曲线		通过多个控制点绘制样条曲线	×	×	×
拾取	拾取线		通过拾取已有参照平面、轴网、线等对象创建图元	×	√	×
	拾取墙		通过拾取已有墙创建图元	×	√	×
	拾取面		将体量面转换为建筑模型构件	×	√	×

以上各绘制方式并非在绘制所有对象时都可以使用。例如，在绘制墙时无法绘制"样条曲线"形式的墙对象，在绘制楼板轮廓边界线时，无法使用"拾取面"的方式。

不论使用上述何种方式绘制，Revit 都会为绘制的图元添加参数约束。最常见的约束是"对齐"约束。例如在使用拾取墙方式创建的楼板轮廓边界线，当修改移动墙位置时会自动修改楼板的轮廓边界线保持与墙同时修改。还可以使用"对齐"编辑工具，手动为图元添加对齐约束。

在绘制时，Revit 可以按项目中设置的捕捉增量捕捉对象的长度和角度。单击"管理"选项卡"设置"面板中"捕捉"工具，打开"捕捉"对话框，如图 4-104 所示。

在绘制过程中任何时候按〈Tab〉键，Revit 都会捕捉最接近于所设置的长度和角度捕捉增量的倍数值。如果要在水平或垂直方向绘制，可以在绘制时单击起点之后，配合键盘〈Shift〉键进入正交绘制方式。

在"捕捉"对话框中，还可以控制绘制时"对象捕捉"的方式。例如捕捉对象的交点、（圆或圆弧）中心等。利用捕捉工具可以大大提高绘制的准确性。可以使用"捕捉替换"功能仅捕捉指定的捕捉位置。在绘制时直接通过键盘输入对象捕捉快捷键可以启用本次捕捉的"捕捉替换"。例如，即使在"捕捉"对话框中打开所有"对象捕捉"，在绘制图元时直接通过输入"SM"（不包括双引号，不需要加空格或回车），将在绘制时仅捕捉图元的中点而忽略其他对象捕捉行为。在绘制状态下右击，弹出如图 4-105 所示右键菜单中选择"捕捉替换"，并在列表中选择替换的捕捉方式也可以指定当前绘制捕捉使用的捕捉方式。

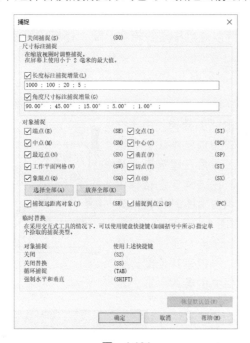

图　4-104

图　4-105

4.6　本章小结

本章学习了 Revit 中楼板、屋顶、天花板等建筑构件的做法，并完成项目中室内外楼板、屋顶和天花板。楼板、迹线屋顶、天花板的创建和编辑方式基本相同，均可以通过绘制轮廓边界线的方式来生成相应的图元，均可以使用坡度箭头工具生成带坡度的图元。对于屋顶，则可以通过指定轮廓边界线坡度生成复杂坡屋顶。

本章介绍了房间及房间标记的作用，房间通过模型的方式来定义项目中各房间的范围和属性，房间标记通过二维注释标记的方式在视图中提取房间对象图元的具体属性参数。房间模型与房间标记这种三维与二维图元配合，组成了 BIM 设计的基本形式。

本章详细介绍了 Revit 中各种图元绘制的方法。这些方法不仅适用于墙、楼板轮廓边界线等绘制操作，还适用于 Revit 中所有类型的图元绘制操作，并介绍在绘制时如何利用对象捕捉提高绘图的精确性和效率。

下一章中，将介绍楼梯、栏杆扶手的设计方式，进一步完善别墅酒店项目的功能细节。

在建筑设计中，楼梯是常见的垂直交通联系构件。在 Revit 中提供了楼梯、栏杆扶手等工具，通过定义不同的楼梯、栏杆扶手的类型，可以在项目中生成各种不同形式的楼梯、栏杆扶手构件。

Revit 还提供了墙饰条、楼板边缘等主体放样工具，可以通过指定的轮廓沿墙、楼板、屋顶等图元生成细部装饰线条，本章也将介绍这类构件的创建方式。

5.1　创建楼梯

在 Revit 中提供了楼梯工具，用于在项目中生成任意形式的楼梯。由于在设计过程中，将采用建筑专业与结构专业共同协作的方式完成三维设计，因此在项目中需要规划建筑专业与结构专业中楼梯的形式。通常在建筑专业楼梯中表达楼梯的位置、楼梯基本参数尺寸及装饰层信息，在结构专业楼梯中表达楼梯的结构形式、梯梁尺寸、梯板厚度等结构信息。在出图时将链接建筑专业与结构专业三维模型后，形成完整的楼梯表达，如图 5-1 所示。

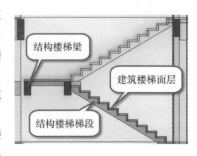

图　5-1

在 Revit 中，楼梯由楼梯和扶手两部分构成。Revit 允许用户通过定义楼梯类型属性中的各项参数以及绘制方式生成参数化楼梯，与创建其他图元类似，在使用楼梯前，需创建楼梯相关的视图，创建楼梯相关的参照平面，定义楼梯类型属性中各种楼梯参数。

如图 5-2 所示，本别墅酒店项目由楼梯 1 与楼梯 2 组成，楼梯 1（2 交 B 轴线）为等分双跑楼梯，标高 F1 ~ F2、F2 ~ F3 的层高为 3600mm，设计要求的梯段宽度为 1350mm，踏板深度为 280mm，踢面数为 22 个，梯井宽度为 100mm，休息平台宽度 1400mm。计算得出踢面高度为 3600mm/22 = 163.6mm，单个梯段长度为 280 × 10mm = 2800mm。

楼梯 2（13 交 G 轴线）为等分双跑楼梯，标高 F1 ~ F2、F2 ~ F3 的层高为 3600mm，设计要求的梯段宽度为 1300mm，踏板深度为 260mm，踢面数为 22 个，梯井宽度为 100mm，休息平台宽度 1300mm。计算得出踢面高度为 3600mm/22 = 163.6mm，单个梯段长度为 260 × 10mm = 2600mm。

注意在别墅酒店项目中，建筑专业模型中仅考虑绘制楼梯的"建筑面层"部分。

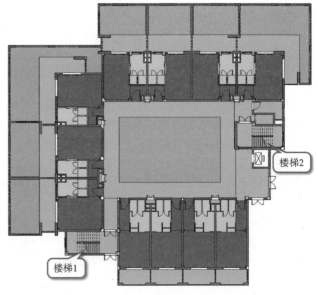

图　5-2

5.1.1　创建楼梯相关视图

为方便创建楼梯以及查看、展示创建完成的楼梯，可以为楼梯创建相关的视图，包括楼梯平面大样视图、楼梯剖面详图、楼梯局部三维剖切等视图。

（1）打开随书文件"第 4 章 \ RVT \ 4-4-3. rvt"项目文件切换至"F1/0.000_一层平面图"，单击"视图"选项卡"创建"面板中"详图索引"下拉列表中的"矩形"工具，在属性面板类型选择器中设置详图索引类型为"楼梯大样"。如图 5-3 所示，沿图中所示起点、终点的顺序沿楼梯 1 的楼梯间位置绘制详图索引符号。完成后切换至新创建的详图索引视图，修改视图名称为"楼梯 1_F1 大样图"。

（2）重复上述操作步骤，分别创建"楼梯 1_F2 大样图""楼梯 1_F3 大样图"。由于设置各楼梯详图的视图类型为"楼梯大样"，因此 Revit 将在项目浏览器中生成"楼层平面（楼梯大样）"视图分类。

（3）再次切换至"F1/0.000_一层平面图"，单击"视图"选项卡"创建"面板中"剖面"工具，设置属性面板类型选择器中剖面类型为"剖面大样"。如图 5-4 所示，按图中所示的顺序沿楼梯 1 楼梯间位置绘制剖面符号，完成后按〈Esc〉键退出剖面绘制工具。单击选择剖面符号，Revit 显示剖面显示范围虚线范围框。按住并拖拽范围框范围调节按钮，将范围框调整至楼梯间外墙附近。修改楼梯剖面视图名称为"楼梯 1_A-A"。

图 5-3

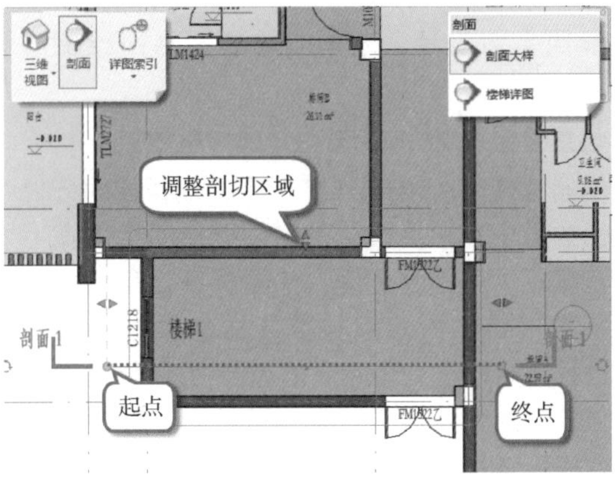

图 5-4

（4）重复第（3）条操作步骤，按与第（3）条步骤相反的方向在楼梯间另外梯段位置绘制生成剖面视图。调整剖面视图范围至楼梯间墙体位置，将视图命名为"楼梯 1_B-B"。

（5）如图 5-5 所示，切换至默认的三维视图，在项目浏览器中｛三维｝视图名称上右击，在右键菜单中选择"复制视图→复制"，复制创建新三维视图，修改复制后的三维视图名称为"楼梯 1_三维剖切"，在属性面板类型选择器中设置视图类型为"楼梯剖切"。切换至"楼梯 1_三维

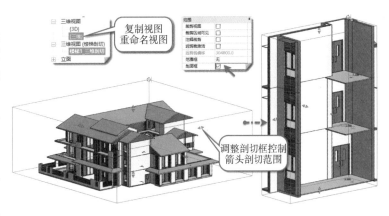

图 5-5

剖切"视图，勾选"属性"面板中"剖面框"选项，将在视图中显示三维剖面框。选中绘图区的剖面框，按住鼠标指针并拖动剖面框上下左右前后六个拉伸控制按钮，适当调整剖面框范围，以显示楼梯间 1 的内部空间。

（6）重复上述操作步骤，完成楼梯 2 楼梯大样详图、剖面视图及三维剖切视图，结果如图 5-6 所示。保存该项目文件或打开随书文件"第 5 章\RVT\5-1-1.rvt"项目文件查看最终操作结果。

在 Revit 中完成三维设计时，也可以在完成模型后再对视图进行定义。在完成设计前定义好相关的视图，可以在创建楼梯等这类细节构件时注意力更集中且操作更加方便。创建完成楼梯相关视图时，可根据不同视图类型将相同类别的视图进行归类。通过选择样板中定义的视图样板设置合理的显示方式，控制视图中默认的视图显示方式。

5.1.2 创建楼梯定位参照平面

在正式创建楼梯模型之前，为方便楼梯精确定位，建议创建楼梯的定位参照平面。Revit 提供了参照平面工具，可以在任意视图中创建项目中通用的参照平面，用

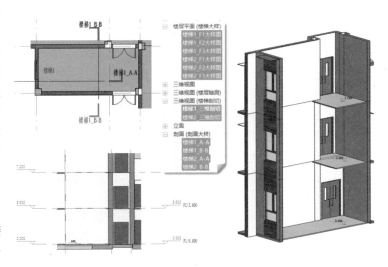

图 5-6

于辅助定位。可以在上一节中创建的楼梯平面大样视图中创建楼梯的定位参照平面，以便准确控制楼梯的梯段、休息平台的边界范围以及与周边墙体的关系。"参照平面"的创建方法参见本书第2.5节相关内容。

以楼梯1为例，使用参照平面工具为楼梯1创建参照平面，用于定位楼梯1的梯段宽度、梯井宽度、休息平台宽度、梯段长度。

（1）接上节练习。切换至楼梯1_F1大样图视图，使用参照平面工具，进入放置参照平面绘制模式。

（2）设置参照平面绘制方式为选择"直线"，设置选项栏偏移量为0。如图5-7所示，沿楼梯间分别绘制楼梯的七个参照平面，以定位楼梯的梯段宽度、梯井宽度、休息平台宽度、梯段长度。完成后可看到楼梯第一跑、第二跑梯段及休息平台的位置。绘制过程中可以配合使用"移动"工具移动参照平面的位置；配合使用"对齐"工具将参照平面对齐至轴网或墙体核心层表面；通过拖动参照平面端点可以调整参照平面的长度。

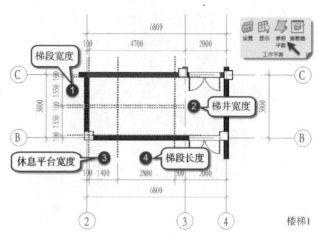

图 5-7

（3）绘制参照平面后，可添加各参照平面与轴网、墙体面层的尺寸标注，以检查楼梯的尺寸数值是否正确。

（4）切换至一层平面图楼层视图，注意楼梯间1位置同样显示了已创建的参照平面。

（5）使用同样的方式，参照如图5-8所示尺寸，创建楼梯间2的参照平面，到此完成楼梯参照平面定位操作。保存项目文件，或打开随书文件"第5章\ RVT\ 5-1-2. rvt"项目文件查看完成结果。

参照平面是除标高轴网外非常有用的定位参考基准，可以在楼梯的绘制过程中随时根据需要创建参照平面。在创建完成楼梯后，再通过编辑、调整楼梯梯段与平台的相关参数及位置，以满足楼梯的设计尺寸要求。

Revit提供了6种墙体定位方式：墙中心线、核心层中心线、面层面内部、面层面外部、核心面内部和核心面外部。创建建筑楼梯参照平面时，应与建筑墙体的核心面内部或核心面外部对齐。

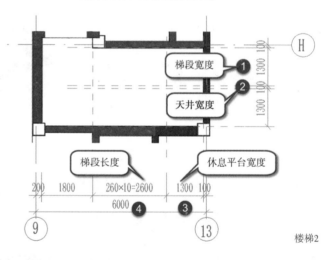

图 5-8

5.1.3 使用构件创建楼梯

Revit提供了按构件创建楼梯和按草图创建楼梯两种楼梯创建的方式。默认创建楼梯的方式为"按构件"创建楼梯。根据楼梯中各部分的使用功能，分为梯段、平台和支座三种构件类别。可通过参数定义分别创建各种形式的楼梯梯段、休息平台以及梯边梁构件，组合为灵活、复杂的楼梯。

在创建楼梯时，首先需要通过类型参数确定楼梯的最大踏面高、最小踏步宽、最小梯段宽等基本楼梯信息，用于确定楼梯所需要的最小踏步数及最短楼梯长度。再通过设置楼梯总体高度、实际梯段宽度、实际踏板深度、所需踢面数等参数，确定楼梯的尺寸和具体的踏步数量信息，确定以上信息后，即可开始创建楼梯。楼梯中的其他参数包括实际踢面高度、实际踢面数、梯段长度等，Revit软件会在绘制楼梯时自动计算，无须设置和修改。

设置的楼梯参数应与设计要求一致，即实际梯段宽度与设计要求的梯段宽度一致，实际踏步深度参数和设计要求的踏步深度数值一致，所需踢面数与设计要求的踢面数一致。

接下来将使用按构件创建楼梯的方式为别墅酒店项目创建楼梯1，读者可通过实际的软件操作学习楼梯中各构件参数的设置方法。

（1）接上节练习，或打开随书文件"第5章\ RVT\ 5-1-2. rvt"项目文件切换至"楼梯1_F1大样图"平面视图。

（2）单击"建筑"选项卡"楼梯坡道"面板中"楼梯"工具，进入创建楼梯方式，Revit 自动切换至"修改 | 创建楼梯"上下文选项卡，如图 5-9 所示。注意此时软件默认的绘制构件为"梯段"，绘制方式为"直梯"。

图 5-9

（3）单击"属性"面板中"编辑类型"按钮，打开楼梯"类型属性"对话框。在"类型属性"对话框中，选择族类型为"系统族：现场浇筑楼梯"，类型名称为"175×280_50"，如列表中无该楼梯类型，则可通过单击"复制"按钮复制新建名称为"175×280_50"的新楼梯类型。如图 5-10 所示，在"类型属性"对话框中，设置最大踢面高度为 175，最小踏板深度为 280，最小梯段宽度值为 1350。

图 5-10

注意在 Revit 中，为满足设计规范要求，软件中可根据不同项目类型，在楼梯"类型属性"的"类型参数"中的"计算规则"中设置"最大踢面高度""最小踏板深度""最小梯段宽度"等规则参数，以验证或提示实际创建的楼梯过程中是否超出设计规范要求。如实际设置的"楼梯踏板深度"过小，"踢面数"过少，则会导致"踢面高度"过高，软件就会提示"实际楼梯踢面高度大于在楼梯类型中指定的最大踢面高度""实际楼梯踏板深度小于在楼梯类型中指定的最小踏板深度"等警告和提示信息。

提示

Revit 软件中，一般设置楼梯"最小踏板深度"参数和"实际踏步深度"参数数值一致，"最小梯段宽度"参数与"实际梯段宽度"参数数值一致。

（4）如图 5-11 所示，确认"类型属性"对话框中"梯段类型"为"非整体梯段"系统族中的"地砖_50×50"，确认"平台类型"为"非整体平台"，设置构造功能为"内部"，确认"支撑"参数中"右侧支撑"为"无""左侧支撑"为"无"，不勾选"中部支撑"选项，其余参数默认。单击"确定"按钮退出"类型属性"对话框。

提示

在 Revit 中梯段类型、平台类型由"整体和非整体梯段类型"系统族与"整体和非整体平台"系统族控制。

（5）接下来，设置楼梯的整体高度。如图 5-12 所示，修改"属性"面板中楼梯"底部标高"为标高 F1/0.000，"顶部标高"为标高 F2/3.600，底部、顶部偏移均为 0。注意 Revit 已经根据类型参数中设置的楼梯"最大踢面高度值"和楼梯的"底部标高"和"顶部标高"限制条件，自动计算出所需的最小踢面数为 21，实际踏板深度为 280，修改所需踢面数为 22，Revit 将自动计算实际踢面高度为 163.6。

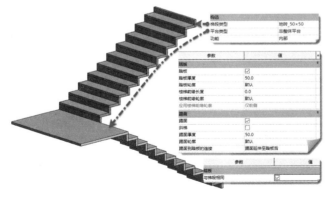

图 5-11

图 5-12

提示

由于楼梯的"底部标高"与"顶部标高"涉及楼梯的踏步数量，因此在绘制楼梯前应设置"属性"面板中正确的底部标高、顶部标高及对应的偏移值。

（6）单击"修改 | 创建楼梯"上下文关联选项卡"工具"面板中"栏杆扶手"按钮，弹出"栏杆扶手"对话框，如图 5-13 所示。在扶手类型列表中选择"无"，单击"确定"按钮退出"栏杆扶手"对话框。

🔊 提示

　　如需要在楼梯创建时自动放置栏杆扶手，则在扶手类型列表中选择一个栏杆扶手类型，如"楼梯扶手-1100mm"，放置位置选择"踏板"，单击"确定"按钮，退出"栏杆扶手"对话框。完成创建楼梯时，Revit 会自动生成栏杆扶手。

（7）如图 5-14 所示，单击"修改 | 创建楼梯"上下文关系选项卡"构件"面板中绘制的模式为"梯段"，绘制方式为"直梯"。设置选项栏梯段"定位线"为"梯段：右"，设置"偏移量"为 0，设置"实际梯段宽度"为 1350，勾选"自动平台"选项。

图 5-13　　　　　　　　　　　图 5-14

（8）接下来，创建三维楼梯模型。如图 5-15 所示，移动鼠标指针捕捉"第一跑梯段右侧参照平面"与"梯井上侧参照平面"的交点作为第一跑梯段起点位置，单击作为楼梯第一跑起点；沿水平向左方向移动鼠标指针，注意 Revit 会在楼梯预览下方显示当前鼠标指针位置创建的梯面数量。直到提示"创建了 11 个踢面，剩余 11 个"时，单击完成第一跑梯段端点。注意此时上梯段边界应与"梯段上下两侧参照平面"及"上梯段左右侧参照平面"对齐、重合。

（9）继续捕捉"第二跑梯段左侧参照平面"与"梯井下侧参照平面"的交点作为第二跑梯段的起点位置，单击作为楼梯第一跑起点；水平向右侧方向移动鼠标指针，当提示显示"创建了 11 个踢面，剩余 0 个"时，单击作为第二跑梯段终点，Revit 将完成梯段绘制。注意 Revit 会自动在两梯段间生成休息平台。

（10）如图 5-16 所示，单击选择楼梯梯段，会出现梯段的拉伸控制箭头，通过拉伸箭头可以调整梯段宽度以及梯段起止、终止位置；单击选择休息平台，也会出现休息平台的拉伸控制箭头，通过拉伸箭头调整休息平台的边界范围与墙核心层表面对齐。可以使用"移动"工具，移动梯段及休息平台位置。单击"完成编辑模式"按钮完成楼梯编辑。

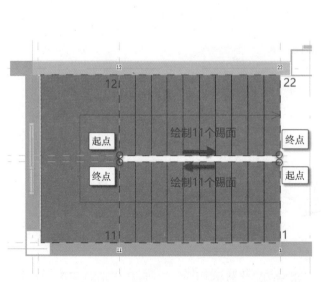
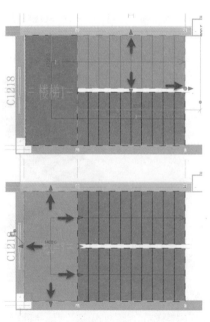

图 5-15　　　　　　　　　　　图 5-16

（11）单击"修改｜创建楼梯"面板中"完成编辑模式"按钮，完成楼梯绘制。切换至"楼梯 1_三维剖切"三维视图和"楼梯 1_A-A"剖面视图，楼梯 1 绘制成果如图 5-17 所示。

在 BIM 建筑设计中，建筑楼梯将作为铺装面层使用。本项目踢面、踏板装饰层厚度均为 50mm，为保证建筑楼梯和结构楼梯不重叠，应使建筑楼梯踢面在位于结构楼梯踢面外侧，可将建筑楼梯梯段向外移动 50mm。

（12）双击楼梯，进入楼梯编辑模式。切换至剖面视图，单击选择下方第一跑梯段，使用"移动"工具，沿水平向右将梯段移动 50mm；单击选择第二跑梯段，沿水平向左将梯段移动 50mm，单击"完成编辑模式"按钮完成楼梯编辑，如图 5-18 所示。

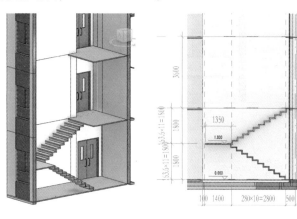

图 5-17

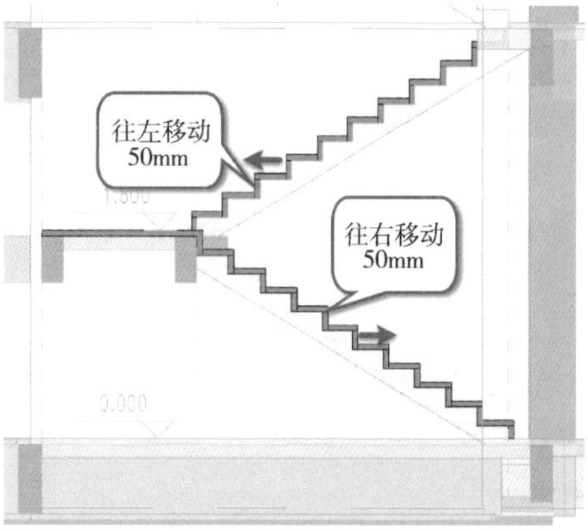

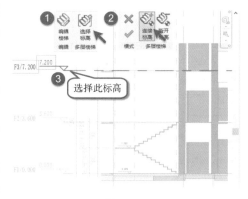

图 5-18

接下来，将创建其他各标高楼梯。在别墅酒店项目中，F1～F2 层高和 F2～F3 层高一致，均为 3.600m，楼梯 1 可利用 F1～F2 层楼梯生成 F2～F3 层楼梯图元。本书将介绍两种方式进行快速生成：对齐标高复制或指定楼梯多层标高的方式。

（13）切换至"楼梯 1_A-A"剖面视图，在视图中单击选择 F1～F2 层建筑楼梯 1，自动切换至"修改｜楼梯"上下文选项卡，点击"多层楼梯"面板中的"选择标高"工具，自动切换至"修改｜多层楼梯"面板，如图 5-19 所示。点击"多层楼梯"面板中"连接标高"工具，选择剖面视图中的标高"F3/7.200"，注意如需创建多个楼层标高的"多层楼梯"，配合〈Ctrl〉键选择多个标高即可。单击"完成编辑模式"按钮完成"多层楼梯"创建，Revit 将在 F2～F3 层或在所选择的多个标高之间自动生成楼梯图元，连接标高后的所有楼梯将作为一个完整的多层楼梯"组"图元。

图 5-19

（14）切换至"楼梯 2_F1 大样图"，使用楼梯工具，打开"类型属性"对话框，以楼梯 1 的类型名称"175×280_50"为基础，复制新建名称为"175×260_50"的新楼梯类型；并在"类型属性"的"计算规则"中，设置最大踢面高度为 175mm，最小踏板深度为 260mm，最小梯段宽度为 1300mm，如图 5-20 所示。

（15）按如图 5-21 所示尺寸，绘制完成楼梯 2。在剖面视图中，分别向左、向右移动 50mm，作为建筑楼梯装饰面层。

图 5-20

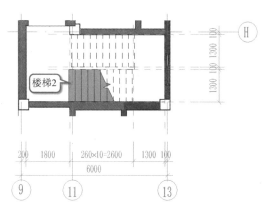

图 5-21

（16）切换至剖面视图，在视图中单击选择 F1～F2 层建筑楼梯2，自动切换至"修改 | 楼梯"上下文选项卡。单击选择"修改"面板中"复制"工具，不勾选选项栏中"约束"选项。移动鼠标指针至"F2/3.600"标高上任意一点单击，作为复制的基点，垂直向上移动鼠标指针至"F3/7.200"标高上，可看到蓝色虚线的辅助线，单击垂直相交点，作为复制的完成点；或使用键盘输入楼层高度3600mm，并按〈Enter〉键确认，作为复制的距离，Revit 将自动在标高"F2/3.600"上方复制生成新的楼梯，如图 5-22 所示。

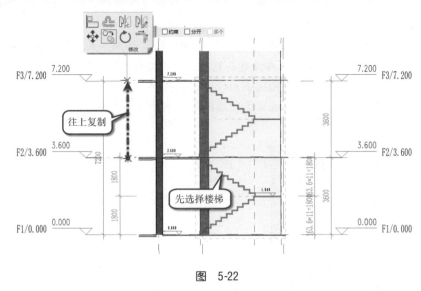

图　5-22

如需往上复制多个楼梯，应确保已勾选选项栏中"多个"选项，继续往上多个复制即可。按〈Esc〉键两次取消复制工具。

（17）完成后保存项目文件，或打开随书文件"第5章 \ RVT \ 5-1-3. rvt"项目文件查看最终完成结果。

注意，Revit 会自动记录在所设置的标高范围内剩余的踏步数量。Revit 将自动在两梯段间生成楼梯平台构件。在创建楼梯时默认"楼梯平台深度"与"梯段宽度"相同。当修改"梯段宽度"时，一旦不满足该要求，会出现"平台深度小于梯段宽度"或"一个或多个梯段的实际梯段宽度小于在楼梯类型中指定的最小梯段宽度"的警告对话框。如不修正梯段宽度或平台宽度，点击"关闭"警告而忽略，后续编辑该梯段或休息平台时，仍可在"修改 | 创建楼梯"上下文选项卡中的"警告"面板，点击"显示相关警告"按钮进行查询，指导修正。

Revit 2018 及之后的版本，取消了楼梯属性对话框中"多层顶部标高"选项，增加了更为灵活的"多层楼梯""选择标高"的功能，该功能允许用户在立面视图中，通过选择立面标高的方式自动在所选择的标高之间创建楼梯，并以"成组"方式显示，如图 5-23 所示。也可以使用"断开标高"功能，在立面视图中单击已选择的标高，Revit 将删除该标高间楼梯图元。值得注意的是，不论使用"连接标高"还是"断开标高"，当选择的标高不连续时（或标高间距不相等时），Revit 会直接从所选择楼梯所在的标高到达下一个已选择的标高，即 Revit 将以所选择的楼梯为基础通过等比在梯段中添加（或减少）踏步数的方式，使楼梯达到下一个选择的标高，因此，建议在处理标准层间的楼梯时使用该功能。

在使用"连接标高"的方式创建标准层楼梯图元后，如果选择整体的"多层楼梯"组，"编辑楼梯"功能显示不可用。需配合键盘〈Tab〉键选择"多层楼梯"组中任意楼梯图元，"编辑楼梯"才可正常使用，可以单独对所选楼梯进行修改和调整，单独修改的楼梯并不影响组中其他楼梯成员。

Revit 将沿梯段的绘制方向作为楼梯"上"的方向。可以单击楼梯顶端"向上翻转楼梯的方向"符号进行上下楼方向翻转，如图 5-24 所示。

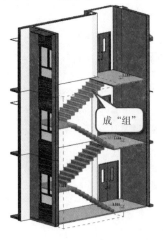

图　5-23

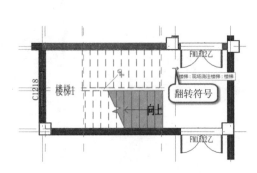

图　5-24

5.1.4　使用草图修改楼梯

Revit 中使用"按构件"方式创建的楼梯均可转换为草图模式。在草图模式下，允许用户自由修改梯段编辑、踢面轮廓线及平台边界线，分别创建不同形状的梯段、踢面、休息平台。注意楼梯构件转换为草图的操作不可逆转，Revit 无法将草图转换为楼梯构件。

接下来将介绍如何使用"草图模式"修改楼梯梯段和休息平台。

（1）接上节练习或打开随书文件"第 5 章 \ RVT \ 5-1-3. rvt"模型文件切换至楼梯 1_F1 大样图，多层楼梯组需要使用 TAB 键选中一层楼梯解除锁定后再单击"编辑楼梯"按钮进入楼梯梯段编辑模式。选择第一段梯段，如图 5-25

图　5-25

所示，单击"创建 l 修改楼梯"上下文选项卡"工具"面板中"转换"工具。

（2）Revit 将弹出如图 5-26 所示警告对话框，提示将梯段构件转换为草图的操作将不可逆。单击"关闭"按钮关闭该警告对话框。Revit 将该梯段、休息平台转换为自定义草图构件。

（3）如图 5-27 所示，单击"创建 l 编辑楼梯"上下文选项卡"工具"面板中"编辑草图"工具，进入草图编辑模式，自动切换至"修改 l 创建楼梯 > 绘制梯段"上下文选项卡。注意该"编辑草图"模式的绘制方式与"按构件"绘制楼梯"梯段"的"创建草图"模式的绘制方式相同。

图　5-26

图　5-27

> 🔊 **提示**
>
> "按构件"创建楼梯时，也可以选择"创建草图"的绘制方式绘制楼梯梯段，通过绘制楼梯梯段的边界、踢面线及楼梯路径，进而生成楼梯梯段。

（4）如图 5-28 所示，Revit 用绿色线条表示楼梯边界，用黑色线条表示楼梯踏步。单击选择绿色梯段边界线，按键盘〈Delete〉键将其删除。

（5）如图 5-29 所示，确认绘制面板中当前绘制方式为"边界"，单击选择"起点—终点—半径"弧形绘制方式，进入楼梯边界绘制状态，分别捕捉梯段结束位置及参照平面交点作为弧形的起点和终点，重新绘制一条弧形梯段边界线。

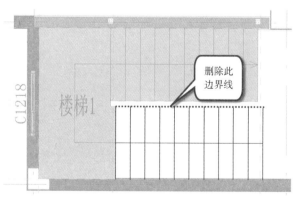

图　5-28

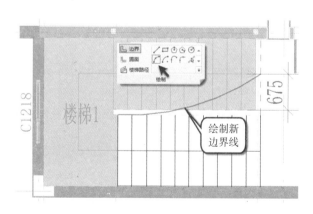

图　5-29

> 🔊 **提示**
>
> 绘制楼梯边界时，需要按楼梯的方向进行绘制。否则，Revit 会重新根据楼梯的边界绘制方向定义楼梯的方向。

（6）单击选择梯段起始位置踢面线，按键盘〈Delete〉键删除该踢面线。确认绘制面板中当前绘制方式为

"踢面"，单击选择"起点—终点—半径"弧形绘制方式，进入楼梯踢面绘制状态。如图 5-30 所示，分别捕捉参照平面交点位置作为弧形踢面的起点和终点，重新绘制一条踢面线。完成后按〈Esc〉键退出踢面绘制模式。

图　5-30

（7）使用"修剪延伸单个图元"工具，如图 5-31 所示，选择上一步骤中创建的楼梯踢面轮廓作为延伸目标，单击楼梯路径线将其延伸至踢面轮廓位置。

（8）如图 5-32 所示，单击"完成编辑模式"按钮，完成梯段草图编辑，返回"修改 | 创建楼梯"上下文选项卡。

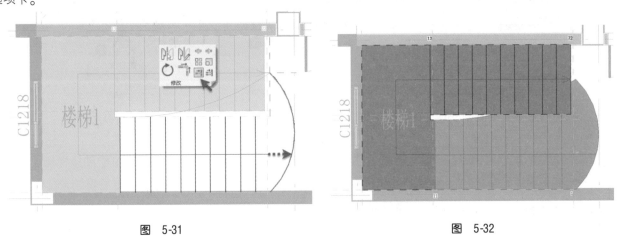

图　5-31　　　　　　　　　　　　　　　　图　5-32

（9）继续单击选择楼梯休息平台，如图 5-33 所示，单击"创建 | 创建楼梯"上下文选项卡"工具"面板中"编辑草图"工具，进入草图编辑模式，自动切换至"修改 | 创建楼梯 > 绘制平台"上下文选项卡。

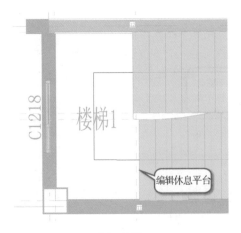

图　5-33

（10）如图 5-34 所示，确认绘制面板中当前绘制方式为"边界"，单击选择"直线"绘制方式，进入平台边界绘制状态，沿柱边绘制两条直线。完成后按〈Esc〉键退出绘制模式。再使用"修剪/延伸为角"工具，修剪平台边界以切除柱角部分。

（11）如图 5-35 所示，单击"完成编辑模式"按钮，完成平台草图编辑，返回"修改 | 创建楼梯"上下文

图 5-34

选项卡。再次单击"完成编辑模式"按钮,完成楼梯编辑。

(12)切换至三维视图,修改后楼梯如图 5-36 所示,至此完成楼梯编辑操作。保存项目文件,或打开随书文件"第 5 章 \ RVT \ 5-1-4. rvt"项目文件查看完成结果。

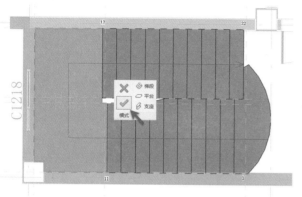

图 5-35

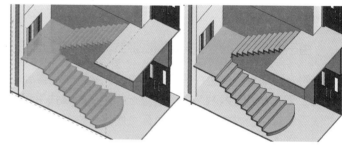

图 5-36

Revit 采用"按构件"方式绘制楼梯,还可选择"现场浇筑楼梯""组合楼梯""预浇筑楼梯"三种族类型,在绘制时使用直线、螺旋、转角等绘制方式,创建常用的直梯形、L 形、U 形、螺旋形等单跑或多跑楼梯。通过楼梯类型属性中的参数和楼梯草图生成参数化楼梯。楼梯类型参数中,可以定义调节非常多与楼梯相关的参数。例如,可以设定楼梯的形式、踏板的形式、梯面的形式。对于整体式楼梯,可以控制楼梯休息平台处楼梯平台的"平台斜梁高度";对于非整体式楼梯,可以控制楼梯是否具备梯边梁,以及梯边梁在梯段位置的高度、在平台位置的高度等。通过组合不同的楼梯参数,可以生成不同的楼梯类型,如图 5-37 所示。在楼梯类型参数中,各类参数的组合方式较为灵活,读者可

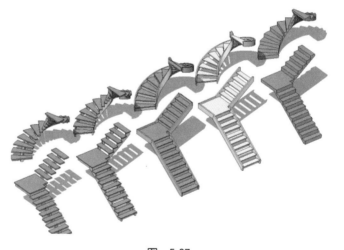

图 5-37

以自行尝试各参数对楼梯样式的影响。要了解楼梯详细信息,读者可参考《Revit 建筑设计思维课堂》一书中相关章节内容。

5.2 创建栏杆扶手

使用"栏杆扶手"工具可以为项目创建任意形式的栏杆扶手。栏杆扶手可以使用"栏杆扶手"工具单独绘制,也可以在绘制楼梯、坡道等主体构件时自动创建。

5.2.1 创建楼梯栏杆扶手

栏杆扶手可以使用"栏杆扶手"工具单独绘制,也可以在绘制楼梯等主体构件时自动创建。在上一节创建

楼梯操作中已提到在创建楼梯时可以设置沿楼梯自动放置指定类型的栏杆扶手，创建楼梯后会自动在楼梯上生成相匹配的栏杆扶手。如果在创建楼梯时，未设置沿楼梯自动放置指定类型的栏杆扶手，那么创建楼梯后，则不会生成栏杆扶手。可以通过拾取主体的方式生成栏杆扶手，拾取楼梯或坡道主体后，Revit 将自动沿楼梯或坡道方向生成栏杆扶手图元，这种操作方式比较简单。接下来，将使用"栏杆扶手"工具的"放置在楼梯/坡道上"创建方式为别墅酒店项目创建楼梯栏杆扶手。

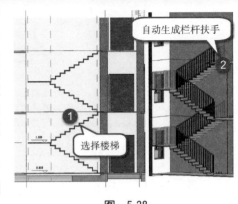

图 5-38

（1）接上节练习，或打开随书文件"第 5 章 \ RVT \ 5-1-3. rvt"项目文件打开"楼梯1_三维剖切"视图，同时打开"楼梯1_A-A 剖面视图"，进行平铺显示，如图 5-38 所示，单击"建筑"选项卡"楼梯坡道"面板中"栏杆扶手"工具下拉面板，选择"放置在楼梯/坡道上"，自动切换至"修改 | 在楼梯/坡道上放置栏杆扶手"上下文选项卡。确认当前扶手类型为"楼梯扶手-1100mm"，单击"位置"面板中"踏板"命令，单击选择楼梯构件，Revit 将沿所选择楼梯梯段两侧生成栏杆扶手。

🔊 **提 示**

由于楼梯 1 采用的是多层楼梯的方式，因此会自动在多层楼梯上生成栏杆扶手图元。

现需对自动生成的栏杆扶手进行修改，删除外侧靠墙位置的栏杆扶手，仅保留靠窗部分的栏杆扶手。

（2）双击外侧栏杆扶手图元，或选择外侧栏杆扶手图元后单击"模式"面板中的"编辑路径"按钮，进入栏杆扶手编辑路径模式，自动切换至"修改 | 栏杆扶手→绘制路径"上下文选项卡。

（3）如图 5-39 所示，在平面视图中选择多余的靠墙栏杆扶手路径，按键盘〈Delete〉键删除。勾选"选项"面板中"预览"复选框，Revit 将显示当前扶手路径的三维预览状态。使用"修改"面板中的"修剪/延伸单个图元"工具，修剪靠窗栏杆扶手路径以对齐柱边，再使用"修改"面板中的"移动"工具，向内侧移动栏杆扶手路径50mm。

（4）单击"完成编辑模式"按钮完成栏杆扶手路径编辑，结果如图 5-40 所示。

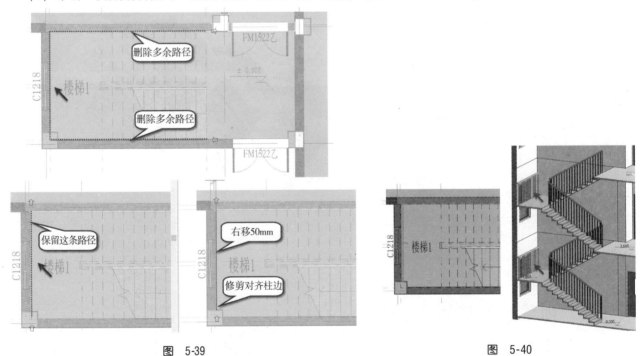

图 5-39　　　　　　　　　　　　　　　　　　　图 5-40

（5）选择顶部 F3 标高楼梯，双击进入扶手路径编辑状态，如图 5-41 所示，修改顶部楼梯梯段内侧的栏杆扶手路径，以及延长楼梯间顶层的栏杆扶手。采用同样方法完成楼梯 2 的栏杆扶手。保存项目文件，或打开随书文件"第 5 章 \ RVT \ 5-2-1. rvt"项目文件查看完成结果。

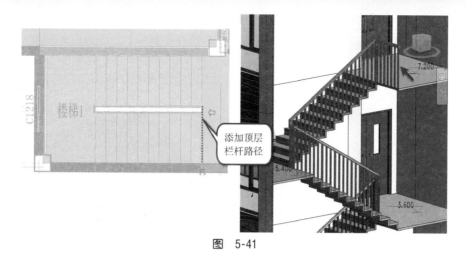

图 5-41

Revit 可以在楼梯、坡道等图元上自动生成栏杆扶手,可以在楼梯踏板两侧梯边梁位置上沿楼梯位置绘制扶手迹线轮廓。在生成栏杆扶手对象后,可以随时通过调整栏杆扶手路径草图来修改扶手的位置。注意在修改栏杆扶手的路径草图时,扶手路径必须保持连续且不封闭,路径线不得出现交叉,否则将无法生成栏杆扶手。

5.2.2 创建阳台栏杆扶手

除可以在楼梯等图元上自动生成栏杆扶手外,Revit 允许用户通过绘制扶手路径草图的方式生成任意位置的栏杆扶手。接下来将使用"绘制路径"的创建方式创建阳台栏杆扶手。

(1)接上节练习,切换至"F1/0.000_一层平面视图",找到"4~7 轴"与"A 轴"的阳台位置,适当放大视图中 A 轴线阳台位置。单击"建筑"选项卡"楼梯坡道"面板中"栏杆扶手"工具下拉面板,在列表中选择"绘制路径",自动切换至"修改 | 创建栏杆扶手路径"上下文选项卡。注意勾选"选项"面板中"预览"复选框,可以在绘制路径时在视图中预览所选栏杆扶手的类型。

(2)确认选择扶手类型为"玻璃栏板-1100mm"。如图 5-42 所示,设置"属性"面板"底部标高"设置为"F1/0.000","底部偏移"值设置为 -20,"从路径偏移"值为 0。

图 5-42

🔊 提 示

类型选择器中默认栏杆扶手类型列表取决于项目样板中预设栏杆扶手类型,通常显示的上一次绘制扶手操作选择使用过的栏杆扶手类型。

(3)单击"绘制"面板中"绘制直线"绘制方式,设置选项栏"偏移值"为 -100。移动鼠标指针沿阳台外边线"从右往左"绘制一条直线路径,Revit 将显示绘制预览,结果如图 5-43 所示。

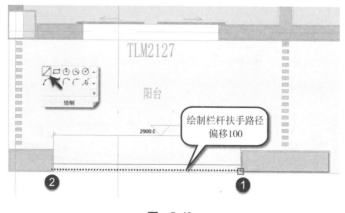

图 5-43

🔊 提 示

栏杆扶手路径可以不封闭,但所有路径迹线必须连续,否则会提示无法生成栏杆扶手。

（4）单击"完成编辑模式"按钮完成扶手，Revit 将按绘制的路径位置生成栏杆扶手，如图 5-44 所示。由于此阳台栏杆扶手设置了偏移，因此生成的栏杆扶手与绘制路径存在偏移，此处为向外侧放置。

（5）选择上一步骤中绘制完成的栏杆扶手图元，单击"视图"选项卡中"选择框"工具，Revit 将基于所选择的栏杆扶手图元，生成临时的三维剖切视图。Revit 自动切换至三维剖切视图，调整剖切框的边界范围，结果如图 5-45 所示。

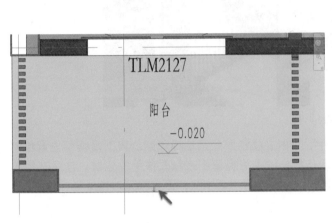

图 5-44

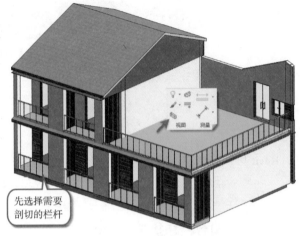

先选择需要剖切的栏杆

图 5-45

（6）采用同样的方法，创建完成其他阳台或室内走廊的栏杆扶手，注意调整"底部标高"和"底部偏移"数值，结果如图 5-46 所示。完成后保存项目文件，或打开随书文件"第 5 章 \ RVT \ 5-2-2. rvt"项目文件查看完成结果。

Revit 将根据路径的绘制方向作为扶手的起点和终点。如果栏杆扶手中设置了偏移，则将沿绘制方向的左侧作为偏移的正方向。在生成栏杆扶手图元后，可单击翻转栏杆扶手方向符号以调整偏移的位置。

在 Revit 中完成栏杆扶手创建后，双击栏杆扶手图元或选择栏杆扶手后单击"模式"面板中的"编辑路径"按钮，可以返回轮廓编辑模式，重新编辑栏杆扶手路径形状。

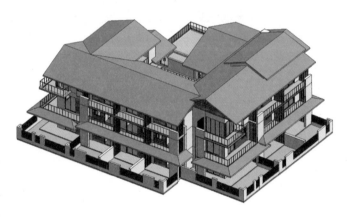

图 5-46

栏杆扶手的路径，可以绘制成直线、圆弧、多段线、拾取线等多种形式。注意在同一个草图中，栏杆扶手路径必须首尾连续，Revit 不允许在同一个栏杆扶手草图中存在多个闭环，但允许栏杆扶手路径草图不封闭。

5.2.3　定义栏杆扶手

Revit 中栏杆扶手由两部分组成：扶手与栏杆。如图 5-47 所示为栏杆扶手图元各部分的构造名称。

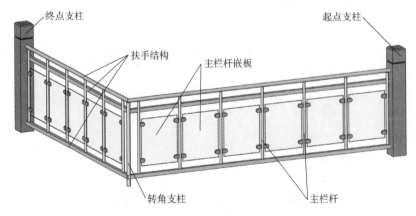

图 5-47

可以在栏杆扶手"类型属性"对话框中分别定义扶手结构与栏杆类型。扶手结构是通过定义指定的轮廓族，沿扶手绘制的路径放样生成的三维模型图元，如图 5-48 所示。

可以在扶手结构中定义多个不同高度的轮廓族，以生成不同形式的扶手，如图 5-49 所示。除扶手结构外，还可以通过栏杆类型属性对话框中的"顶部扶栏""扶手 1"和"扶手 2"来定义楼梯的扶手，顶部扶栏也属于基于路径的放样构件，通过指定顶部扶栏中所使用的轮廓族，可以得到不同的扶栏的样式，如图 5-50 所示。

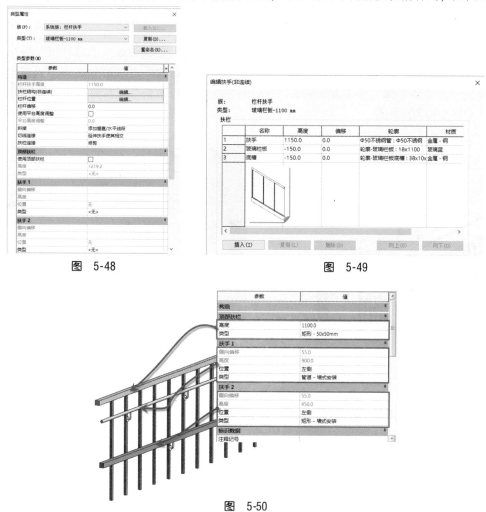

图 5-48   图 5-49

图 5-50

如图 5-51 所示，在栏杆位置对话框中，可以通过指定扶手中重复部分的常规栏杆、立柱的族，来生成栏杆扶手图元中重复出现的栏杆图案。还能够分别指定起点支柱、转角支柱、终点支柱等部位的族，从而灵活定义各种形式的栏杆扶手。

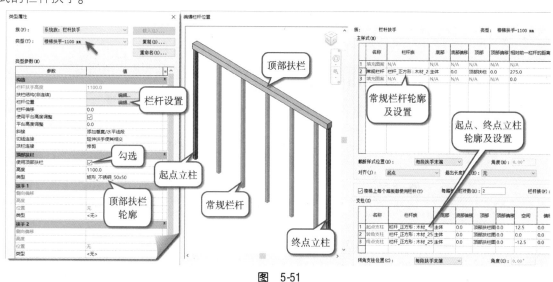

图 5-51

通过自定义扶手、栏杆的样式，可以创建出复杂的自定义栏杆扶手图元，如图5-52所示。栏杆扶手的创建非常灵活，限于篇幅，读者可自行探索各参数对栏杆扶手图元的影响。或参考《Revit建筑设计思维课堂》一书中相关章节，了解关于栏杆扶手的详细参数设置，本书不再赘述。

5.2.4 设置栏杆扶手主体

在Revit中除可为楼梯、坡道主体图元自动放置栏杆扶手外，还可以沿楼板、屋顶或墙体、地形表面的顶面，随可选主体的不规则曲面和路径自适应生成栏杆扶手。

在栏杆扶手路径草图编辑时单击"工具"面板中"拾取新主体"工具，单击选择楼板、屋顶、墙、地形表面等主体图元。完成编辑模式后，Revit将自动拾取主体表面生成栏杆扶手。如图5-53所示为自定义栏杆生成的屋顶防雷针，通过"拾取新主体"将平面绘制的防雷针沿坡屋面进行放置。可打开随书文件"第5章 \ RVT \ 5-2-4.rvt"项目文件查看完成结果。

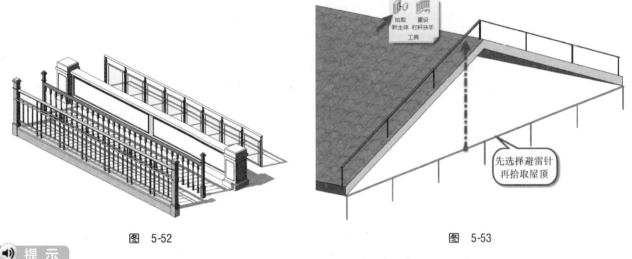

先选择避雷针
再拾取屋顶

| 图 5-52 | 图 5-53 |

提示

还可以在完成栏杆扶手路径草图后，选择栏杆图元，单击"修改栏杆扶手"上下文选项卡"工具"面板中"拾取新主体"工具，为已创建的栏杆扶手拾取或更改主体。

如图5-54所示为将扶手主体设置为墙体后Revit生成的栏杆扶手状态。当编辑墙立面形状时，Revit将自动调整栏杆扶手的形状以适应新的主体形状。注意当主体图元被删除时，附着于主体的栏杆扶手图元也将同时被删除。

注意设置主体时，栏杆扶手草图路径必须完全位于主体范围之内。当草图中仅有部分路径与主体相交时，对于相交部分，Revit将按主体方式调整栏杆扶手形状，而对于主体之外的部分，Revit将默认按水平方式生成栏杆扶手。

栏杆拾取主体后，Revit将在路径草图中增加"切换草图方向"符号，如图5-55所示，单击该符号可反转栏杆的生成方向。

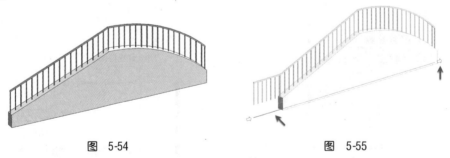

| 图 5-54 | 图 5-55 |

5.3 放置细部构件

Revit提供了基于各类主体构件，按指定的轮廓通过拾取主体边缘作为路径进行放样，生成线性三维细部构件的工具，如墙饰条、墙分隔条、楼板边、屋顶封檐板、屋檐底板、屋顶檐槽。接下来，通过创建"屋顶封檐板"轮廓族，载入到项目中，基于屋顶主体构件快速创建屋顶的封檐板。

5.3.1 创建屋顶封檐板

在 Revit 中，可通过使用"屋顶封檐板""屋檐底板""屋顶檐槽"工具按指定的轮廓沿屋顶外边线创建带状放样模型，创建主体放样图元的关键操作是创建并指定合适的轮廓族，Revit 允许用户自定义任意形式的轮廓族。在使用主体放样前，创建或载入所需要的轮廓形状族。下面先创建屋顶封檐板轮廓族。

（1）接第 5.2.2 节练习，或打开随书文件"第 5 章 \ RVT \ 5-2-2. rvt"项目文件。按照前述章节中创建剖面的方法，在 5~6 轴与 A 轴相交处的位置平行于 5 轴创建屋檐剖面视图，便于查看完成后的屋顶封檐板的剖面构造，如图 5-56 所示。

（2）切换至"F1/0.000_ 一层平面视图"。不选择任何图元，如图 5-57 所示，单击"应用程序菜单"按钮，选择"新建→族"，弹出"新族-选择样板文件"对话框。在对话框中选择"公制轮廓 .rft"族样板文件，单击"打开"按钮进入轮廓族编辑模式。

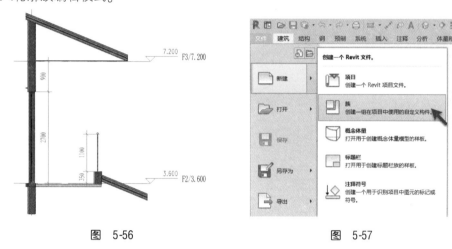

图 5-56   图 5-57

（3）如图 5-58 所示，在该编辑模式默认视图中，Revit 默认提供了一组正交的参照平面。可以将该视图理解为屋顶封檐板的剖面方向视图。参照平面的交点位置，可以理解为在使用屋顶封檐板工具时所要拾取的屋顶边线位置。

（4）如图 5-59 所示，单击"创建"选项卡属性面板中"族类别和族参数"按钮，打开"族类别和族参数"对话框。

（5）如图 5-60 所示，在"族类别和族参数"对话框中，修改"轮廓用途"为"封檐板"，其他参数默认。单击"确定"按钮退出"族类别和族参数"对话框。

图 5-58   图 5-59   图 5-60

提示

设置轮廓用途后，仅可在屋顶封檐板中使用该轮廓。如果希望基于已有横断面形状（如型钢）生成新的轮廓，可单击"横断面形状"进行设置。

（6）使用"创建"选项卡"详图"面板中"直线"工具，按如图5-61所示尺寸和位置绘制封闭的轮廓草图。

（7）单击快速访问栏"保存"按钮，以名称"屋顶封檐板-轮廓"保存该族文件。单击"族编辑器"面板中"载入到项目中"按钮，将该族载入至别墅酒店项目中。

（8）切换至默认"三维"视图，如图5-62所示，单击"建筑"选项卡"屋顶"工具面板黑色下拉三角形，在列表中选择"屋顶：封檐板"。进入放置状态，并自动切换至"修改 I 放置屋顶封檐板"上下文选项卡。

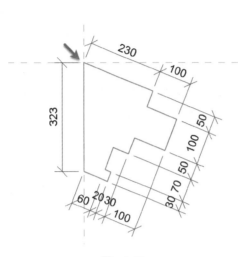

图 5-61　　　　　　　　　　　　　　图 5-62

（9）单击"属性"面板中"编辑类型"按钮，打开"类型属性"对话框。在"类型属性"对话框中，选择"封檐板—基于轮廓"封檐板类型。如图5-63所示，修改"轮廓"为上一步中创建的"屋顶屋檐板：屋檐板—轮廓"族，设置材质类型为"瓦片—筒瓦"，其他参数默认，单击"确定"按钮退出"类型属性"对话框。

（10）如图5-64所示，单击屋顶屋檐上方边缘任意位置，Revit将以所选择的屋顶边缘为迹线放样生成屋顶封檐板。继续单击其余屋顶完成其他屋顶的封檐板。完成后按键盘〈Esc〉键两次退出放置饰条命令。至此完成创建屋顶封檐板。保存该项目文件，或打开随书文件"第5章 \ RVT \ 5-3-1. rvt"项目文件查看最终操作结果。

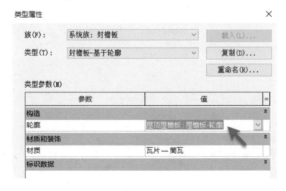

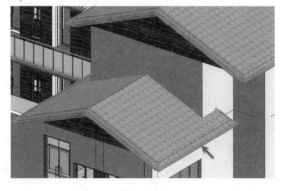

图 5-63　　　　　　　　　　　　　　图 5-64

在结束封檐板命令之前，拾取屋顶生成的封檐板属于同一个图元。在创建完成封檐板图元后，如需调整封檐板长度，可单击选择封檐板，如图5-65所示，按住鼠标左键并拖动封檐板的端点来调整封檐板的长度。

如图5-66所示，选择封檐板后，单击"修改 I 封檐板"面板下的"添加/删除线段"工具，再次单击选择屋顶上屋檐线，可继续添加新的封檐板；单击已生成封檐板的屋檐线，则可删除已创建的封檐板。

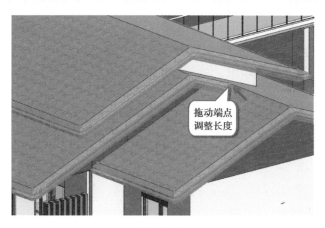

图 5-65

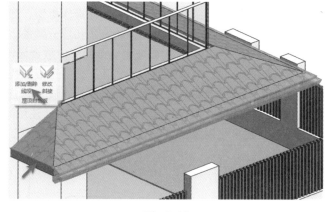

图 5-66

在坡屋顶屋檐生成的封檐板，可以通过"修改斜接"工具指定屋檐板的端部截面形态，如图 5-67 所示，单击屋檐交角处封檐板的端部，Revit 将呈现"水平""垂直""垂足"三种截面形态。可打开随书文件"第 5 章 \ RVT \ 5-3-2. rvt"项目文件查看最终操作结果。

🔊 **提 示**

> 如果封檐板包裹了转角或不在坡屋顶端部上，则无法更改封檐板的斜接选项。另外，封檐板会进行斜接以匹配屋顶的椽截面。

Revit 提供了"公制轮廓 . rte"公用轮廓族样板，用户可以使用该族样板定义任何需要的主体放样轮廓。使用该样板定义的轮廓族，可以在墙饰条、墙分割条、楼板边、屋顶封檐板等各类可以使用轮廓的构件中使用。Revit 中所有的族都将以 . rfa 的格式保存。族创建后，必须将其载入至项目中才能在项目中使用该族。

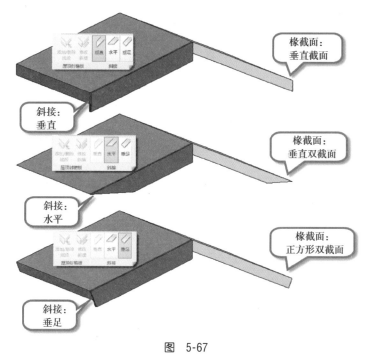

图 5-67

5.3.2 放置其他细部构件

在 Revit 中各类主体放样构件的设置方式基本相似，都是通过拾取主体边缘作为路径将指定的轮廓进行放样，生成墙饰条、墙分隔条、楼板边、屋檐底板、屋顶檐槽等，如图 5-68 所示。

如 Revit 中生成如图 5-69 所示的室外台阶，则在类型属性中指定的楼板边缘轮廓（图中绿色轮廓）沿拾取的边缘路径（图中红色线条）放样，生成室外台阶模型。

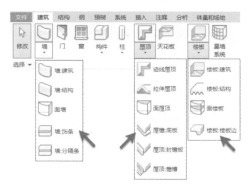

图 5-68

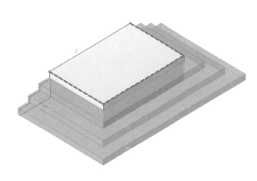

图 5-69

墙饰条的操作方式基本与屋顶封檐板操作类似，如图 5-70 所示，通过使用"墙饰条"或"分隔缝"工具按指定的轮廓沿墙表面创建外墙面的墙饰条和墙分隔条。生成墙饰条后，拖拽墙饰条端点可修改墙饰条长度。

Revit 只允许在立面、剖面或者三维视图中放置墙饰条，在平面视图中，无法激活墙饰条工具。当墙饰条与门、窗洞口相交时，墙饰条会自动断开。在结束墙饰条命令之前，拾取墙体生成的墙饰条属于同一个图元。

墙饰条创建完成后，选择墙饰条，可以通过"添加/删除墙"工具向墙饰条中添加或删除墙主体，如果单击已生成饰条的墙体，Revit 将删除该墙体的饰条，注意添加新墙体后，墙饰条仍作为整体单一图元。在墙端部生成的饰条位置，可以通过"修改转角"工具修改墙端饰条转角，如图 5-71 所示。

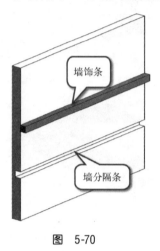

图 5-70   图 5-71

默认情况下，主体放样的位置取决于所使用的轮廓族中的参照平面交点与轮廓的相对位置。在各类主体放样的实例参数中，还可以进一步调整轮廓的垂直偏移、水平偏移及旋转角度等参数。

限于篇幅，其他细部构造的处理方法本书不再赘述。

5.4　本章小结

本章讲解了使用楼梯、栏杆扶手工具为项目添加楼梯和栏杆扶手。要创建楼梯可以通过"按构件"绘制楼梯梯段的方式生成楼梯图元，还可以在编辑楼梯时转换成"草图模式"对楼梯进行自由编辑。Revit 中的栏杆扶手工具除用于创建普通意义上的栏杆扶手外，还可以利用"栏杆"沿栏杆扶手绘制方向按指定间距重复的特性，绘制任意重复图案模型。

本章还讲解了通过创建轮廓族，使用主体放样工具中的"封檐板"工具创建屋顶的封檐板；Revit 还有其他类似的细部构件工具，如墙饰条、墙分隔条、楼板边、屋檐底板和屋顶檐槽。

到此已经基本掌握了 Revit 中各类构件的使用方式。灵活运用 Revit 中各类构件，可以满足设计中各种复杂的构件建模要求。相信有这些基础，读者就可以自行设计、修改三维建筑模型了。在下一章中，将继续为项目添加室外场地地形，以及放置室内家具、洁具等细节模型。

在 Revit 中提供了放置室内家具、卫生洁具等构件的工具。根据不同的房间功能，通过不同家具与卫生洁具等构件的布置，可以在项目中生成不同的房间布置方案。对于相同房间布置的构件，可以将构件成组后再快速放置。

Revit 还提供了创建室外场地地形等工具，可以生成和编辑不同的场地地形，通过添加子面域为场地地形划分不同的功能区域，同时通过放置树、人等不同的场地构件，以展示建筑物与周边环境的搭配效果。本章将介绍这些工具的使用方式。

6.1 室内布置

在 Revit 中提供了"放置构件"功能，方便放置不同的室内家具、卫生洁具等构件，根据不同的房间功能，可以生成不同的房间布置方案。

6.1.1 创建房间相关视图

为方便按照房间功能布置室内家具与卫生洁具，以及查看效果，需创建与房间相关的视图，包括房间布置平面、局部三维剖切等视图。

（1）打开随书文件"第5章\ RVT \ 5-3-1. rvt"的模型文件，在项目浏览器中展开"楼层平面（平面出图）"视图类别。如图 6-1 所示，右键单击"F1/0.000_ 一层平面图"视图，在弹出的右键快捷菜单中选择"复制视图→复制"选项，复制创建新的楼层平面视图，在新视图名称上右击，在弹出的右键快捷菜单中选择"重命名"，将视图重命名为"F1_ 单间 A_ 平面布置图"。

（2）切换至"F1_ 单间 A_ 平面布置图"视图。不选择任何图元，"属性"面板显示为当前视图属性。如图 6-2 所示，打开"类型属性"对话框，单击"复制"按钮复制创建名称为"房间布置"的新视图类型。确认当前类型为"房间布置"，不修改任何参数，单击"确定"按钮退出"类型属性"对话框。

（3）注意在项目浏览器中，将显示"楼层平面（房间布置）"新视图类别。创建的"F1_ 单间 A_ 平面布置图"视图也将显示在该类别下，如图 6-3 所示。

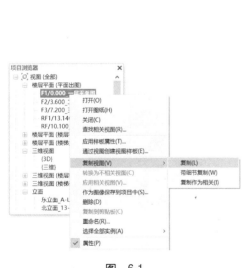

图 6-1

图 6-2

图 6-3

（4）如图 6-4 所示，勾选属性面板中"裁剪视图"和"裁剪区域可见"选项，适当缩放视图，视图中将显示视图裁剪范围框。

可通过单击视图控制栏中"裁剪视图"和"裁剪区域可见"控制按钮,激活"裁剪视图"和"裁剪区域可见"选项。

(5)单击选择裁剪范围框,如图6-5所示,移动鼠标指针至裁剪范围框范围调节操作夹点,按住并拖动鼠标调整裁剪范围,注意 Revit 将在视图中保留范围框内的图元隐藏范围框以外的图元。分别调整裁剪范围框操作夹点,将范围框调节至单间 A 房间范围内。

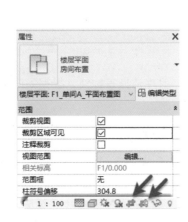

图 6-4

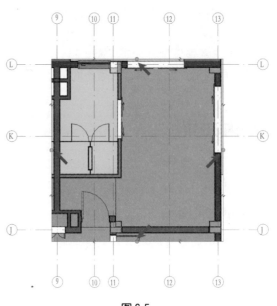

图 6-5

完成裁剪范围后,可以取消勾选属性面板中"裁剪区域可见"选项或取消激活视图控制栏中"裁剪区域可见"按钮隐藏当前视图中裁剪区域范围框。

(6)重复上述操作,分别创建标间 A、标间 B、单间 D 的楼层平面布置视图。

(7)使用类似的方式,分别创建单间 A、标间 A、标间 B、单间 D 的三维视图。结果如图6-6所示。保存项目文件,或打开随书文件"第6章 \ RVT \ 6-1-1. rvt"项目文件查看完成结果。

图 6-6

创建房间相关视图时，可通过设置视图类型来生成满足功能要求的视图，Revit 会根据视图类型名称对各视图进行分组归类，以便于视图管理。

视图裁剪范围可控制视图中模型的显示范围。通过不同的视图范围可以基于同一个 BIM 模型生成满足建筑专业表达要求的视图，达到通过单一模型生成任意视图的目的。

6.1.2 放置室内家具

在室内房间放置家具、卫生洁具等构件之前，通常需先把要使用的构件族载入到项目中，才能选择和使用。

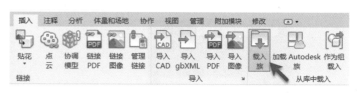

图 6-7

如图 6-7 所示，单击"插入"选项卡"从库中载入"面板中"载入族"工具，弹出"载入族"对话框，浏览随书文件"第 6 章 \ RFA"的族文件，配合键盘〈Ctrl〉键依次单击选择如图 6-8 所示的族文件，点击"打开"将族载入到项目中。注意随书文件"第 6 章 \ RVT \ 6-1-1. rvt"的模型文件已载入以上族文件，无须再次载入。

> **提 示**
>
> 也可以打开随书文件"第 6 章 \ RFA"的文件夹，选择一个或多个族文件，直接拖到已打开的项目视图界面中，将族载入到项目中。

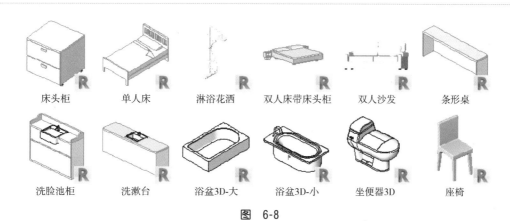

床头柜　　单人床　　淋浴花洒　　双人床带床头柜　　双人沙发　　条形桌

洗脸池柜　　洗漱台　　浴盆3D-大　　浴盆3D-小　　坐便器3D　　座椅

图 6-8

> **提 示**
>
> Revit 的默认族库中族文件均被保存为 . rfa 文件格式。

接下来，以布置别墅酒店案例中房间家具为例，介绍在房间内放置家具的一般操作步骤。

（1）接上节练习，切换至"F1_单间 A_ 平面布置图"。如图 6-9 所示，单击"建筑"面板中"构件"工具下拉列表中"放置构件"工具，自动切换至"修改 | 放置构件"上下文选项卡。

（2）在类型选择器中选择名称为"双人床带床头柜：双人床 - 1500mm×2100mm"的双人床，如图 6-10 所示，在属性面板中，设置放置"标高"为"F1/0.000"。按〈空格〉键旋转双人床方向，移动鼠标指针在"单间 A"房间内靠近 L 轴的位置单击放置双人床图元。

图 6-9

图 6-10

（3）配合使用对齐工具和临时尺寸标注进行调整，使双人床左边距离 L 轴 1135mm，床头对齐至墙边，结果如图 6-11 所示。

（4）继续使用"放置构件"工具，在类型选择器中选择名称为"双人沙发：双人沙发－2060mm×870mm×920mm"的双人沙发，按空格键旋转双人沙发方向，移动鼠标指针在"单间 A"房间内靠近 J 轴的位置进行放置，再次配合使用对齐工具和临时尺寸标注进行调整，使沙发前边距离 J 轴 1000mm，右边靠墙外边线，结果如图 6-12 所示。

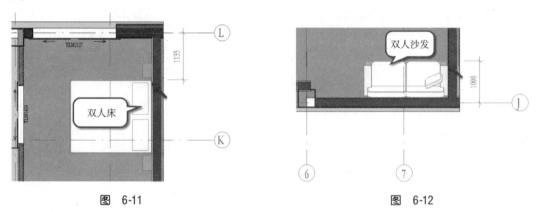

图　6-11　　　　　　　　　　　　　图　6-12

（5）在"F1_单间 A_平面布置图"视图，查看单间 A 完成家具布置后状态，结果如图 6-13 所示。

（6）切换至"F1_单间 D_平面布置图"，重复上述操作步骤，如图 6-14 所示，完成单间 D 家具布置。

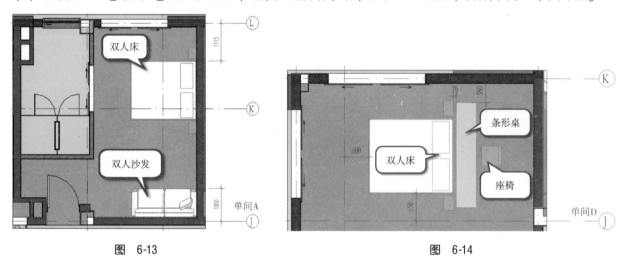

图　6-13　　　　　　　　　　　　　图　6-14

（7）切换至"F1_标间 A_平面布置图"，如图 6-15 所示，完成标间 A 家具布置。

（8）切换至"F1_标间 B_平面布置图"，如图 6-16 所示，完成标间 B 家具布置。

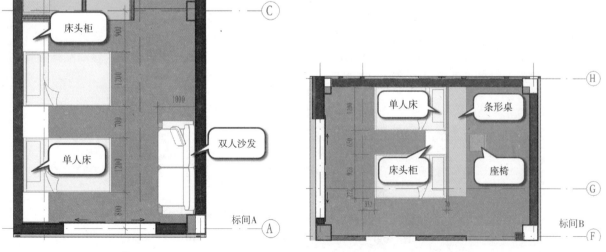

图　6-15　　　　　　　　　　　　　图　6-16

（9）重复上述步骤，完成 F1 层其他房间家具布置。其他具有相同房间布置方案的卫生洁具布置是一样的，可以直接复制。保存项目文件，或打开随书文件"第 6 章 \ RVT \ 6-1-2. rvt"文件查看完成结果。

🔊 **提　示**

其他具有相同房间布置方案的家具，也可以按照第 6.1.4 节介绍的方法进行快速放置。

使用"放置构件"工具进行家具布置操作较为简单，只需要载入指定的家具族后在项目中放置即可。在放置时通过按键盘空格键可对放置的家具图元进行旋转。当构件靠近墙体、参照平面等面图元时按键盘空格键，Revit 会自动捕捉与墙面垂直的角度方向以满足垂直于面图元放置的要求。

6.1.3　放置卫生洁具

接下来，继续介绍在房间"单间 A"内放置卫生洁具的操作，具体如下：

（1）接上节练习，切换至"F1_单间 A_平面布置图"。使用"放置构件"工具，在类型选择器中选择名称为"坐便器 3D：坐便器 –720mm × 400mm × 560mm"的坐便器。如图 6-17 所示，在属性面板中设置"标高"为"F1/0.000"，"相对标高偏移"修改为"– 20.0"。按空格键旋转坐便器方向，移动鼠标指针在"单间 A"房间内靠近 K 轴的卫生间位置进行放置，再使用对齐工具和临时尺寸标注进行调整，使坐便器中心距离 6 轴 400mm，坐便器水箱侧靠墙外边线。

图　6-17

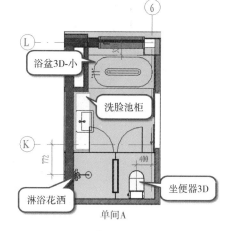

图　6-18

（2）继续使用"放置构件"工具，分别选择名称为"淋浴花洒：喷淋花洒""洗脸池柜：洗脸池柜-1500mm × 450mm""浴盆 3D-小：浴盆-1750mm × 760mm"的族类型，按如图 6-18 所示卫生洁具类型与位置放置单间 A 卫生间内的卫生洁具。

（3）使用相同的方法，参照如图 6-19 ～图 6-21 所示的房间类型及卫生洁具类型与位置，放置 F1 层所有单间 A、单间 D、标间 A、标间 B 的卫生洁具。

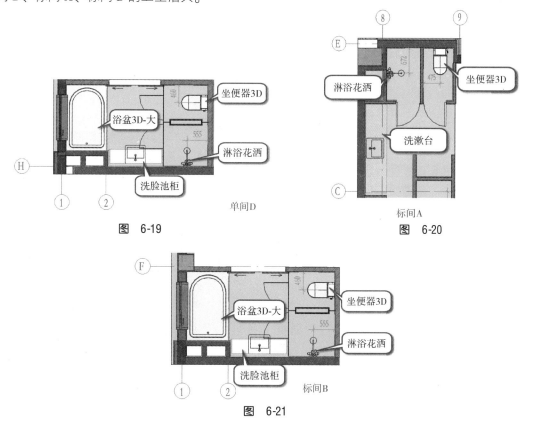

图　6-19

图　6-20

图　6-21

提示

其他具有相同房间布置方案的卫生洁具，也可以按照第6.1.4节介绍的方法进行快速放置。

（4）至此已完成F1层室内家具与卫生洁具的放置，如图6-22所示为F1层标间A放置室内家具与卫生洁具后的三维效果。

（5）切换至默认三维视图，如图6-23所示为F1层放置所有室内家具与卫生洁具后的三维效果。保存项目文件，或打开随书文件"第6章\ RVT\ 6-1-3. rvt"文件查看完成结果。

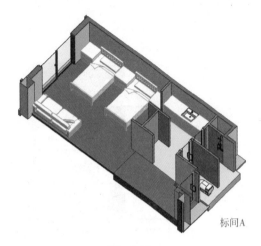

图 6-22

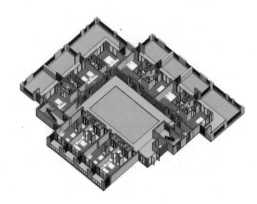

图 6-23

在使用放置构件工具放置洁具的过程中，注意有些卫生洁具是基于楼板、墙体等主体图元才能放置的，需要先创建相应的主体图元，否则会提示无法放置。例如"单间D"的"浴盆3D-大"图元是需要基于墙体放置的，那么放置时可以选择左边的墙体进行放置，再配合对齐、移动等命令进行位置调整。其他具有相同房间布置方案的卫生洁具布置是一样的，可以直接复制。

6.1.4 创建和使用组

在项目中创建重复的大量图元时，使用组可以大大提高图元创建效率。在别墅酒店案例中，相同房型的家具、卫生洁具布置方案是一样的，当为其他相同房型创建家具、洁具布置方案时，可以将已完成室内布置的房型中的家具、卫生洁具图元成组后再将组作为整体复制到其他房型中，完成其他房型的快速放置，以提高房间布置的效率。

在Revit中进行项目设计时，可以将项目中一个或多个图元成组。成组后组中的图元将作为组实例存储在项目中。修改任意一个组实例时所有组实例都将自动修改，避免图元重复修改。

下面通过成组的方式创建别墅酒店案例其他"单间A"房型室内布置的过程，学习创建组、使用组的各种操作。

图 6-24

（1）接上节练习，切换至"F1_单间A_平面布置图"视图。如图6-24所示，配合使用〈Ctrl〉键选择"单间A"中的所有家具与卫生洁具图元，会自动切换至"修改 | 选择多个"上下文关联选项卡。

（2）如图6-25所示，单击"创建"面板中"创建组"工具，弹出"创建模型组"对话框。

（3）如图6-26所示，在"创建模型组"对话框"名称"栏中输入"单间A-家具与卫生洁具"作为组名称，不勾选"在组编辑器中打开"选项，单击"确定"按钮将所选择图元创建生成组。按〈Esc〉键退出当前选择集。

图 6-25　　　　　　　　　　　　图 6-26

（4）单击任意家具图元选择上一步中创建的"单间 A-家具与卫生洁具"组图元，自动切换至"修改丨模型组"上下文关联选项卡。单击"剪贴板"面板中"复制到剪贴板"工具将所选模型组复制至剪贴板中。在"粘贴"工具下拉列表中，选择"与选定标高对齐"选项，弹出"选择标高"对话框，配合〈Ctrl〉键选择"F2、F3"楼层标高，单击"确定"按钮将所选组图元粘贴至 F2、F3 标高。切换至 F2、F3 楼层轴测三维视图，注意已在房间内生成了室内布置模型，如图 6-27 所示，选择任意家具或洁具图元，注意会同时选择模型组。

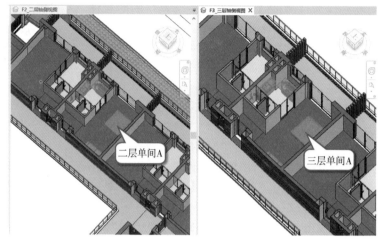

图 6-27

接下来，将对组进行修改，向组中添加其他同类房型的家具与卫生洁具，以便于同步修改 F2、F3 标高对应位置的房间室内布置。

（5）切换至"F1/0.000_ 一层平面图"。选择"单间 A-家具与卫生洁具"组图元，自动切换至"修改丨模型组"上下文关联选项卡。如图 6-28 所示，单击"成组"面板中"编辑组"工具，进入组编辑模式。Revit 将弹出"编辑组"面板并高亮显示隶属于组中的模型图元。

图 6-28

◀ 提示

> 双击组实例，也可以进入编辑组状态。

（6）如图 6-29 所示，单击"编辑组"面板中"添加"按钮，Revit 将亮显示所有非隶属于当前组的图元。适当缩放视图，单击选择 F1 楼层 4 个"单间 A"中的家具与卫生洁具图元。完成后，单击"编辑组"面板中"完成"按钮完成组编辑。

图 6-29

◀ 提示

> 已添加到组中的图元，将不再高亮显示。

（7）切换至 F2 楼层轴测三维视图，如图 6-30 所示，在 F1 标高中向组中添加家具与卫生洁具后，会自动为 F2 标高对应位置房间生成相同的家具与卫生洁具。切换至 F3 楼层轴测三维视图，同样会自动更新 F3 标高对应位置的家具与卫生洁具。

接下来，为 F1 标高"单间 A"房型中的家具与卫生洁具添加尺寸标注，并使用附着详图组的方式将尺寸标注作为"单间 A-家具与卫生洁具"的附着详图，将尺寸标注同步修改至其他标高视图。

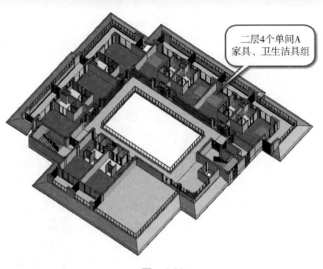

二层4个单间A
家具、卫生洁具组

图 6-30

（8）切换至"F1/0.000_一层平面图"视图。使用尺寸标注工具为"单间 A"中的家具与卫生洁具添加尺寸标注。

（9）选择"单间 A-家具与卫生洁具"组图元，单击"成组"面板中"编辑组"工具进入组编辑模式。单击"编辑组"面板中"附着"按钮。弹出"创建模型组和附着的详图组"对话框。如图 6-31 所示，默认模型组名称为"单间 A-家具与卫生洁具"，输入附着的详图组名称为"单间 A-家具尺寸标注"，单击"确定"按钮完成附着详图组创建，自动弹出"编辑附着的组"面板。

（10）点击"编辑附着的组"面板中的"添加"按钮，如图 6-32 所示，配合〈Ctrl〉键选择"单间 A"中的家具尺寸标注图元。单击"完成"按钮完成附着的详图组创建。Revit 将创建名称为"单间 A-家具尺寸标注"的详图组，且该详图组与名称为"单间 A-家具与卫生洁具"的模型组自动相关联，称为附着详图组。

■)) 提示

"附着的详图组"图元可以包括尺寸标注、门窗标记、文字等注释类图元。

（11）切换至"F2/3.600_二层平面图"视图，选择 F2 楼层的"单间 A-家具与卫生洁具"组实例。如图 6-33 所示，单击"成组"面板"附着的详图组"工具，弹出"附着的详图组放置"对话框。"附着的详图组设置"对话框列表中显示所有与该模型组相关联的详图组。勾选"楼层平面：单间 A-家具尺寸标注"详图组，单击"确定"按钮退出"附着的详图组放置"对话框。

图 6-31

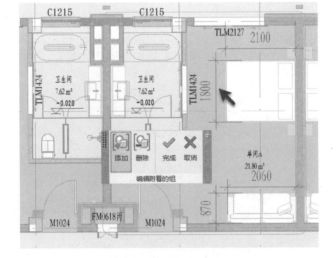

图 6-32

图 6-33

（12）此时将为 F2 楼层的"单间 A-家具与卫生洁具"组中的家具添加尺寸标注，标注的位置与 F1 楼层一致，如图 6-34 所示。重复上述步骤，可为其他楼层设置"附着的详图组"。

（13）重复上述步骤，完成 F2、F3 楼层其他房型家具与卫生洁具布置。切换至"F3/7.200_三层平面图"，注意 F3 标高未显示 2 轴与 J 轴相交的"单间 D"靠近凸窗位置的浴盆。造成该问题的原因是由于该位置 F3 层与 F1、F2 层窗的造型发生了变化，导致组中基于直墙放置的浴盆图元因 F3 层主体图元墙体发生改变，在 F3 层出现无法放置的情况，该浴盆图元被组实例排除。如图 6-35 所示，Revit 将隐藏从组实例中被排除的浴盆图元。

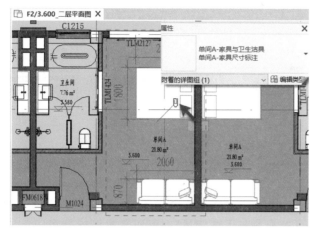

图 6-34   图 6-35

（14）配合键盘〈Tab〉键，选择"单间 D-家具与卫生洁具"组实例中被隐藏的浴盆图元，浴盆图元显示"将排除的组成员恢复到组实例"标记 。由于该浴盆无法找到可用于主体的墙图元，因此不能通过单击 进行恢复。

（15）至此已完成本项目所有楼层的家具与卫生洁具放置，保存项目文件，或打开随书文件"第 6 章 \ RVT \ 6-1-4. rvt"文件查看完成结果。如图 6-36 所示为采用成组方式为 F2 层所有房间放置家具与卫生洁具的效果。

创建组后，如果要将组实例中的图元隐藏，可以配合键盘〈Tab〉键，选择组实例中需要删除的图元，图元上会出现"从组中排除组图元"标记 ，点击该标记可以将该图元从组实例中排除，以便于从组中排除图元会在当前组实例中将图元隐藏。注意排除的组图元仅在当前组实例中生效，不会影响其他生成的组实例。

如果要将被排除的图元恢复至组实例中，可以选择有图元被排除的组实例，如图 6-37 所示，点击"成组"面板的"恢复所有已排除成员"工具，将被排除的所有图元恢复回该组实例中。也可以配合键盘〈Tab〉键选择排除的图元，单击"将排除的组成员恢复到组实例"标记 ，将该排除的图元恢复至当前组实例中。

使用"创建组"工具可以为项目中任何图元创建生成组。Revit 的组包括两种类型：模型组、详图组。模型组的全部图元都是由模型图元组成的，而详图组则由尺寸标注、门窗标记、文字等注释类图元组成。当所选择的图元中既包含模型类别图元，又包含注释类别图元时，在创建模型组的同时再创建包含注释信息的"附加详图组"。附加详图组同样由注释图元构成，但它属于"模型组"的一部分。成组后，组中所有图元对象作为一个组实例，可以像编辑其他图元一样编辑修改。可以在项目浏览器中查看项目中已包含的所有组名称。

创建模型组后，Revit 默认会在组的中心位置创建组坐标原点，并在组坐标原点创建组局部坐标系，如图 6-38 所示。按住并拖动组原点可以修改组原点的位置。在使用旋转工具旋转组实例时，默认将按组原点位置绕 Z 轴线旋转。Revit 通过记录组中各成员对象与组原点的相对位置来确定组实例中各图元的相对位置。注意修改组坐标原点位置时，不会移动或修改组中各隶属图元的位置。创建组时，组坐标的 Z 值零点位于组中图元所在的标高位置。

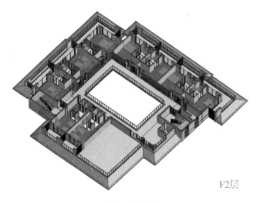

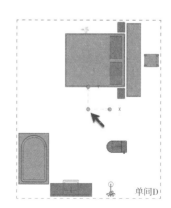

图 6-36   图 6-37   图 6-38

选择模型组实例，打开"实例属性"对话框，可以修改当前组实例所在标高及组原点相对标高偏移量，如图6-39所示，"参照标高"和"原点标高偏移"参数用于修改组实例在项目中的空间高度位置。

每一个组都是系统族"模型组"或"详图组"的一个类型。因此，可以像Revit中其他图元一样，复制创建多个不同的新"类型"，以便于组的编辑和修改。如要取消组，可以使用"成组"面板中"解组"工具，将组分解为独立的图元。"解组"操作仅针对当前选择的组图元，不会影响其他相同组名称的组图元。注意

图 6-39　　　　　图 6-40

即使对当前项目中的所有组实例均做了解组，组仍然作为一种已载入的构件保存于项目系统中，仍然可以使用放置组工具在当前项目中放置新的组实例。

组可以单独保存为独立的RVT格式文件。如图6-40所示，在项目浏览器中展开"组→模型"类别，可以查看当前项目中所有可用模型组，继续展开"单间A-家具与卫生洁具"，可以查看该模型组中包含的附加详图组。

在"单间A-家具与卫生洁具"模型组上右击，在弹出的右键菜单中选择"保存组"，弹出"保存组"对话框。如图6-41所示，指定保存位置，输入文件名称，如果该模型组中包含附着的详图组，还可以勾选对话框底部"包含附着的详图组作为视图"选项将附着的详图组一同保存。

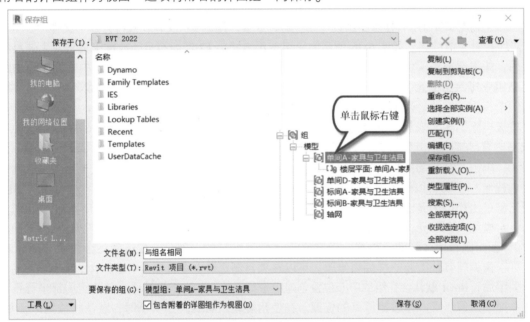

图　6-41

除在项目浏览器中通过右键单击将组保存为独立组文件外，还可以单击"应用程序菜单"按钮，在列表中选择"另存为→库→组"，同样可以访问"保存组"对话框。保存组时，默认"文件名"为"与组名相同"，即Revit将以组相同的名称保存组文件。组将保存为与Revit项目相同的RVT格式，方便与其他项目共享。

可以将任何RVT格式项目文件作为组导入到项目文件中。如图6-42所示，可以单击"插入"选项卡"从库中载入"面板中"作为组载入"工具，以作为组的方式导入RVT格式项目文件实现项目图元的重复利用。

图　6-42

将RVT格式文件作为组载入至项目中后，单击"建筑"选项卡"模型"面板中"模型组"下拉工具列表，如图6-43所示，在列表中选择"放置模型组"工具将载入的组放置在项目中。例如可以将标准户型项目文件作

为组载入到当前项目中进行拼接，快速完成项目户型平面布置。

可以将已载入项目中的组实例替换为链接文件。选择项目中已放置的组实例，单击"成组"面板中"链接"工具弹出如图 6-44 所示"转换为链接"对话框，在该对话框中指定组与链接的转换关系。注意只有模型组才可以转换为链接。

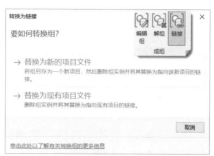

图 6-43　　　　　　　　　　　　　　　　图 6-44

6.1.5 | 放置其他室内构件

在 Revit 中有些室内构件族可以独立放置，有些构件需基于其他主体图元才能放置。构件是否基于其他主体取决于构件定义时所采用的族样板，如基于面或基于墙体、楼板等主体图元才能放置。

如图 6-45 所示，放置基于面的构件时可以设置"放置"面板中构件放置方式有"放置在面上"或"放置在工作平面上"，"放置在面上"表明该构件将基于所拾取的图元表面放置，放置时可在选项栏中设置放置平面或标高；"放置在工作平面上"表示该图元将放置于当前工作平面上。无论哪种方式，均可通过属性面板设置相对主体的偏移值，以便于精确定位。

图 6-45

以建筑楼板上放置排水沟为例，载入随书文件"第 6 章 \ RFA"中的排水沟族文件，使用放置构件工具，在类型选择器中选择"排水沟基于面：排水沟-150"族类型，在放置时选择"放置在面上"，拾取楼板放置排水沟族。放置后配合使用"剪切几何图形"工具，可在放置该构件后在楼板上剪切生成洞口。开洞完成后的效果如图 6-46 所示。读者可打开随书文件"第 6 章 \ RVT \ 6-1-5. rvt"项目文件查看最终完成的结果。

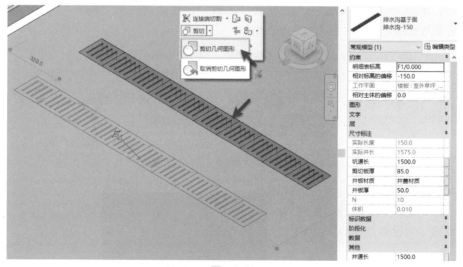

图 6-46

至此已完成室内家具、卫生洁具等构件的放置。读者可根据设计需求，选择不同款式、型号、材质的家具以及卫生洁具，通过不同的室内构件组合方式设计出不同风格的装修方案。

6.2 场地布置

总图设计是建筑设计的重要内容。可以使用地形表面工具为项目创建场地地形模型、建筑地坪等构件，以及为场地地形添加子面域划分不同的功能区域，完成室外场地设计。还可以在场地中添加植物、RPC 人物、篮球场及运动器材等场地构件，更加丰富整个场地的表现。

Revit 中进行场地设计一般应单独创建模型文件，避免在原有建筑模型中直接进行场地设计，尽量减少由于场地面积过大，构件数量过多，导致项目运行效率降低。可在空白项目样板文件中开始场地设计，完成场地地形模型及布置场地构件后，如图 6-47 所示，再通过链接的方式整合各建筑单体、专业模型进行查看、展示。

图　6-47

6.2.1　创建场地地形

场地地形是场地设计的基础，使用"地形表面"工具，可以为项目创建场地地形模型。Revit 提供了两种创建地形表面的方式：放置高程点和导入测量文件。放置高程点的方式允许用户手动添加高程点并指定点高程。Revit 将根据已指定的高程点，生成三维场地地形表面。这种方式由于必须手动绘制地形中每一个高程点，适合用于创建简单的场地地形模型。也可以通过导入测量文件的方式如导入 DWG 文件或测量数据文本，Revit 自动根据测量数据生成场地地形表面。

下面将使用放置高程点方式，为别墅酒店案例创建一个简单的场地地形表面。

（1）使用随书文件"第 6 章 \ RVT \ 6-2-1-室外场地-样板文件 . rvt"开始创建场地模型。切换至"F1/0.000 楼层平面"视图，项目文件中包含了项目的轴网和标高。如图 6-48 所示，根据与轴网的相对关系，创建 5 个参照平面，作为场地地形高程点放置的定位参照。

（2）如图 6-49 所示，单击"体量和场地"选项卡"场地建模"面板中"地形表面"工具，自动切换到"修改 | 编辑表面"上下文选项卡，进入场地地形创建状态。

如图 6-50 所示，单击"工具"面板中"放置点"工具；设置选项栏中"高程"值为 – 200，高程形式为"绝对高程"，即将要放置的点的绝对标高为 – 0.2m。

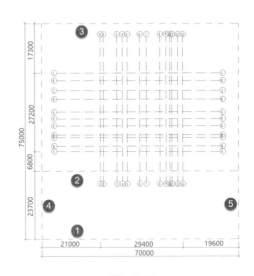

图　6-48

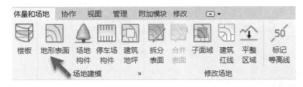

图　6-49

图　6-50

（3）如图 6-51 所示，依次创建 1 ~ 6 个高程点，并修改其高程值，当创建超过 3 个高程点时，Revit 将生成场地地形表面预览，并在属性栏的"材质与装饰"中设置材质为"BIM-土壤"。

（4）完成后单击"表面"面板中"完成编辑模式"按钮完成地形表面创建，切换至默认三维视图，最后完成效果如图 6-52 所示。

🔊 **提示**

创建地形表面后，可以在属性面板中查看该地形表面的投影面积与表面积。

图　6-51

图　6-52

至此完成了使用放置点的方式创建场地地形的操作，保存项目文件，或打开随书文件 "第 6 章 \ 6-2-2. rvt"
项目文件查看最终操作结果。

除了使用放置点的方式创建场地
地形外，还可以通过导入测量文件的
方式，如导入 DWG 文件或测量数据文
本，Revit 自动根据测量数据生成场地
地形。

图 6-53

图 6-54

如图 6-53 所示，单击 "地形表
面" 工具，进入地形表面编辑状态，
自动切换至 "修改 | 编辑表面" 上下
文选项卡。单击 "工具" 面板中 "通过导入创建" 下拉工具列表，在列表中选择 "选择导入实例" 或 "指定点
文件" 选项。

通过以上两种方式都可以生成具有不同等高线的实际测量数值的场地地形，如图 6-54 所示。限于篇幅，导
入的具体操作步骤不再赘述，读者可自行参考其他书籍。

当以 "选择导入实例" 的方式生成地形表面时，须先在项目中导入 DWG 等高线数据文件，通过 "插入"
选项卡 "导入" 面板中 "导入 CAD" 按钮，设置与等高线 DWG 文件相同的 "导入单位"（等高线文件的默认
单位通常为 "米"）即可将 DWG 文件导入至当前项目中。完成创建场地地形表面模型后，可以删除该导入的
DWG 文件。

采用 "指定点文件" 的生成方式，导入的点文件必须使用逗号分隔的文件格式（可以是 CSV 或 TXT 文件）
且必须以测量点的 x、y 和 z 坐标值作为每一行的第一组数值，点的任何其他数值信息必须显示在 x、y 和 z 坐标
值之后。在导入测量点文件时 Revit 忽略该点文件中的其他信息（如点名称、编号等）。如果该文件中存在 x 和
y 坐标值相等的点，Revit 会使用 z 坐标值最大的点。通常导入点文件时需设置点文件中的单位为 "米"。

6.2.2 创建建筑地坪

创建场地地形表面后，可以沿建筑轮廓创建建筑地坪，
平整场地表面。建筑地坪的创建方法与创建楼板的方法非常
类似。下面将为别墅酒店案例创建建筑地坪。

（1）接上节练习，打开已完成的场地地形模型，切换至
默认三维视图，单击 "插入" 选项卡 "链接" 面板中 "链
接 Revit" 工具，选择随书文件 "第 6 章 \ RVT \ 6-1-5. rvt"
建筑专业项目文件，确定定位方式为 "自动-内部原点到内
部原点"，将建筑专业项目文件链接到场地地形模型中，结
果如图 6-55 所示。

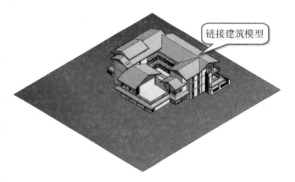

图 6-55

（2）切换至 "F1/0.000 楼层平面" 视图，如图 6-56 所示，单击 "体量和场地" 选项卡 "场地建模" 面板
中 "建筑地坪" 工具，自动切换至 "修改 | 创建建筑地坪边界" 上下文选项卡，进入 "创建建筑地坪边界" 编
辑状态。

（3）在类型选择器中选择地坪类型为 "建筑地坪"。打开 "类型属性" 对话框，单击参数列表中 "结构" 参数后
"编辑" 按钮，弹出 "编辑部件" 对话框，设置结构层材质为 "BIM-建筑地坪"，厚度为 "2000"，如图 6-57 所示。设
置完成后单击 "确定" 按钮返回 "类型属性" 对话框。再次单击 "确定" 按钮，退出 "类型属性" 对话框。

图 6-56

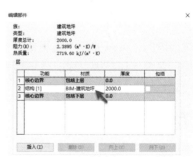

图 6-57

建筑地坪结构层设置方法和楼板完全一致。

（4）如图6-58所示，设置"属性"面板中"标高"为F1/0.000，"自标高的高度偏移"值为 - 150，即建筑地坪顶部标高位于F1/0.000标高之下150mm。确认"绘制"面板中绘制模式为"边界线"，使用"拾取线"绘制方式；确认选项栏中"偏移值"为0，拾取F1层建筑外墙外边线以及内部降板的边线，并通过修剪工具，生成和修剪完成建筑地坪的边界线。

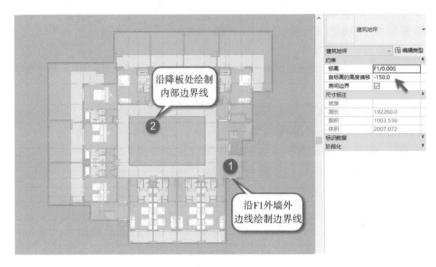

图 6-58

建筑地坪图元以顶面作为定位面。建筑地坪的顶部标高可以高于场地地形，也可以低于场地地形。

（5）以同样的方式绘制内部降板处的建筑地坪，如图6-59所示，设置"属性"面板中"标高"为F1/0.000，"自标高的高度偏移"值为 - 300，即建筑地坪顶部标高位于F1/0.000标高之下300mm。

（6）切换至默认三维视图，查看完成的场地建筑地坪，如图6-60所示，并保存项目文件，或打开随书文件"第6章 \ 6-2-3.rvt"查看完成后的建筑地坪样式。

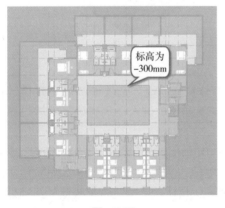

图 6-59

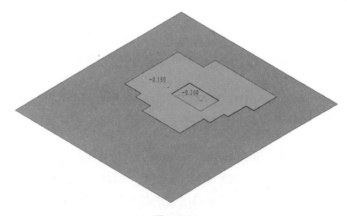

图 6-60

在创建建筑地坪时，可以使用"坡面箭头"工具创建带有坡度的建筑地坪，用于处理坡地建筑地坪。建筑地坪边界不得超出场地地形范围，同时当场地中存在多个建筑地坪图元时，各建筑地坪图元之间边界不应交叉，否则将无法生成建筑地坪。

6.2.3 添加子面域

完成场地地形表面模型后，可以使用"子面域"或"拆分表面"工具将地形表面划分为不同的区域，并为各区域指定不同的材质，从而得到更为丰富的场地设计。如图6-61所示，下面介绍如何在场地地形上划分道路、广场、湖水等区域。

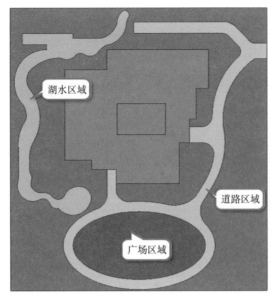

图 6-61

（1）接上节练习，切换至"F1/0.000 楼层平面"视图。单击"插入"选项卡"链接"面板中"链接 CAD"工具，选择随书文件"第 6 章 \ DWG \ 6-2-3. dwg"子面域轮廓线文件，设置定位方式为"自动-原点到内部原点"，勾选"仅当前视图"选项，确认导入单位选择"毫米"，其他设置如图 6-62 所示，单击"打开"按钮将子面域的轮廓线 CAD 文件链接到场地地形模型中。

（2）在"F1/0.000 楼层平面"视图选择链接的 DWG 文件，在选项栏选择"前景"显示，如图 6-63 所示。

图 6-62

图 6-63

（3）如图 6-64 所示，单击"体量和场地"选项卡"修改场地"面板中"子面域"工具，自动切换至"修改 | 创建子面域边界"上下文选项卡，进入"修改 | 创建子面域边界"状态。

图 6-64

（4）如图 6-65 所示，确认"绘制"面板中绘制模式为"边界线"，使用"拾取线"绘制方式；确认选项栏

125

中"偏移值"为0，逐个拾取 DWG 文件中椭圆形广场轮廓线，生成广场子面域的边界线。在属性栏"材质和装饰"中选择材质"BIM-花岗石-广场"。

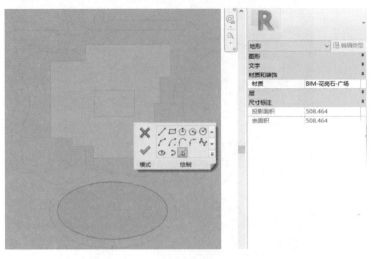

图 6-65

🔊 **提示**

> 需在平面视图中创建子面域，不能在三维视图中创建子面域。

（5）完成后单击"模式"面板中"完成编辑模式"按钮完成子面域创建，切换至默认三维视图，完成效果如图 6-66 所示。

（6）以同样的方式创建道路、湖水子面域，并分别设置材质，道路材质为"BIM-透水混凝土道路"，湖水材质为"BIM-湖水"。切换至默认三维视图，结果如图 6-67 所示。保存项目文件，或打开随书文件"第 6 章 \ 6-2-4. rvt"文件查看创建子面域完成后的结果。

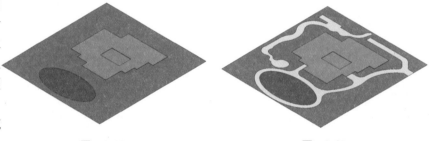

图 6-66   图 6-67

选择子面域对象，单击"修改 | 地形"上下文关联选项卡"子面域"面板中"编辑边界"按钮，可返回子面域边界轮廓编辑状态。Revit 的场地对象不支持表面填充图案，因此即使用户定义了材质表面填充图案，也无法显示在场地地形表面及其子面域中。

"拆分表面"工具与"子面域"功能类似，都可以将地形表面划分为独立的区域。两者不同之处在于"子面域"工具是将局部复制原始表面创建一个新面，而"拆分表面"则将地形表面拆分为独立的地形表面。要删除使用"子面域"工具创建的子面域，只需要直接将其

图 6-68

删除即可；而要删除使用"拆分表面"工具创建的拆分后区域，必须使用"合并表面"工具。

可以使用"墙""楼板""栏杆"等工具，在场地地形上添加广场地面、道路、路缘石、交通标志线、草坪、人工湖等功能区域。如图 6-68 所示为组合使用地形表面、子面域及墙体等完成的复杂场地设计。

与场地有关的"建筑红线""平整区域"等工具，本书限于篇幅，具体操作不再赘述。

6.2.4 放置场地构件

完成场地地形后可以使用"场地构件"工具为场地添加树木、RPC 人物、篮球场、运动器材等构件，以便进行更为丰富的场地设计。这些构件均依赖于项目中载入的构件族，必须先将构件族载入到项目中才能使用这

些构件。

（1）接上节练习，切换至"F1/0.000 楼层平面"视图。单击"插入"选项卡"从库中载入"面板中的"载入族"工具，选择随书文件"第 6 章 \ RFA \ 场地构件、运动器材"中的 RPC-男性、RPC-女性、半个篮球场、常规乔木、吊桩、二位腹肌板、肩关节康复器、垃圾桶、篮球架、肋木、两联漫步机、三人扭腰器、室外长椅、仰卧起坐板、植物盆景等构件族载入到项目中。

🔊 **提示**

> 本书练习使用的项目样板中已载入以上族构件，无须重复载入，直接选择相应构件族进行放置即可。

（2）如图 6-69 所示，切换至"体量和场地"选项卡，单击"场地建模"选项卡中"场地构件"工具，进入"修改 | 场地构件"上下文关联选项卡。

图 6-69

（3）在类型选择器中依次选择下面两种构件类型："常规乔木：香樟_8000×200×2000""常规乔木：樱花_5000×100×2000"，沿室外场地地形进行放置，树木位置不必精确定位，完成效果如图 6-70 所示。

（4）继续使用"场地构件"工具，在类型列表中依次选择室外长椅、垃圾桶、植物盆景、半个篮球场、篮球架、吊桩、二位腹肌板、肩关节康复器、两联漫步机、三人扭腰器、仰卧起坐板、肋木等构件族，以及"RPC-男性：LaRon""RPC-女性：YinYin"等 RPC 人物族，如图 6-71 所示，移动鼠标指针至椭圆形广场上进行逐一放置，构件位置不必精确定位，可配合对齐、复制、移动、镜像等命令调整构件位置。

图 6-70

图 6-71

（5）切换至默认三维视图，设置视觉样式为"真实"模式，查看放置完成场地构件后 RPC 模型的效果，结果如图 6-72 所示。保存项目文件，或打开随书文件"第 6 章 \ 6-2-5.rvt"文件查看完成放置场地构件后的结果。

放置场地构件与前面章节中放置室内构件的操作方式是完全一样的，放置的场地构件如果位置、标高不对，可以通过移动、删除等工具进行标高、位置调整或重新放置。本书限于篇幅，就不逐一介绍不同场地构件放置的操作过程了。

RPC 人物族包含不同的人物类型，可在类型列表中进行选择。箭头方向代表该人物"正面"方向，可在键盘上按空格键调整人物方向。只有在"真实"视觉样式中，RPC 构件才会显示贴图实际模型效果，否则显示为模型面片效果。

至此，已介绍完在 Revit 中创建场地地形模型、建筑地坪，为场地地形添加子面域划分不同的功能区域，以及在场地中添加植物、RPC 人物、篮球场及运动器材等场地构件，完成室外场地和景观设计。读者可

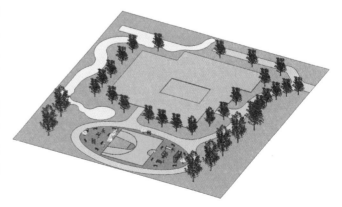

图 6-72

以根据实际场地地形，搭配不同的场地构件，设计出不同的景观风格。

6.2.5 坐标协调

在链接项目文件时，可以选择自动-中心到中心、自动-内部原点到内部原点、自动-共享坐标、自动-项目基点到项目基点、手动-内部原点、手动-基点、手动-中心七种方式链接模型与当前主项目的定位关系。本书前面章节操作过程中均采用"自动-内部原点到内部原点"的链接方式对齐链接模型的项目原点与当前主体模型的项目原点位置。

由于在建筑设计中，同一场地上通常会布置多栋建筑，在场地设计时场地设计模型一般应与建筑设计模型分开，尽量减少由于场地面积过大，构件数量过多，导致项目运行效率降低，造成打开、查看、修改模型不便的情况发生。通常是建立一个场地模型并做好坐标协调，先确定场地模型的坐标位置，再确定场地模型与各建筑单体、专业模型与总图定位模型的相对位置关系，以及各建筑单体、专业模型的拆分、整合方式，再采用"自动-内部原点到内部原点""共享坐标"等链接方式在总图定位模型中及各建筑单体、专业模型之间进行整合、查看。如图6-73所示为多单体建筑与场地的组合示例。

图 6-73

创建场地模型时，需要先调整场地模型的项目基点、测量点、项目北与正北。Revit 使用项目坐标记录项目的坐标位置，每个项目均具备项目基点与测量点。项目基点记录项目的定位点位置，测量点则记录当前项目中世界坐标（大地坐标）原点位置。项目基点与测量点之间的相对关系，决定项目的定位坐标。别墅酒店案例的项目基点与测量点是重合在一起的，如图6-74 所示。Revit 中的高程点坐标显示的是高程点位置与测量点间的距离值。Revit 利用测量点与项目基点记录和管理项目内部各单体、专业模型间的关系。

由于项目所在的地理位置、项目朝向、日期与时刻均会影响阴影的状态，因此在进行场地设计时必须先确定项目的地理位置和朝向。在 Revit 中要确定项目的位置和朝向，必须理解项目朝向的两个概念：项目北和正北。

项目北是指打开 Revit 软件时，在楼层平面视图的顶部默认定义为项目北；反之视图的底部就是项目南。项目北与建筑物的实际地理方位没有关系，是为了方便绘图确定的一个视图方位。

正北是指项目的真实地理北方位朝向。如果项目的方向正好是正南正北向（上北下南），那么项目北方向和项目实际的方向就是一致的，即项目北和正北的方向相同；如果项目的地理方位不是正南正北方向，那么项目北的方向和项目本身的正北方向就会有所不同，也就是说项目北和正北存在一个方位角。

在 Revit 中进行日光分析时是以项目的真实地理位置数据作为基础的，因此通常情况下我们需要指定建筑物的地理方位，即指定项目的"正北"。如图 6-75 所示，在视图属性面板中，可以指定当前视图显示为"正北"方向还是"项目北"方向。通过该选项，可以在项目北与正北的显示间进行切换。由于当前项目的正北与项目北方向相同，因此视图显示并未发生变化。

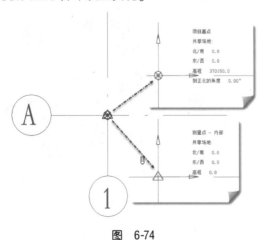

图 6-74

图 6-75

如果要调整正北方向，切换至场地或楼层平面视图，不选择任何图元，修改属性面板中"方向"为"正北"。再单击"管理"选项卡"项目位置"面板中"位置"下拉列表，在列表中选择"旋转正北"选项，进入正北旋转状态。如图 6-76 所示，修改选项栏"从项目到正北方向的角度"的旋转角度值，选择参照方

图 6-76

向为"东"，按〈Enter〉键将按逆时针旋转当前项目。注意视图中所有模型显示方向均已发生旋转。在视图属性面板中切换"正北"与"项目北"方向，视图显示也将发生变化。

参照方向为"东"时将沿逆时针方向旋转指定角度，参照方向为"西"时将沿顺时针方向旋转指定角度。

确定项目的地理位置、朝向后，再根据项目规模范围、总体长度、标高变化、单体数量、专业数量、标段划分等实际情况，确定各建筑单体、专业模型的拆分、整合方式。对于单体数量少、各单体正负零标高变化不大的项目，可以采用"自动-内部原点到内部原点"的链接方式进行模型整合，比较方便项目模型创建与模型管理。对于单体数量多、各单体正负零标高不一致的项目，或者像道路、桥梁、水务等带状存在多类型、多单体、多标段的市政工程项目，如场地范围或长度超过 32km 的公路项目，建议通过"共享坐标"方式进行模型链接、整合。

项目基点与测量点只能用于记录项目内部的图元间相对坐标关系。对于链接项目，Revit 提供了"共享坐标"，用于记录各链接模型文件间的相对位置关系。如图 6-77 所示，单击"管理"选项卡"项目位置"面板中"坐标"下拉工具列表，选择"发布坐标"选项，单击链接模型中任意图元将当前模型相对位置共享给链接项目。

Revit 通过使用"共享坐标"记录链接文件的相对位置，并将坐标定义保存在链接文件的位置列表中。如图 6-78 所示为通过设置"共享坐标"后，单体建筑模型"项目基点"的坐标与场地模型"项目基点"坐标的相对关系。在重新指定链接文件时，可以通过使用"共享坐标"达到快速定位的目的。在 Revit 创建场地模型时，使用共享坐标将非常有利于控制场地中各单体建筑物的相对位置。

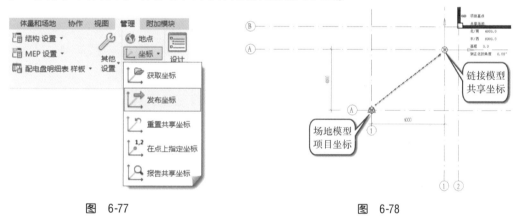

图 6-77　　　　　　　　　　　　　图 6-78

发布共享坐标后，如果希望修改链接项目与当前主体项目的相对位置，可以使用项目位置"坐标"下拉列表中"在点上指定坐标"工具，通过输入指定位置的新坐标来重新确定链接项目的共享坐标位置，Revit 将重新按指定位置更新已发布的共享坐标。使用"获取坐标"工具可以从链接的项目文件中向当前主体项目中发布坐标。

读者可参考《Revit 建筑设计思维课堂》中相关章节详细了解项目基点、测量点、项目北、正北、共享坐标的相关知识与操作方法。

6.3　本章小结

本章介绍了为项目放置室内家具与卫生洁具等细节模型，布置不同的室内家具与卫生洁具，以及创建、使用组工具，组工具可以为相同布置方案的房间快速生成或布置家具与卫生洁具。在处理具有大量重复图元的构件时，使用组可以大大加快修改和变更效率。

本章还介绍了如何使用 Revit 提供的场地地形表面和场地修改工具，以不同的方式生成项目场地地形表面，

并在其上添加建筑地坪及划分子面域形成场地地形的不同功能分区。使用场地构件工具为场地地形添加场地构件，对建筑物场地地形和周边环境进行设计。介绍了如何进行坐标协调设置项目的位置、朝向。此外，还介绍了使用共享坐标处理超宽、超长、多单体、多标高等复杂项目的链接和整合问题。

至此已经基本介绍了 Revit 软件的建筑专业模型设计。在下一章将继续介绍结构专业模型设计。

图 7-1

第**7**章 结构专业BIM设计

结构是建筑的骨骼，作为建筑的受力体系支撑建筑里所有的物质，包含填充墙、装饰、设备、活动的人、饲养的宠物等。结构专业是尤为重要的，但是我们在建筑里面活动往往不希望看见结构构件，因此结构构件尽可能隐藏在墙体、吊顶中，这些对结构提出了更高的要求。

结构设计需要基于建筑专业的成果再结合其他专业的使用需求完成。采用 BIM 的方式进行设计时，可以通过链接的方式链接建筑专业设计模型，充分发挥 BIM 可视化设计的优势，对结构专业的设计进行更好的布置与优化，形成协调统一的设计成果。

7.1 结构专业 BIM 模型创建规则与流程

要完成结构 BIM 设计，首先需要创建结构 BIM 模型。结构 BIM 模型创建需具有相应的规则与流程。结构专业具有其自身的特点，模型的创建需遵循结构专业的特点按一定的规则与流程进行。可以直接利用 Revit 中提供的结构专业工具完成结构专业模型创建。

7.1.1 结构模型创建规则

与建筑专业模型类似，在创建结构专业模型时，结构专业的文件命名规则、构件命名规则应满足 BIM 技术规范的要求。在本书案例中，所有结构构件均以"（功能_）截面形式_材质_截面尺寸"的规则进行命名，其中括号内的字段为根据不同的构件类别的可选字段，用于区分与其他构件的区别。例如"框架梁_矩形_混凝土_200×500"，表明该构件为矩形混凝土框架梁，截面尺寸为宽 200mm，高 500mm。由于混凝土材料具有不同的强度等级，因此还应通过参数在属性中标记混凝土强度等级，该参数通常为实例参数，以便于区分同类型、同截面的不同混凝土强度等级。如图 7-1 所示为 Revit 中梁图元实例属性参数。

结构设计中包含大量结构参数，例如图 7-1 中的"混凝土强度等级""梁跨数""梁编号"等信息。这些参数与不同类别的构件相关联，例如"梁跨数"参数出现在梁图元中，而"混凝土强度等级"参数出现在坡道、楼梯、梁、板、结构柱、基础等所有结构构件中。结构设计参数可以在如图 7-2 所示的"项目参数"中进行统一定义，以便于规范结构设计中的各类信息。这些结构设计参数信息，可以存储在项目样板中，基于项目样板创建结构 BIM 模型时会在项目中自动继承这些已定义的参数。

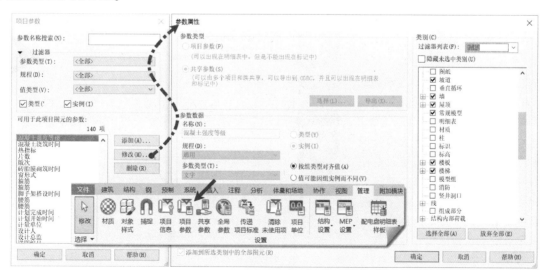

图 7-2

为了便于设计协作及设计分工，结构专业 BIM 模型创建通常根据标高分层进行，每个标高中包含该标高中完整的剪力墙、梁、板、柱、楼梯等结构图元，绘制完成后单独保存为独立的结构模型文件，对于结构基础部分 BIM 模型应单独保存为一个独立的模型文件。各结构模型文件应依据文件命名规范分别标记好各文件名称，例如"BSJD_ST_F1.rvt"，在第 1 章中已介绍了 BIM 文件命名的相关规则。对于体量小的项目，比如本书别墅酒店案例中的结构专业 BIM 模型可不必拆分创建。

7.1.2 结构专业 BIM 设计流程

要使用 Revit 完成结构专业 BIM 设计，应根据结构专业的设计特点结合 BIM 工作流程进行结构专业 BIM 模型创建。结构 BIM 设计流程如图 7-3 所示。由于结构专业 BIM 设计需要依据建筑专业已完成的建筑专业模型，因此应首先采用 Revit 中提供的"链接"工具以链接的方式链接建筑模型，再依据建筑模型中轴网以"复制监视"的方式创建结构轴网，然后再依据结构设计的要求创建结构标高，通常结构设计标高会低于建筑设计标高 50mm。完成基础的定位工作后，再创建结构专业中的各类构件。通常结构专业中各类构件的创建流程依据结构设计的步骤进行，在创建的过程中需要参考各标高建筑专业模型，逐层依次创建竖向构件、梁、楼板，随后创建结构屋顶。在完成主体结构构件模型图元后，再依据竖向构件的位置结合结构设计要求创建结构基础图元，最后再根据建筑及其他专业的设计要求，细化楼梯、预留预埋等细节结构模型。完成结构专业模型创建后，还需要结合结构分析软件进行结构受力计算与分析，根据结构受力计算的结果对 BIM 模型进行优化与修改，再根据计算的结果对各构件完成结构设计信息的补充，然后需要进行结构与其他各专业的提资交底，根据提资的情况再次进行复核验证优化调整后，再依据模型生成结构专业的图纸。

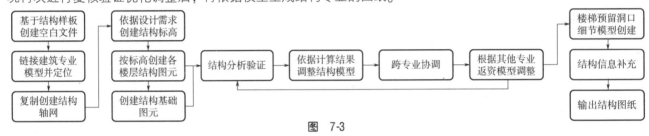

图 7-3

7.2 创建结构定位信息

与建筑专业模型类似，在创建结构专业模型时，应先创建标高轴网定位文件，再创建相应的结构楼层平面视图，以便于绘制结构构件。

由于在结构专业设计过程中，需要与建筑专业及机电专业间及时沟通设计成果，共享设计信息，结构专业设计时必须参考建筑专业提供的标高和轴网等信息，在 Revit 中可以通过使用"自动-内部原点到内部原点"的方式链接建筑模型作为结构设计参考。

7.2.1 创建结构标高、视图

结构专业 BIM 模型中通常需要表达结构完成面的梁、板标高。通常来说，结构标高较建筑标高低建筑面层做法层厚度，并应根据结构专业设计需求添加基顶标高等建筑专业内并不表达的标高信息，因此应在结构专业模型中单独绘制结构标高。

创建结构标高的方式与第 2 章中介绍的建筑标高绘制方法完全相同，可以在任意立面视图中创建结构标高。作为建筑专业的下游专业，可以使用"链接"功能参考建筑专业设计成果。接下来继续为本书别墅酒店项目案例创建结构专业标高。

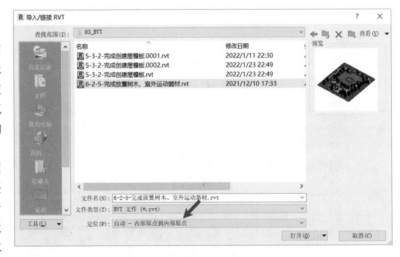

图 7-4

（1）启动 Revit 软件。使用随书文件"第 7 章 \ RVT \ 结构样板_2022.rte"样板文件创建新项目。

（2）单击"插入"选项卡"链接"面板中"链接 Revit"工具，在弹出如图 7-4 所示"导入/链接 RVT"对话框中，浏览至随书文件"第6章 \ RVT \ 6-3-3. rvt"项目文件，设置底部"定位"方式为"自动-内部原点到内部原点"方式，单击右下角的"打开"按钮，该建筑模型文件将链接到当前项目文件中，且链接模型文件的项目原点自动与当前项目文件的项目原点对齐。链接后当前的项目将被称为"主体文件"。

图 7-5

（3）选中链接模型，自动切换至"修改 | RVT 链接"上下文选项卡。如图7-5所示，单击"修改"面板中"锁定"工具，将在链接模型位置出现锁定符号 🔒 ，表示该链接模型已被锁定，以防止误修改链接文件的位置。

🔊 提示

Revit 允许复制、删除被锁定的对象，但不允许移动、旋转被锁定的对象。

（4）切换至任意立面视图。该视图中将显示已链接的建筑专业文件中的标高及模型图元。如图7-6所示，单击"属性"面板"可见性/图形替换"参数中"编辑"按钮打开"可见性/图形替换"对话框，切换至"Revit 链接"选项卡，在该选项卡中显示了当前项目中的链接项目名称。单击"按主体视图"按钮，打开"RVT 链接显示设置"对话框。

🔊 提示

按键盘 VV 快捷键可快速打开"可见性/图形替换"对话框。

（5）如图7-7所示，在"RVT 链接显示设置"对话框"基本"选项卡中，设置链接模型的显示方式为"自定义"，则各项显示设置变为可设置，允许用户对链接模型的显示进行自定义的设置。切换至"注释类别"选项卡，修改"注释类别"的显示方式为"自定义"，不勾选"在此视图中显示注释类别"选项，即在当前主体视图中隐藏链接文件中所有的注释图元（如标高、尺寸标注等），设置完成后单击"确定"按钮返回"可见性/图形替换"对话框。再次单击"确定"按钮退出"可见性/图形替换"对话框。

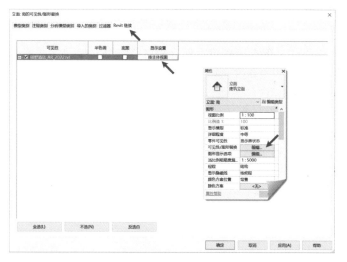

图 7-6　　　　　　　　　　　　　　　　　图 7-7

（6）在当前视图中将隐藏链接的建筑专业文件中标高等信息，仅显示当前主体项目中默认的标高。删除±0.000m标高以外的其他标高，由于其他标高关联了相关楼层平面或天花板视图，因此 Revit 会给出如图7-8所示的警告对话框，提示用户相关联的视图将同时被删除。单击"确定"按钮退出警告对话框。

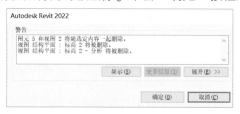

图 7-8

133

（7）使用标高工具，使用"上标头"标高类型按如图7-9所示绘制结构专业标高，并分别命名。别墅酒店项目结构标高除"RF"标高和"结构屋脊"标高外，其他标高均较建筑标高低50mm，并在−0.600m位置绘制名称为"基顶"的标高。

🔊 **提 示**

> 重复第（5）条操作步骤，将"RVT链接显示设置"对话框"基本"选项卡中，设置链接模型的显示方式为"按主体视图"可恢复显示链接文件中的标高图元，以便于参考创建结构专业标高。

（8）配合键盘〈Ctrl〉键选择除±0.000m标高以外的其他标高。如图7-10所示，勾选"属性"面板中"结构"选项，将创建的标高定义为"结构"标高，用于与建筑标高进行区别。

（9）使用"视图"选项卡"创建"面板中"平面视图→结构平面"工具，分别为各标高创建板配筋图、结构墙、柱平面、结构平面布置、结构梁平面类别的视图，重命名各标高视图名称，结果如图7-11所示。

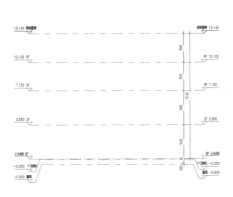

图 7-9

图 7-10

图 7-11

🔊 **提 示**

> 板配筋图、结构墙、柱平面、结构平面布置图、结构梁平面等视图类别已在项目样板中预定义该视图类型及默认的视图显示方式。

（10）至此完成别墅酒店项目结构专业标高及视图创建操作。保存该项目文件，或打开随书文件"第7章\RVT\7-2-1.rvt"项目文件查看最终操作结果。

在Revit中，使用"链接"工具是开始结构专业设计的基础。链接后可以通过"RVT链接显示设置"对话框中定义链接文件在当前主体项目各视图中的显示方式，以满足设计表达的要求。注意"RVT链接显示设置"对话框中的设置仅对当前视图显示有效，如需要在多个视图中复用相同链接文件中图元的显示设置，可利用Revit提供的视图样板工具进行快速设置。读者可参考《Revit建筑设计思维课堂》一书中相关章节详细了解视图样板的设置和使用操作。

主体文件保存后，会自动保留建筑专业BIM成果文件的链接关系。在下次打开结构专业模型时，默认会自动载入链接的文件。可使用"管理链接"对话框，对链接的文件进行卸载、重新指定路径等管理操作，具体操作详见第3章相关内容。

7.2.2 基于链接模型生成轴网

链接是最常用的协同工作方式。在第3章中详细介绍了"链接Revit"的操作过程。由于被链接的模型仍属于链接文件，只有将链接模型中的模型转换为当前工作主体模型中的模型，才可以在当前主体模型中应用。Revit提供了"复制/监视"功能，用于将链接文件中的模型在当前链接模型中复制生成，且复制后的模型自动与链接文件中的模型进行一致性监视，当链接文件中的模型发生变化时，Revit会自动提示和更新当前主体文件中的模型副本。

为创建与建筑专业完全一致的轴网，可在链接建筑专业模型后，使用"复制/监视"工具复制创建与建筑专业完全相同的轴网。接下来将为别墅酒店项目创建结构专业轴网。

（1）接上节练习。切换至一层结构平面布置视图。该视图中将显示建筑专业的所有模型及轴网。如图7-12所示选择"协作"上下文选项卡

图 7-12

"坐标"面板中"复制/监视"工具下拉列表，在列表中选择"选择链接"选项，移动鼠标指针至上一步骤中载入的建筑专业文件任意位置并单击，选择该链接项目文件，进入"复制/监视"状态，自动切换至"复制/监视"上下文选项卡。

（2）单击"工具"面板中"选项"工具，打开"复制/监视选项"对话框。如图 7-13 所示，在"复制/监视选项"对话框中，包含了被链接的项目中可以被复制到当前主体项目的构件类别。切换至"轴网"选项卡，在"要复制的类别和类型"中，列举了被链接的项目中包含的轴网族类型；在"新建类型"中设置复制至当前项目后与原链接项目中标高类型的映射关系。在本项目中保持参数默认，单击"确定"按钮退出"复制/监视选项"对话框。

> 🔊 **提 示**
>
> "复制/监视选项"对话框中，用于设置链接项目中的族类型与复制后当前项目中采用的族类型的映射关系。

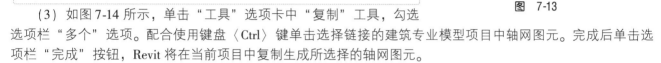

图 7-13

（3）如图 7-14 所示，单击"工具"选项卡中"复制"工具，勾选选项栏"多个"选项。配合使用键盘〈Ctrl〉键单击选择链接的建筑专业模型项目中轴网图元。完成后单击选项栏"完成"按钮，Revit 将在当前项目中复制生成所选择的轴网图元。

（4）注意所有生成的轴网与链接模型中的轴网名称和位置均一致。Revit 会在每个轴网位置显示监视符号 ⏦，表示该图元已被监视。到此完成复制监视操作。保存该项目文件，或打开随书文件"第 7 章 \ RVT \ 7-2-2. rvt"项目文件查看最终操作结果。

利用"复制/监视"功能可快速得到结构专业准确的轴网图元，从而保证结构专业设计时能够获得与建筑专业完全一致的定位轴网。

如果对已被监视的图元进行修改，例如移动了位置，Revit 将给出如图 7-15 所示的警告对话框，提示用户被监视的图元已经发生了修改。

图 7-14   图 7-15

要查看项目中所有已被监视的图元的修改情况，可以单击"协作"选项卡"坐标"面板"协调查阅"下拉工具列表，在列表中选择"选择链接"，选择项目中被监视的链接，Revit 将弹出"协调查阅"对话框，如图 7-16 所示。在该对话框中列举了当前主体项目中所有修改的被监视图元的信息。Revit 通过操作列表中的选项允许用户

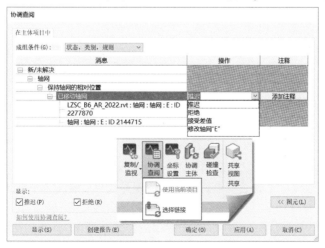

图 7-16

对被监视图元警报事件进行管理，选择"推迟"选项将保留该警报事件后续再重新处理，选择"拒绝"将被修改的图元恢复至与链接文件中图元一致的状态，选择"接受差值"将保留当前修改。而选择"修改"则将修改原链接中的图元。

注意当对图元启用复制监视后，当原链接文件中的图元发生变化时 Revit 也会给出警告对话框，并允许用户对协调警告事件进行处理。例如建筑专业修改了轴网间距，结构专业在更新链接文件时 Revit 会给出警告，并允许用户对当前轴网的不一致问题进行处理。

除轴网外，还可以对链接文件中的建筑柱、墙、板等图元进行复制。如图7-17 所示，可在"复制/监视"选项对话框中，通过对建筑柱对应的结构柱类别进行映射设置，可自动根据建筑柱类型创建生成结构柱图元，加快结构柱布置。对于墙图元，还可以监视墙中洞口位置的变化，以满足专业间协作的要求。复制监视功能在多专业协作时实用且高效，在 BIM 协同设计中可提高工作效率。

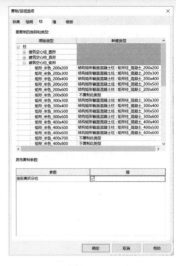

图 7-17

7.3　创建结构专业 BIM 模型

7.3.1　创建结构柱

结构的竖向构件直接影响了建筑平面的功能布局，结构专业进行 BIM 设计时首先要确定竖向构件。本书所载的别墅酒店项目为 3 层别墅，房屋较低，竖向构件采用矩形柱。

在进行结构柱布置时，应链接建筑专业 BIM 设计模型为基础进行布置。在别墅酒店项目中结构柱尽量布置在墙体转角的位置。例如应在 1 轴与 K 轴相交处外墙转角位置布置结构柱，并且 2～3 层房屋柱子尺寸初定为 400mm×400mm，最终经过结构计算确定尺寸为 400mm×400mm，所布置结构柱应与外墙核心层表面对齐，保障柱子向右下角凸出，如图 7-18 所示。

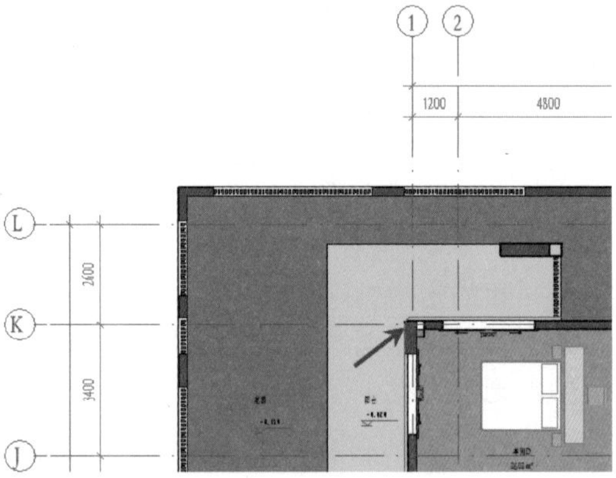

图 7-18

在确定好结构柱的位置和尺寸后，即可使用 Revit 提供的"结构柱"工具依据建筑专业 BIM 模型在平面视图的指定位置按标高布置结构柱。结构柱的使用方式与第 3 章中介绍的建筑柱使用方式较为类似，接下来以别墅酒店项目 F1 标高结构柱为例说明结构柱创建的一般步骤。

（1）接上节练习。切换至"一层柱平法施工图"平面视图，适当放大 1 轴线与 K 轴线交点位置。如图 7-19 所示，单击"结构"选项卡"结构"面板中"柱"工具，切换至修改放置柱上下文选项卡。

（2）如图 7-20 所示，确认"放置"面板中结构柱的放置方式为"垂直柱"，其他选项如图 7-20 所示设置；设置"选项栏"结构柱放置方式为"高度"，柱高度为至标高 F2，不勾选"放置后旋转"选项。确保在一层墙柱平面视图中创建的竖向构件标高为 F1 到 F2 标高。

图 7-19

图 7-20

（3）在"属性"面板类型选择器族类型列表中选择"结构矩形截面混凝土柱"族中"矩形柱_混凝土_400×400"的结构柱类型，拾取 1 轴线与 K 轴线交点位置单击放置结构柱。使用对齐工具，对齐结构柱外侧边缘至外墙核心层外表面位置。

（4）使用相同的方式参考柱平法施工图平面视图中相应位置放置 F1 标高中类型结构柱，并配合使用平移、旋转、对齐等修改工具，将结构柱放置在指定位置。

由于 F1 标高结构需要延伸至基础标高，因此需要对结构柱底标高进行修改。

（5）选择 F1 标高全部结构柱图元，如图 7-21 所示，修改属性面板"底部标高"值为"基顶"标高，其他参数默认，按〈Enter〉键确认将修改所有结构柱底标高至基顶标高位置。

（6）切换至三维视图，F1 标高结构柱完成后如图 7-22 所示。

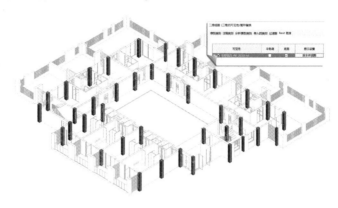

图 7-21　　　　　　　　　　　　　图 7-22

提 示

为突出结构柱构件，在三维视图"可见性/图形替换"对话框"Revit 链接"选项卡中勾选了"底图"选项，将链接的建筑专业 BIM 模型作为底图显示。

（7）配合使用复制到剪贴板对齐粘贴至所选择标高等方式，完成其他标高矩形结构柱。当各标高结构柱截面变化时，可以通过对齐粘贴下层标高结构柱后再修改结构柱类型的方式完成结构柱布置，到此完成别墅酒店项目结构柱布置操作。保存该项目文件，或打开随书文件"第 7 章 \ RVT \ 7-3-1. rvt"项目文件查看最终操作结果。

结构柱属于可载入族，可以通过载入不同的族类型生成不同样式的结构柱，例如要创建圆形结构柱可以载入圆形结构柱族后，采用相同的操作方式进行放置。

在结构专业设计时，矩形柱尽量布置在有墙的地方、一侧与墙平齐，矩形柱凸出墙面方向尽量朝向非公共空间、次要空间。在放置结构柱时，一般以结构柱底部所在标高作为结构柱布置工作视图。结构柱应按标高创建，分别创建一层至二层、二层至三层、三层至屋顶的结构柱。对于面积较大的项目，为方便协作还应将各标高结构柱单独保存为独立的文件，以方便协作和修改。

除创建垂直于标高的结构柱外，Revit 还允许用户创建任意角度的结构柱。如图 7-23 所示，在使用结构柱工具时，单击"放置"面板中"斜柱"按钮，并在选项栏中设置"第一次单击"和"第二次单击"时生成的柱的所在标高，在视图中绘制即可生成斜结构柱。

图 7-23

使用斜柱可以用于创建如图 7-24 所示复杂空间结构。

7.3.2　结构基础

竖向构件设计完成后，才能根据竖向结构构件的位置及其柱底轴力、弯矩、剪力确定基础的位置、尺寸。结构基础有独立基础、条形基础、桩基础、筏形基础、箱形基础、桩筏基础等。基础选型往往与地质条件相关，持力层埋深较浅且承载力满足上部建筑荷载，一般采用独立基础、条形基础；持力层埋深较深，一般采用桩基础；如果地下水位高于设计地下室底板，则要设计抗浮板。

由于在建筑 ±0.000m 标高下会走给水、排水、雨水、燃气、电力等管线，基础设计时标高一般比 ±0.000m 标高低 500mm 以下。别墅酒店项目持力层较深，基础采用桩基础的形式，基顶标高为建筑地坪标高下 600mm。

图 7-24

Revit 提供了独立基础、条形基础及筏形基础工具，用于创建不同形式的结构基础。接下来，继续为别墅酒店项目添加桩基础。

（1）接上节练习。切换至基础平面布置图。适当放大 1 轴线与 K 轴轴线交点位置。如图 7-25 所示，单击"结构"选项卡"基础"面板中"独立基础"工具，切换至"修改放置独立基础"上下文选项卡。

图 7-25

（2）依据结构计算 1 轴交 K 轴基础为桩基础，直径为 1300mm，桩长为 6000mm。在"属性"面板类型选择器族类型列表中选择"桩基础_混凝土_圆形桩：混凝土_1300"族类型。打开类型属性对话框，如图 7-26 所示，可以查看该桩基础半径为 650mm，设计桩长为 6000mm。不修改任何参数关闭类型属性对话框。

图 7-26

可以通过复制新建不同的族类型并调整半径参数的方式满足不同参数类型的桩基础设计要求。

（3）移动鼠标指针捕捉至 1 轴与 K 轴交点位置单击放置结构基础。Revit 会自动将该基础捕捉至已放置的结构柱底部并给出如图 7-27 所示警告。关闭该对话框，按〈Esc〉键两次退出对话框。

（4）重复上述操作步骤，完成别墅酒店项目其他结构基础。切换至三维视图，完成后结果如图 7-28 所示。保存该项目文件，或打开随书文件"第 7 章 \ RVT \ 7-3-2. rvt"项目文件查看最终操作结果。

图 7-27

与结构柱类似，独立基础属于可载入族，通过载入不同的基础族生成不同的基础类型。如图 7-29 所示为采用独立基础工具创建的放脚基础。

条形基础用于沿墙底部生成带状基础模型。单击选择墙即可在墙底部添加指定类型的条形基础。如图 7-30 所示，可以分别在条形基础类型参数中调整条形基础的坡脚长度、根部长度、基础厚度等参数，以生成不同形式的条形基础。条形基础属于系统族，可通过类型属性对话框中宽度、基础厚度等参数调整条形基础的尺寸。

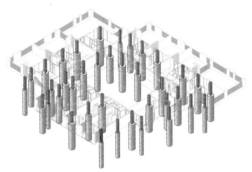

图 7-28

图 7-29

图 7-30

7.3.3 创建混凝土梁

梁是结构中重要的水平承重构件。结构梁分框架梁与次梁两种,框架梁连接竖向结构构件,承受来自次梁和板传递来的荷载,并将荷载传递给竖向结构构件;次梁承受来自板的荷载,并将其传递给框架梁。

在创建梁模型图元时需要严格根据结构设计需要按跨创建。Revit 提供了梁工具,用于创建不同的结构梁。通过载入不同的梁族可以创建钢结构梁、混凝土结构梁等图元。接下来,继续为别墅酒店项目创建梁图元。

(1) 接上节练习。切换至一层结构梁平面视图。适当放大 3 轴线 J ~ L 轴线间位置。如图 7-31 所示,单击"结构"选项卡"结构"面板中"梁"工具,切换至"修改放置梁"上下文选项卡。

(2) 如图 7-32 所示,确认"绘制"面板中梁绘制方式为"直线",其他参数参考图中所示。设置选项栏梁"放置平面"为"标高 F1(结构)",结构用途为"大梁",不勾选"三维捕捉"和"链"选项。

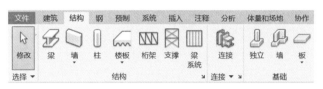

图 7-31　　　　　　　　　　　　　　　　　　图 7-32

(3) 在"属性面板"类型选择器中选择梁类型为"结构矩形截面混凝土梁:框架梁_矩形_混凝土_200×600";如图 7-33 所示,设置属性面板中梁"Y 轴对正"方式为"右",设置"Z 轴对正"方式为"顶",即梁顶与当前标高对齐。

(4) 如图 7-34 所示,移动鼠标指针捕捉至 3 轴线与 L 轴线交点结构柱左下方端点单击作为梁起点,沿垂直方向移动鼠标指针,Revit 将沿鼠标指针移动方向给出梁图元预览,直到捕捉至 3-J 轴线结构柱左上端点再次单击作为梁绘制终点,完成该梁绘制。

(5) 使用相同的方式完成本层其他梁绘制。切换至三维视图,如图 7-35 所示,单击"属性"面板"视图样板"参数按钮,打开"指定视图样板"对话框,在列表中选择"2 结构_梁_按大小"视图样板,完成后单击"确定"按钮退出"指定视图样板"对话框。

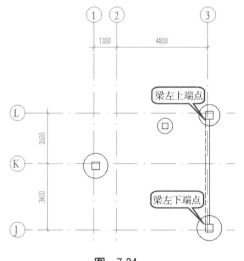

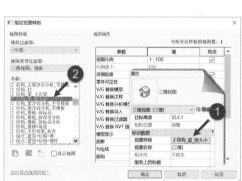

图 7-33　　　　　　　　图 7-34　　　　　　　　图 7-35

🔊 提 示

　　指定视图样板中的视图样板来自于项目样板。

(6) 此时三维视图中 F1 标高梁显示如图 7-36 所示,自动使用不同的颜色区分不同尺寸的梁图元。

🔊 提 示

　　为区分不同的梁尺寸,三维视图应用了"2 结构_梁_按大小"视图样板。

（7）配合使用复制到剪贴板对齐至选定标高工具，完成别墅酒店项目 F2、F3、RF 标高梁结构。布置完成后模型参见随书文件"第 7 章 \ RVT \ 7-3-3. rvt"项目文件查看最终结构。如图 7-37 所示。

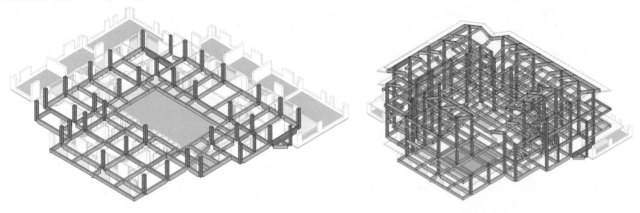

图 7-36　　　　　　　　　　　图 7-37

别墅酒店 RF 标高中屋顶部分梁为斜梁。要创建斜梁可在创建完成梁后，根据斜梁所在位置修改属性面板中"起点标高偏移"和"终点标高偏移"值即可，如图 7-38 所示。

除使用绘制的方式绘制梁外，还可以通过拾取线的方式创建梁，这种方式通常用于曲梁创建。

除使用梁工具外，Revit 还提供了支撑、梁系统和桁架工具，用于创建不同形式的梁。限于篇幅，本书不对这几种结构梁体系进行说明，请读者自行查阅其他书籍。

图 7-38

7.3.4　创建结构楼板

如图 7-39 所示，在"结构"选项卡"结构"面板中提供了"结构楼板"工具。使用结构板工具可以创建结构楼板。结构楼板的创建方式与建筑楼板完全相同，通过在楼层平面视图中绘制楼板的轮廓草图即可生成指定类型的结构楼板。在创建结构楼板时为确保结构板的准确性，应以每块结构板创建一个独立的板图元的方式进行结构板模型的创建。注意结构板需要根据竖向构件或基础与梁围成最小区域为一块独立结构板。

图 7-39

如图 7-40 所示，使用结构楼板工具为别墅酒店项目创建 F1 标高结构楼板。该标高各结构楼板厚度均为 120mm，并应用"2 结构_楼板-按标高"过滤器，以不同的颜色显示不同结构板的标高偏移值。注意结构板偏移以结构板面为基准。结构楼板创建步骤请参考第 4 章，在此不再赘述。完成后模型参见随书文件"第 7 章 \ RVT \ 7-3-4. rvt"项目文件查看最终结果。

这是 Revit 楼板创建最基础的方法，由于每块结构楼板需要单独创建，因此结构楼板数量很大，读者可结合基于 Revit 的二次开发建模插件（如建模大师、橄榄山等）快速生成结构楼板，然后再根据结构设计的要求对楼板进行局部调整完善以提高结构 BIM 模型设计效率。

7.3.5　创建结构屋顶板

结构屋顶板为结构竖直方向最顶端接触雨水空气的结构板，包含大屋面板、局部露天板、局部小屋面板。由于受到阳光照射、雨水侵蚀，屋顶

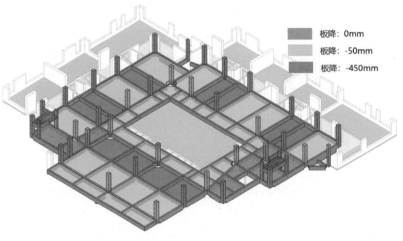

板降：0mm
板降：-50mm
板降：-450mm

图 7-40

板一般最小厚度做到120mm，钢筋双层双向布置。结构屋顶的轮廓及上表面标高均严格与建筑图一致。由于屋面建筑构造层比较多，屋面结构板之上建筑做法厚度往往不能确定，因此屋面（包括坡屋面、平屋面）在建筑专业设计中通常标注的标高为结构标高。

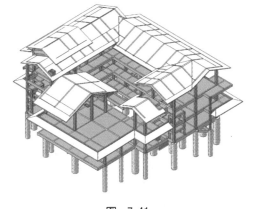

图　7-41

在Revit中，并没有提供"结构屋面"工具，要创建结构屋顶可以使用建筑专业中的迹线屋顶或拉伸屋顶来生成结构屋面。参考第4章中介绍的别墅酒店项目建筑专业屋顶的创建方式，创建结构专业屋顶。完成屋顶后结构模型如图7-41所示。读者可打开随书文件"第7章 \ RVT \ 7-3-5. rvt"项目文件查看最终操作结果。

Revit中，建筑柱与结构柱的顶面或底面可以附着至楼板、屋顶、梁、天花板、参照平面或标高等图元。如图7-42所示，选择要附着的柱图元，单击"修改柱"面板中"附着顶部/底部"再选择要附着的图元即可。

附着柱图元时，可以在如图7-43所示选项栏中指定附着样式为剪切柱、剪切目标或不剪切；通过设置选项栏中"附着对正"选项，指定柱附着至目标时参照结构柱的位置。

图　7-42

图　7-43

如图7-44所示为几种不同剪切方式及不同附着对正方式附着后的情况。柱附着至目标图元后，可单击"分离顶部/底部"按钮，将柱与目标图元分离，Revit将柱恢复至默认状态。

7.3.6　创建结构楼梯

楼梯为竖向通道，通过台阶和休息平台转折上下延伸，楼梯的空间关系非常复杂，由于结构楼梯还需要考虑结构承载，需要设置梯梁、梯柱，因此结构楼梯较建筑楼梯更为复杂。结构楼梯设计往往考虑不充分，经常导致设计错误，例如梯梁、梯柱直接挡住建筑门或窗；梯柱落到通道上影响通行；梯梁距离门窗位置不足导致门窗不能完全打开；结构楼梯与楼层结构冲突；甚至结构楼梯方位与建筑楼梯不一致等，在结构专业中创建结构楼梯并且进行空间分析非常必要。

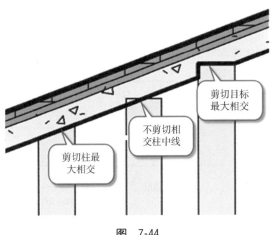

图　7-44

结构专业楼梯的创建过程与建筑楼梯的创建过程完全一致。别墅酒店项目由于结构采用框架结构，为了避免楼梯对柱子楼层中部的剪切破坏，框架结构楼梯采用滑动楼梯，梯板的低端不连续、低端放置在支座上可滑动。

以别墅酒店项目1号楼梯为例，对照建筑专业模型该楼梯休息平台建筑标高为1.800m，则结构标高为1.750m。该楼梯平台板厚度为120mm，楼梯梯梁截面尺寸取200mm×400mm，梯柱截面尺寸为200mm×400mm，选择结构梯柱的平面位置时注意不要影响门窗安装。

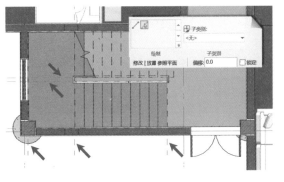

图　7-45

（1）接上节练习或打开随书文件"第7章 \ RVT \ 7-3-5. rvt"项目文件，切换至F1（结构）结构平面图。适当放大1号楼梯间位置。如图7-45所示，使用参照平面工具，使用拾取线的方式，确认选项栏偏移值为0.0，依次拾取建筑专业模型中楼梯各参照平面，在当前结构专业模型中创建结构楼梯参照平面。

（2）为减少建筑专业模型的干扰，应将建筑模型在当前视图中隐藏。由于该视图中应用了视图样板，因此无法通过"可见性\图形替换"对话框修改视图可见性。如图7-46所示，单击"属性"面板视图样板参数按钮，打开"指定视图样板"对话框，在列表中选择"无"，即不再对当前视图应用视图样板。完成后单击"确定"按钮退出"指定视图样板"对话框。

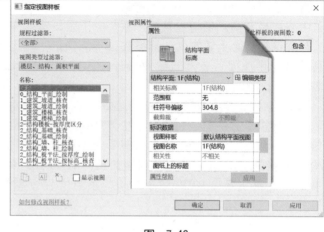

图 7-46

> 🔊 **提 示**
>
> 视图样板设置为"无"后仍然保持设置前的显示状态，但允许用户对视图显示进行自由控制。

（3）打开"可见性\图形替换"对话框，切换至Revit链接选项卡，不勾选建筑专业BIM设计文件的文件名称。单击"确定"按钮退出"可见性\图形替换"对话框，将在当前视图中隐藏建筑专业模型。

（4）首先创建梯柱。使用结构柱工具，在类型选择器中选择结构柱类型为"结构矩形截面混凝土柱：矩形柱_混凝土_200×400"，确认结构柱放置形式为"垂直柱"；设置选项栏结构柱的生成方式为"高度"，到达标高为"未连接"，设置"未连接"高度值为1800，其他参数默认。如图7-47所示，使用空格键旋转结构柱方向在休息平台位置放置结构柱，配合使用临时尺寸标注工具及对齐工具修改结构柱位置。

（5）选择上一步骤中创建的两根梯柱，修改属性面板"顶部标高"。

（6）接下来，创建休息平台梯梁。使用梁工具，在类型选择器中选择梁类型为"结构矩形截面混凝土梁：框架梁_矩形_混凝土_200×400"，如图7-48所示，确认"属性"面板中"Z轴对正"方式为顶，"Z轴偏移值"为1800，其他参数默认。按图中所示位置绘制结构梁，配合使用对齐工具，将梁边缘分别与结构柱边缘、建筑休息平台边缘参照平面对齐。

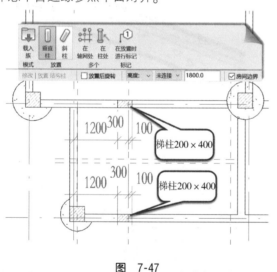

图 7-47

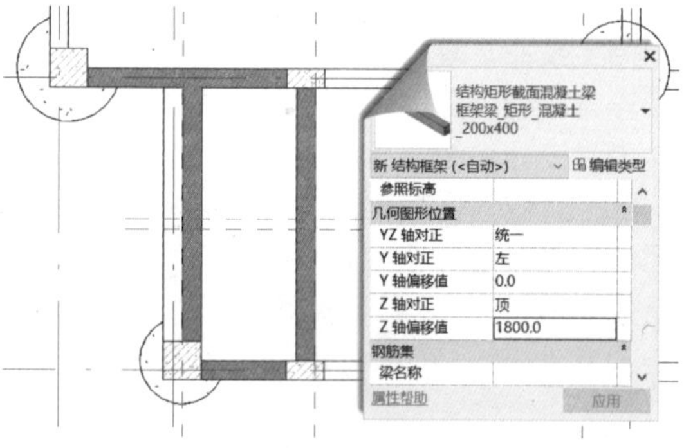

图 7-48

> 🔊 **提 示**
>
> 注意当前梁所在工作平面为F1（结构）标高，因此需要偏移1800mm，以满足比建筑标高低50mm的设计要求。

（7）接下来创建休息平台板。使用结构板工具，使用"结构楼板_混凝土_120"沿上一步骤中创建的梯梁确定的休息平台范围沿梯梁内侧边缘绘制结构板轮廓草图；确认"属性"面板中"自标高的高度偏移"值为1800mm，即在当前F1结构标高之上1800mm处创建结构板。

（8）接下来继续创建楼梯休息平台位置的滑动支座。滑动支座按挑板考虑，悬挑长度为一个踏步宽即280mm，厚度取为150mm。使用结构板工具，使用"结构楼板_混凝土_150"按如图7-49所示位置完成滑动支座的创建。

（9）完成梯柱、梯梁、休息平台及滑动支座后结果如图7-50所示。

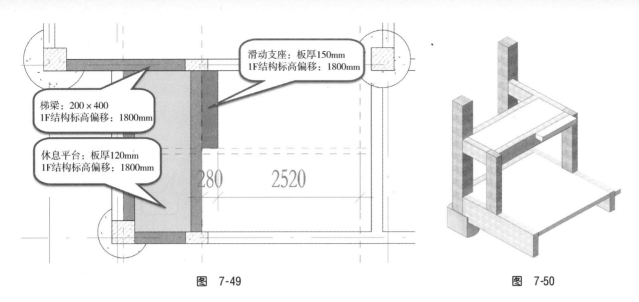

图 7-49   图 7-50

创建好休息平台后，接下来使用楼梯工具分段创建楼梯梯段，连接楼层与休息平台。首先创建 F1 标高至 1.750m 标高梯段。

（10）切换至 F1（结构）结构平面视图。使用楼梯工具，确认当前绘制方式为"梯段"；在类型选择列表中确定当前梯段类型为"现场浇注楼梯：结构楼梯_ 混凝土_ 280 × 180_ 100"，打开"类型属性"对话框，如图 7-51 所示，单击"类型属性"对话框中"梯段类型"及"平台类型"参数后浏览按钮可分别查看该类型中"梯段类型"属性及"平台类型"属性。在这里不做任何修改单击"确定"按钮退出"类型属性"对话框。

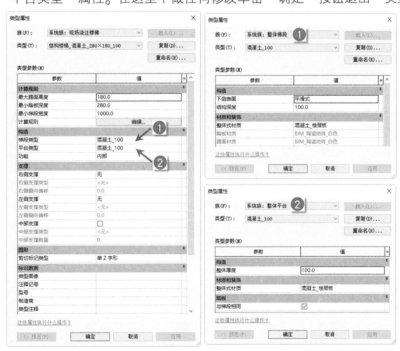

图 7-51

（11）如图 7-52 所示，在属性面板中设置梯段"底部标高"为 F1（结构），"底部偏移"值为 0；设置"顶部标高"为 F1（结构），"顶部偏移"值为 1800。继续修改"所需踢面数"为 11，注意此时楼梯实际踢面高度为 163.6mm，满足设计规范要求。

（12）如图 7-53 所示，单击"工具"选项卡中"栏杆扶手"按钮，设置楼梯扶手类型为"无"。使用梯段绘制工具，设置选项栏梯段"定位线"为"梯边梁外侧：右"，偏移值设置为 0，设置实际梯段宽度为 1350mm，不勾选"自动平台"选

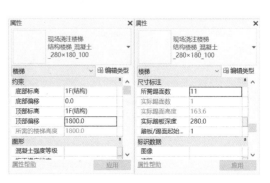

图 7-52

项。按图中所示起点和终点方向绘制梯段，完成后单击"完成编辑模式"按钮完成第一段楼梯编辑。

（13）重复上述步骤，如图7-54所示，修改"属性"面板"底部偏移"值为1800，顶部标高设置为F2，修改顶部偏移值为0，其他参数不变。采用相同的梯段绘制参数，绘制第二段结构楼梯梯段。

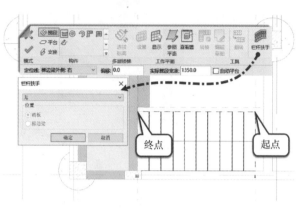
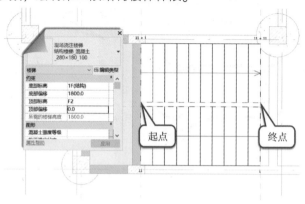

图 7-53 　　　　　　　　　　　　　　图 7-54

（14）如图7-55所示，在"构件"面板中切换至"平台"构件，设置绘制方式为"创建草图"，使用矩形绘制方式在梯段结束位置与梁之间绘制矩形草图轮廓。注意属性面板中当前平台类型为"整体平台：混凝土_100"，确认"相对高度"值为1800，完成后单击"完成编辑模式"按钮两次完成第二段楼梯编辑。

（15）切换至三维视图，完成后结构楼梯如图7-56所示。

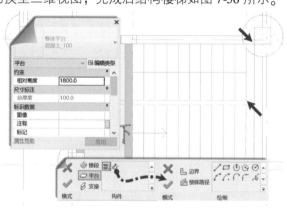
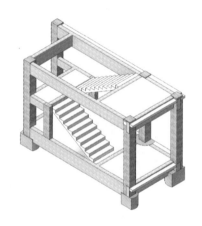

图 7-55 　　　　　　　　　　　　　　图 7-56

（16）选择F1所有结构楼梯、梯梁、梯柱、休息平台结构板及滑动支座结构板，如图7-57所示，使用成组工具创建模型组，将组命名为"1号结构楼梯"，不勾选"在组编辑器中打开"选项，单击"确定"按钮完成楼梯组。

（17）选择上一步中创建的"1号结构楼梯"组图元，按键盘〈Ctrl + C〉键复制到剪贴板。切换至F2结构平面视图，使用"粘贴"下拉列表中"与当前位置对齐"工具对齐粘贴1号结构楼梯组中所有图元。

（18）接下来需要为F2标高的第一段楼梯创建滑动支座。使用结构板工具，设置板类型为"结构楼板_混凝土_180"，设置属性面板"自标高的高度偏移"值为0，按如图7-58所示位置绘制结构板轮廓，轮廓边缘分别与框架梁、梯段边缘及第二级踏步边缘对齐。

图 7-57 　　　　　　　　　　　　　　图 7-58

（19）切换至三维视图，完成后 1 号楼梯如图 7-59 所示，在图中打开建筑专业设计的楼梯，可以看到建筑专业楼梯作为面层与结构专业楼梯组成了完整的楼梯设计成果。

（20）重复上述操作步骤，结合建筑设计完成 2 号楼梯间结构楼梯布置。保存该项目文件，或打开随书文件"第 7 章 \ RVT \ 7-3-6. rvt"项目文件查看最终操作结果。

结构楼梯的创建过程与建筑楼梯完全相同，由于结构楼梯中包含梯梁、梯柱、支座等结构图元，因此可采用柱、梁、板、楼梯工具分段组合的方式进行设计，完成最终的结构楼梯模型。

图 7-59

7.3.7 放置预埋套管

为配合机电专业管线排布的要求，需要在结构梁上开洞以便于穿过管线。在结构设计中梁开孔的尺寸和位置应满足以下要求：

（1）孔洞的位置应尽可能设置于剪力较小的跨中 $l/3$ 区域内，必要时可设置于梁端 $l/3$ 区域内。圆孔尺寸及位置应满足表 7-1 中的要求。

表 7-1

地区	e_0/h	跨中 $l/3$ 区域			梁端 $l/3$ 区域			
		d_0/h	h_c/h	S_3/h	d_0/h	h_c/h	S_2/h	S_3/d_0
非地震	≤ 0.1	≤ 0.4	≥ 0.3	≥ 2.0	≤ 0.3	≥ 0.35	≥ 1.0	≥ 2.0
地震区	（偏向拉区）	≤ 0.4	≥ 0.3	≥ 2.0	≤ 0.3	≥ 0.35	≥ 1.5	≥ 3.0

（2）如图 7-60 所示，对于 $e_0/h \leq 0.2$ 及 150mm 的小直径孔洞，圆孔的中心位置应满足 $-0.1h \leq e_0 \leq 0.2h$（负号表示偏向受压区）和 $S_2 \geq 0.5h$ 的要求，对于抗震设计，圆孔梁塑性铰位置宜向跨中转移 $1.0h$ 的距离。

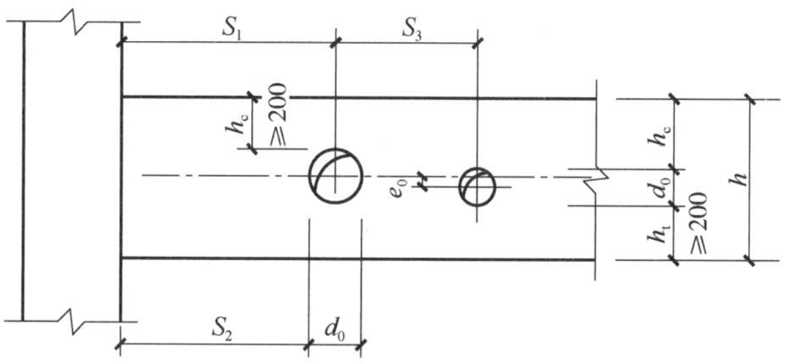

在结构底板梁上有多根管线穿梁，需在梁上预埋套管。预埋套管产生的梁上开洞需满足上面的要求。可以使用"洞口"工具为梁开洞，使用"构件"工具配合开洞套管族为梁添加套管。

图 7-60

如图 7-61 所示，使用"按面"洞口工具，拾取要开洞的梁侧表面，进入洞口轮廓草图编辑状态，根据需要绘制洞口轮廓草图，完成后将在梁上生成洞口图元。

使用"构件"工具，配合随书样板中提供的"梁上套管_钢套管"族，可以放置穿梁预埋钢套管，结果如图 7-62 所示。具体操作步骤不再详述。

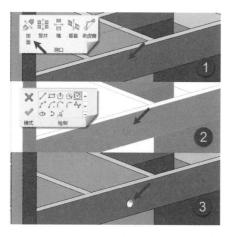

图 7-61

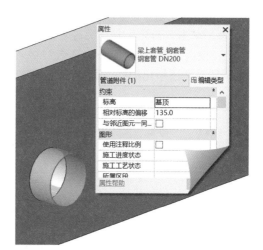

图 7-62

结构开洞及套管布置操作简单，可以配合使用基于 Revit 的二次开发工具中的自动开洞等工具完成洞口布置及套管放置，再对洞口位置进行检查可大大提高工作效率。

7.4　结构模型分析

　　结构构件的尺寸需要通过结构分析计算最终确定，在结构计算软件中需要创建结构分析模型，并在结构分析模型上加载相关荷载才能实现计算分析，计算软件分析的基础载体就是结构专业模型。在完成结构专业 BIM 设计模型后，可以将结构专业 BIM 设计模型导入结构计算分析软件中生成计算模型，从而解决了以往在设计软件中花费大量时间创建结构计算模型在设计出图中又无法使用计算模型的问题，避免了重复建模工作。

　　Revit 创建完成结构专业模型后，可以导入至 Midas 等结构分析计算软件中，以便于完善结构设计工作的计算分析流程。

　　Midas NFX 是 MIDAS IT（万达斯）公司自主研发的多物理场仿真和优化设计软件，软件基于传统 FEM 原理开发。Midas NFX 拥有人性化的图形界面，集结构、热、流体分析于一体，可进行建模、网格划分、有限元边界施加、求解以及后处理等全过程仿真，是一个高度集成化的分析平台。通过 Midas NFX，用户能够在一个界面下完成所有的操作，包括线性/非线性静力分析、模态/屈曲分析、热传递/热应力分析、线性动力分析、非线性动力（隐式和显式积分法）、多体动力学分析（MBD）、疲劳分析、复合材料分析、CFD 分析等。

　　Revit 模型可通过 ".sat" 格式进入到 Midas 软件中。创建完成结构专业 BIM 模型后，切换至三维视图，如图 7-63 所示，单击 "文件" → "导出" → "CAD 格式" → "ACIS（SAT）"，弹出 "SAT 导出设置" 对话框。

　　如图 7-64 所示，在弹出的 "SAT 导出设置" 对话框中，可以对要导出的视图进行设置。设置完成后单击 "下一步" 按钮，指定导出文件的存储位置。

图　7-63

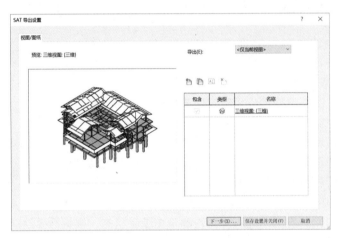

图　7-64

　　启动 Midas NFX 2020 R1 软件，单击左上角软件新建按钮，如图 7-65 所示，在弹出的 "分析设置" 对话框中填写项目名称，然后单击 "确定" 按钮完成项目创建。

　　如图 7-66 所示，使用 Midas "几何" 选项卡 "导入" 工具，弹出 "打开 CAD 文件" 对话框。注意设置模型长度单位为 mm，浏览至已导出的 ".sat" 格式文件打开，则模型导入 "Midas NFX 2020 R1" 软件中。

图　7-65

图　7-66

　　如图 7-67 所示为在 Midas 软件中导入的结构模型状态。可以在该模型的基础上，对结构模型进行分析。

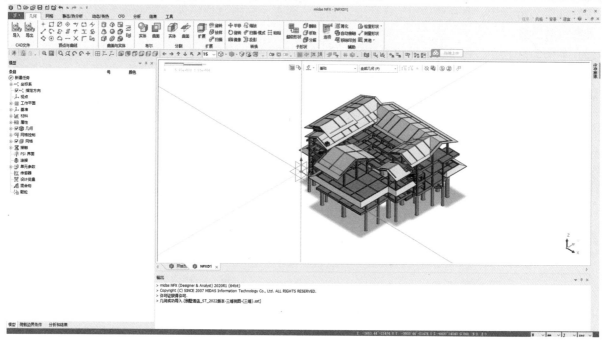

图 7-67

盈建科和 PKPM 结构计算软件原理类似，各自均开发了与 BIM 模型相互传导的软件。其中盈建科开发的软件为 REVIT-YJKS 4.2.0×64 FOR Revit 安装程度，BIM 模型可导入结构计算软件中，结构计算的模型和结果可传回 BIM 模型中。

7.5 钢筋深化

混凝土受力构件（柱、梁、板等）经过结构计算分析可以得到构件的配筋，配筋包含纵筋、箍筋。混凝土构件也有非受力钢筋，不需计算，仅仅满足规范的构造要求即可。依据计算结果和规范可进行混凝土构件的钢筋深化。Revit 提供了钢筋工具，可以为柱、梁、板、剪力墙等结构构件添加钢筋。

使用钢筋工具可以为结构柱创建箍筋、纵筋。以别墅酒店项目 F1 标高 10 轴线与 A 轴线交点处结构为例，计算后结构柱箍筋与纵筋均采用 HRB400 级钢筋，纵向 8 根直径 20mm 的钢筋，箍筋采用矩形复合箍，外围大箍、中部横竖向一肢拉筋，下部加密区箍筋直径 8mm、间距 100mm，上部加密区箍筋直径 6mm、间距 100mm，非加密区箍筋直径 6mm、间距 200mm。配筋图如图 7-68 所示。

接下来以该结构柱为例，为结构柱创建三维钢筋。在放置钢筋前，需要先对结构图元的钢筋保护层进行设置。为简化操作首先创建主筋，再创建箍筋。

（1）接上节练习，或打开随书文件"第 7 章 \ RVT \ 7-3-6. rvt"项目文件，切换至 F1（结构）视图。适当放大 10 轴线与 A 轴线交点处结构柱位置。选择该结构柱，在视图中隔离显示该结构柱图元。选择结构柱图元，如图 7-69 所示，在属性面板中可以查看该结构柱的钢筋保护层厚度设置为"钢筋保护层 1〈25mm〉"。对于别墅酒店项目，梁柱杆的钢筋保护层厚度应为 20mm，板墙壳的钢筋保护层厚度应为 15mm。

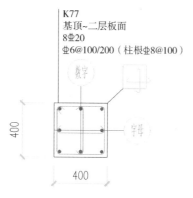

图 7-68

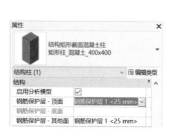

图 7-69

147

（2）如图7-70所示，展开"结构"选项卡"钢筋"面板，单击"钢筋保护层设置"选项，打开"钢筋保护层设置"对话框。

（3）如图7-71所示，在"钢筋保护层设置"对话框中找到"钢筋保护层1"，修改其"说明"列名称为"GB50010一类（梁柱杆）"，修改"设置"列值为"20"；单击"添加"按钮，添加名称为"GB50010一类（板墙壳）"，"设置"列值为"15"的新保护层。完成后单击"确定"按钮关闭"钢筋保护层设置"对话框。

图 7-70

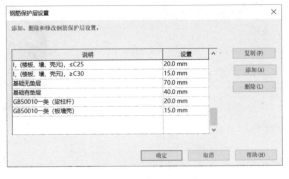

图 7-71

（4）再次查看结构柱图元属性面板中钢筋保护层设置已修改为"GB50010一类（梁柱杆）〈20mm〉"，保护层设置满足混凝土结构设计规范要求。

（5）单击"钢筋"选项卡"钢筋"工具，由于在当前项目中未载入任何钢筋族，弹出如图7-72所示的提示对话框，提示用户需要对钢筋的弯钩进行设置。单击"确定"按钮，继续提示当前项目中未载入钢筋形状族，是否立即载入，选择"是"按钮，浏览至随书文件"第7章\RFA"目录中，将所有钢筋形状族载入至当前项目中。

（6）载入完成后进入"修改放置钢筋"上下文选项卡。如图7-73所示，在"放置方法"面板中确认当前放置的方式为"展开以创建主体"；确定"放置平面"为"当前工作平面"；设置放置方向面板中钢筋放置的方式为"垂直于保护层"；在"钢筋集"面板中，设置"布局"的方式为"单根"；单击选项栏"启动/关闭钢筋形状浏览器"按钮 <u>...</u>，打开钢筋形状浏览器面板。

图 7-72

图 7-73

（7）如图7-74所示，在"钢筋形状浏览器"面板中选择箍筋形状"钢筋形状：09"；在属性面板类型选择器中选择钢筋类型为"20 HRB400"。

（8）移动鼠标指针至结构柱截面，Revit将显示保护层范围并显示钢筋预览，如图7-75所示，沿保护层位置放置8根主钢筋。完成后按〈Esc〉键退出钢筋放置状态。

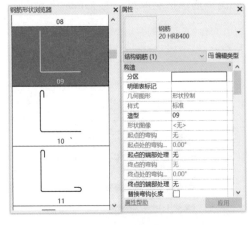

图 7-74

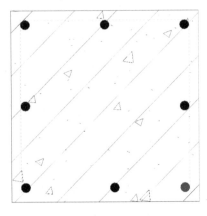

图 7-75

（9）选择上一步骤中创建的所有钢筋图元，单击属性面板中"视图可见性状态"选项，打开"钢筋图元视图可见性状态"对话框，如图 7-76 所示，勾选激活三维视图类型中"清晰的视图"和"作为实体查看"选项。完成后单击"确定"按钮退出"钢筋图元视图可见性状态"对话框。

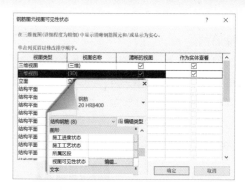

（10）切换至三维视图，注意在三维视图中已用三维的形式突出显示钢筋。隔离显示结构柱与钢筋，如图 7-77 所示。选择任意一根钢筋，单击"修改结构钢筋"上下文选项卡"约束"面板中"编辑约束"工具，进入钢筋约束修改状态。

图 7-76

（11）修改钢筋底部长度，距离结构柱底部 200mm，单击"完成"按钮完成对钢筋约束的修改。重复上述方式，完成其他钢筋约束的修改，注意根据相关混凝土规范的要求，底部钢筋距离结构柱底部不应完全相同。完成后结果如图 7-78 所示。

（12）切换至 F1 结构平面视图。使用钢筋工具，如图 7-79 所示，在"放置方法"面板中确认当前放置的方式为"展开以创建主体"；确定"放置平面"为"当前工作平面"。在"钢筋集"面板中，设置"布局"的方式为"间距数量"，修改数量值为 8，间距为 200；在选项栏中设置钢筋形状为"钢筋形状：33"，该钢筋开关为单支箍筋。在属性面板类型选择器中选择钢筋类型为"8 HRB400"。

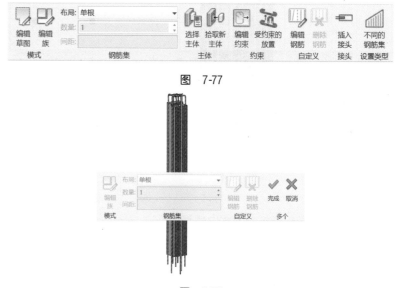

图 7-77

图 7-78

（13）移动鼠标指针至结构柱位置，Revit 将生成钢筋预览，移动鼠标指针将修改钢筋弯钩的位置，当弯钩位于右上方时单击放置箍筋。继续通过钢筋预览调整钢筋弯钩的位置，当弯钩位于左下方时单击放置箍筋，结果如图 7-80 所示。

图 7-79

（14）修改钢筋的三维显示方式为"清晰的视图"和"作为实体查看"，切换至三维视图，选择其中一组箍筋，单击"编辑约束"按钮进入钢筋约束编辑状态，单击选择结构柱底面，将显示当前钢筋与该位置距离值，修改该值为 –100，单击"完成"按钮完成约束编辑，如图 7-81 所示。

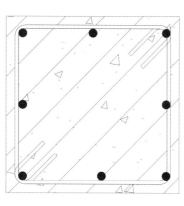

图 7-80

图 7-81

（15）重复上述操作，修改另一组箍筋约束值为 -200。完成后结果如图 7-82 所示，此时完成了柱底部加密区箍筋的绘制。

（16）重复上述操作，使用类似的方式，完成柱中部非加密区及顶部加密区的箍筋。其中，柱中部非加密区放置参数修改数量值为 4，间距为 400，距离底部约束为 -1550；柱顶部加密区放置参数修改数量值为 6，间距为 200，距离底部约束为 -2950。

（17）切换至楼层平面视图。使用钢筋形状为"钢筋形状：02"，在属性面板类型选择器中选择钢筋类型为"8 HRB400"，如图 7-83 所示，布置箍筋，并参考上述约束参数进行修改，完成柱箍筋布置。

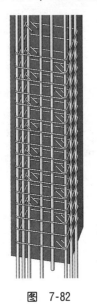

图 7-82

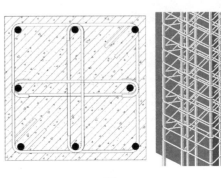

图 7-83

🔊 提示

  放置时使用空格键可以旋转钢筋方向。

（18）可以根据结构设计需要，对任意钢筋形式进行进一步编辑。以纵筋为例，如图 7-84 所示，选择要编辑的钢筋，单击"修改钢筋"上下文选项卡"模式"面板中"编辑草图"工具，将进入钢筋草图编辑模式，可以通过修改钢筋草图改变钢筋形式。

（19）到此完成结构柱钢筋布置操作。保存该项目文件或打开随书文件"第 7 章 \ RVT \ 7-5-1. rvt"项目文件查看最终操作结果。

使用类似的方式，可以创建结构专业模型中梁、板、基础、剪力墙等任意部位的实体钢筋。如图 7-85 所示为某大型商业综合体项目中复杂结构节点的钢筋深化模型，用于协调型钢柱中钢结构的预制开孔。

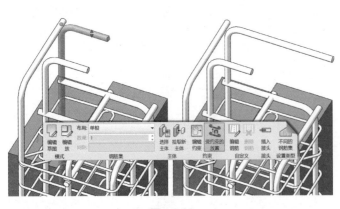

图 7-84

图 7-85

在钢筋类型属性对话框中，如图 7-86 所示，可以对对钢筋各项参数进行进一步设置。单击"弯钩长度"参数，打开"钢筋弯钩长度"对话框。

在如图 7-87 所示的"钢筋弯钩长度"对话框中，可对当前类型钢筋可以使用的弯钩类型及长度进行设置。

图 7-86

图 7-87

在布置钢筋时，应严格遵守《混凝土结构设计规范》（GB 50010—2010）（2015 年版）的要求。例如，创建梁纵筋时，纵筋的形式应按如图 7-88 所示进行设置。

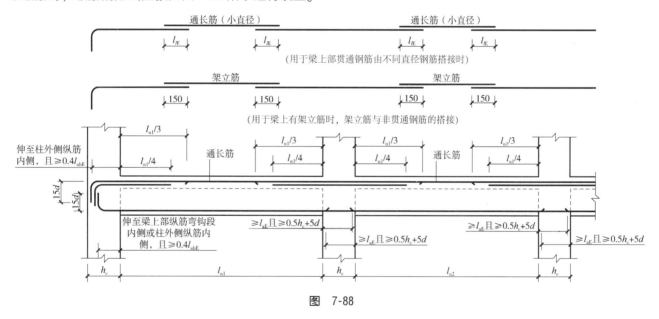

图 7-88

如图 7-89 所示为采用依据《混凝土结构设计规范》（GB 50010—2010）（2015 年版）创建的结构梁钢筋的示例。

除使用形状钢筋外，还可以使用 Revit 提供的自由形式钢筋创建具有自由形式几何图形的钢筋。如图 7-90 所示，使用自由形式的钢筋既可以对齐至指定表面，也可以沿结构构件的表面自由放置，这样可以完成诸如楼梯底板斜面上的受力钢筋布置。

图 7-89

图 7-90

7.6　给其他专业提资

结构专业设计不只是本专业受力计算、配筋、满足规范要求等，更为重要的是配合其他专业，优化设计专业间的问题。尽量使其对建筑功能的影响最低，结构荷载应考虑各专业的重量、活载、偶然荷载等，承载满足要求。

结构设计最先确定初步的竖向构件布置，竖向构件在设计前期就要提资给建筑专业，让建筑专业评估竖向构件的位置及尺寸对建筑平面布置的影响是否在合理的范围内，如果有竖向构件对建筑功能有明显的影响，就要协调解决方案。一般协调原则有以下几点：

（1）由于结构体系的限制，结构竖向构件布置受限，位置不能调整，则建筑平面布置依据结构竖向构件调整，或者建筑平面布置不做调整，方案报业主确定。

（2）结构重新配合建筑确定竖向构件的位置及尺寸，计算复核确定最终方案。

当完成结构构件布置时，可以保存为独立的提资文件，建筑专业通过链接的方式即可接收结构给出的三维模型。在第3章创建建筑柱时，即模拟了该模式。不过，所链接的结构模型为已经完成的结构专业模型。

一般结构专业还需向水、暖、电专业提资，前期提资竖向构件，管线专业好确定走向，一般管线不穿竖向构件，特殊情况有风管穿剪力墙，但是穿墙的位置及尺寸管线专业需和结构专业协调确定。中后期结构专业需向管线专业提资平面布置、降板、梁系布置、梁尺寸及标高，管线专业好确定标高。

所有的专业提资均应基于BIM模型文件，各专业之间可采用链接的方式进行相互协同工作。完整的BIM设计，对于提升设计质量、实现建筑行业节能低碳有重要作用。

7.7　本章小结

本章讲解了基于BIM的结构设计的一般过程，结构专业BIM设计过程同样从标高轴网定位文件开始，与建筑专业不同的是作为建筑的下游专业，通常可以采用链接的形式利用建筑专业已经形成的成果，并参考建筑专业继续进行结构设计。结构专业模型的创建过程与建筑专业模型的创建过程基本一致，不同的是结构专业模型中均会包含配筋信息，且在结构专业模型中可以导出至结构计算软件中进行结构分析计算，并根据结构设计要求可绘制三维钢筋模型。

后续章节将继续基于已有的模型，完成图纸、视图的生成工作，以满足设计出图的要求。

前面介绍了如何使用 Revit 的建模功能创建建筑、结构设计模型，并完成了别墅酒店项目的三维结构 BIM 设计模型。在本章中将继续使用前面完成的别墅酒店建筑、结构 BIM 模型，利用 Revit 的视图、注释功能，将设计 BIM 模型转换为 BIM 设计图纸。

本章将介绍如何控制和修改施工图中所需的各类视图，修改视图中各图元的投影、截面线型，并向视图中添加尺寸标注、文字注释等信息，以实现图纸的表达。

8.1　对象样式设置

要将 BIM 模型转换为满足二维设计图显示要求的形式，需要对视图中的线型、线宽、线样式进行定义。在 AutoCAD 中通过使用图层来实现各类线型的定义和显示，Revit 放弃了图层的概念，采用"对象类别与子类别"系统替代图层进行建筑信息模型的组织和管理。Revit 中各图元实例都隶属于"族"，而各种"族"则隶属于不同的对象类别，如墙、门、窗、柱、楼梯这些实际建筑中存在的模型对象类别，以及标注、文字、符号等注释对象类别。以别墅酒店项目为例，所有窗图元实例都属于"窗"对象类别，而每一个"窗"对象，都由更详细的"子类别"图元构成，如洞口、玻璃、框架/竖梃等，这种图形对象管理方式实际上是把建筑对象进行拆解，并和实际建筑的构成方式保持一致，然后分门别类进行管理，这与"建筑信息模型"的概念达到了很好的统一。

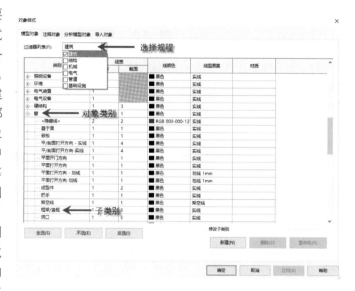

图　8-1

Revit 中主要通过"对象样式"及"可见性/图形替换"工具来实现上述管理方式。"对象样式"工具可以全局查看和控制当前项目中"对象类别"和"子类别"的线宽、线颜色、线型图案和材质等，如图 8-1 所示。"可见性/图形替换"则可以在各个视图中对图元进行针对性的可见性控制、显示替换等操作。

规程是 Revit 用于区分不同设计专业间模型对象类别而设置的。Revit 支持显示的规程有建筑、结构、机械、电气、管道、基础设施共六种。在过滤器列表中可以选择所需要的规程，过滤掉其他规程中的模型对象。

接下来分别介绍如何设置线型与线宽以及对象样式。

8.1.1　设置线型样式与线宽

通过设置项目中对象的线型、线宽可以控制各类模型对象在视图中投影线或截面线的图形表现。"线宽"和"线型"的设置适合于所有类别的图元对象。"线型"是由一系列基本单元沿线长度方向重复形成的线型图案。而"线宽"则反映视图中生成的线的打印宽度值。

在 Revit 中主要通过"线样式""线宽""线型图案"三个工具来达到设置线型与线宽的目的。"线宽"工具用来设定图形的打印宽度，"线型图案"用来设定线型，"线样式"则是综合"线宽"、"线型图案"及"线颜色"几个条件的线样式组合。

下面以别墅酒店项目中的轴网为例，说明设置线型样式的一般步骤。

（1）打开随书文件"第 8 章 \ RVT \ 8-1-1. rvt"项目文件，切换至 F1 楼层平面视图。选择任意轴网图元，打开"类型属性"对话框，如图 8-2 所示，当前轴网"轴线末段填充图案"线型名称为"Grid Line"，"轴线末段宽度"值为 1。不修改任何参数单击"确定"按钮退出"类型属性"对话框。

（2）如图 8-3 所示，在"管理"选项卡"设置"面板"其他设置"下拉列表中单击"线型图案"，打开"线型图案"对话框。

图 8-2　　　　　　　　　　　　图 8-3

（3）在"线型图案"对话框列表中显示了当前项目中所有可用的线型。如图 8-4 所示，在列表中找到"Grid Line"线型图案名称，单击"编辑"按钮打开"线型图案属性"对话框。

（4）如图 8-5 所示，在"线型图案属性"对话框列表中修改"名称"为"GB 轴网线"；在线型图案定义中，定义第 1 行类型为"划线"，值为 12mm；设置第 2 行类型为"空间"，值为 3mm；设置第 3 行类型为"圆点"，值为空；设

图 8-4　　　　　　　　　　　　图 8-5

置第 4 行类型为"空间"，值为 3mm。设置完成后单击"确定"按钮返回"线型图案"对话框。再次单击"确定"按钮退出"线型图案"对话框。

◀) 提示

线型图案必须以"划线"或"圆点"形式开始，"圆点"图案不必设置长度值。线型类型"值"均指打印后图纸上的长度值。在视图不同比例下，Revit 会自动根据视图比例缩放线型图案。

（5）在视图中选择任意轴线，打开"类型属性"对话框。注意轴网"轴线末段填充图案"线型名称已修改为"GB 轴网线"。单击"确定"按钮退出"类型属性"对话框。

（6）单击"管理"选项卡"设置"面板中"其他设置"下拉列表，在列表中选择"线宽"选项，打开"线宽"对话框。

（7）如图 8-6 所示，可以在"线宽"对话框中分别为模型线宽、透视视图线宽和注释线宽进行设置。Revit 共为每种类型的线宽提供 16 个设置值。根据《房屋建筑制图统一标准》（GB/T 50001—2017）在制图中通常使用细线、中粗线、粗线三种线宽。只需要对"线宽"列表中前三个代号进行定义即可。分别修改 1 号线宽值为 0.18mm，2 号线宽值为 0.25mm，3 号线宽值为

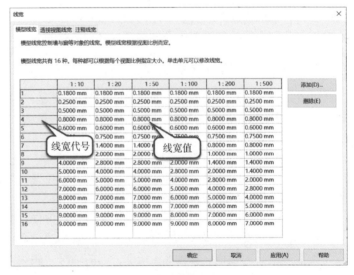

图 8-6

0.5mm。在本项目中为了突出立面轮廓粗线线宽，设置 4 号线宽值为 0.8mm。

（8）切换至"透视视图线宽"和"注释线宽"选项卡，选项中分别列举了模型图元对象在透视图中显示的线宽和注释类别图元（如尺寸标注、详图线等二维对象）的线宽设置。同样以 1～16 代号代表不同的线宽，按照如图 8-7 所示，按"模型线宽"的设置值修改"注释线宽"选项卡中 1～4 号线宽值。完成后单击"确定"按钮退出"线宽"对话框。

（9）选择任意轴网图元，打开"类型属性"对话框。查看轴网"轴线末段宽度"线宽代号为"1"，表示轴网线的打印宽度值为 0.18mm（细线），注意由于轴网图元属于注释类别，因此会采用"线宽"对话框中的"注释线宽"中各线宽代号的打印宽度设置。单击"确定"按钮退出"线宽"对话框。保存该文件，或参见随书文件"第8 章 \ RVT \ 8-1-1 完成 . rvt"项目文件查看最终结果。

在"模型线宽"选项卡中，可以分别指定各代号线宽在不同视图比例下线宽的打印宽度值。通过"添加"或"删除"按钮可向列表中添加或删除指定的视图比例并设置在该视图比例下各代号线宽的值。

Revit 会自动根据视图比例在视图中缩放显示线型图案和线宽，以保障最终出图打印时不同比

图 8-7

例下线型图案和线宽完全相同。项目中的线型和线宽设置继承于项目样板并随项目文件一同存储。为避免在不同项目中多次设置调整线型、线宽这类基础信息，可以在项目样板中定义和设置这些内容。

8.1.2 对象样式设置

在 BIM 设计出图时，不同的对象需要显示为不同的线型或线宽值，以满足图纸打印的要求。例如在建筑平面视图中，墙剖切线应显示为粗线，墙投影线应显示为细线，楼梯投影线应显示为中粗线等。可以针对 Revit 中的各对象类别和子类别分别设置截面和投影线型与线宽，来调整模型在视图中的显示样式。下面以别墅酒店项目为例设置对象样式，调整各类别对象在视图中的显示样式。

（1）接上节项目文件，切换至 F2 楼层平面视图。单击"管理"选项卡"设置"面板中"对象样式"按钮，打开"对象样式"对话框。

（2）确认当前选项卡为"模型对象"选项卡。如图 8-8 所示，在过滤器列表中选择"建筑"，过滤显示所有属于建筑规程中的对象类别。浏览至"楼梯"类别，确认"楼梯"类别"投影"线宽代号为 2，修改"截面"线宽代号为 2，即楼梯投影和被剖切时其轮廓图形显示和打印均为 2 号线宽（中粗线）；确认"线型图案"为

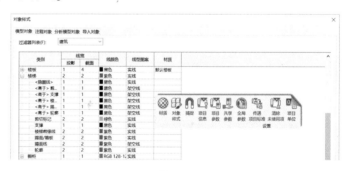

图 8-8

"实线"，修改线颜色为"紫色"。单击"楼梯"类别前"+"展开楼梯子类别，修改"剪切标记"投影及截面线宽代号为 2，线颜色为"绿色"；分别修改楼梯各子类别颜色为"紫色"，投影及截面线宽代号为 2，其他参数不变。

🔊 提 示

楼梯为模型对象，线宽值为"模型线宽"中设置的线宽值。

（3）如图 8-9 所示，切换至"注释对象"选项卡。展开楼梯路径子类别，分别修改楼梯路径子类别"向上箭头"和"向下箭头"颜色为"绿色"，确认线宽值为 1，即细线，其他参数不变。单击"确定"按钮退出"对象样式"对话框。

提 示

楼梯路径为注释对象，线宽值为“注释线宽”中设置的线宽值。

（4）Revit 按对象样式重新显示视图中楼梯图元。如图 8-10 所示，切换至其他楼层平面视图，观察 Revit 已经更新各视图中的楼梯显示样式。

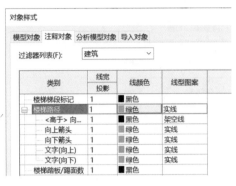

类别	线宽 投影	线颜色	线型图案
楼梯梯段标记	1	黑色	
楼梯路径	1	绿色	实线
<高于> 向...	1	黑色	架空线
向上箭头	1	绿色	实线
向下箭头	1	绿色	实线
文字(向上)	1	绿色	实线
文字(向下)	1	绿色	实线
楼梯踏板/踢面数	1	黑色	

图 8-9

图 8-10

提 示

线宽显示需要取消细线模式 ，否则在细线模式下所有线宽均为细线。

（5）切换至 F2 楼层平面视图。打开“对象样式”对话框，切换至“模型对象”选项卡，修改墙投影线宽为 1，截面线宽为 2。展开“栏杆扶手”类别，如图 8-11 所示，修改“扶手”子类别中“〈高于〉顶部扶栏”“顶部扶栏”等各子图元颜色为“黄色”，投影和截面线宽均为 1。修改“窗”类别、“门”类别及“幕墙竖梃”类别颜色为“青色”，修改投影及截面线宽均为 1。

（6）切换至“注释对象”选项卡。修改类别列表中“轴网标头”类别颜色为“绿色”，修改线宽为 1。设置完成后单击“确定”按钮退出“对象样式”对话框。

（7）Revit 按对象类型设置值重新显示视图中图元。如图 8-12 所示，注意轴网标头中圈轮廓颜色修改为绿色，轴网标头文字的颜色不变。切换至南立面视图，注意立面视图中图元对象投影样式同样被修改。

类别	线宽 投影	线宽 截面	线颜色	线型图案	材质
栏杆扶手	1	1	黄色	实线	
<隐藏线>	1	1	黄色	实线	
<高于> 扶手	1	1	黄色	架空线	
<高于> 栏...	1	1	黄色	架空线	
<高于> 顶...	1	1	黄色	架空线	
扶手	1	1	黄色	实线	
扶栏	1	1	黄色	实线	
支座	1	1	黄色		
栏杆	1	1	黄色	实线	
终端	1	1	黄色		
顶部扶栏	1	1	黄色	实线	

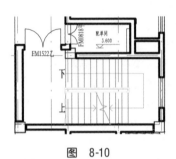

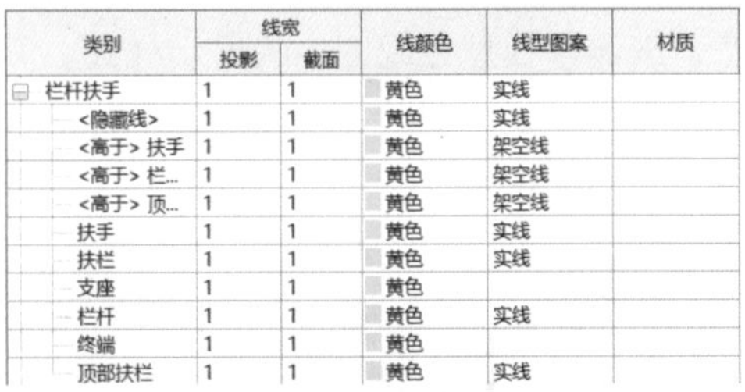

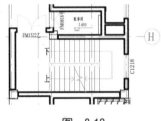

图 8-11

图 8-12

（8）使用类似的方法根据出图的显示要求设置其他对象的显示方式。保存该文件，或参见随书文件“第 8 章\RVT\8-1-2.rvt”项目文件查看最终结果。

通过“对象样式”对话框对项目中所有对象的线型、线宽及颜色进行默认显示样式设置，该设置会影响项目中所有视图中对象的默认显示。Revit 也可以针对特定视图或视图中特定图元设置显示样式。

如图 8-13 所示，在视图中单击“视图”选项卡“图形”面板中“可见性/图形替换”工具或通过按键盘默认快捷键“VV”打开

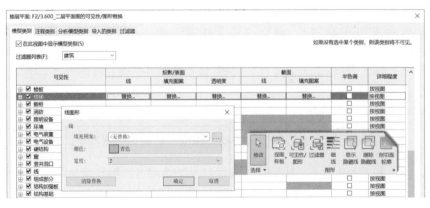

图 8-13

"可见性/图形替换"对话框。在该对话框中，可以对当前视图中任意模型类别、注释类别图元的线型和填充图案等进行设置。该设置仅针对当前视图有效。

如需要对视图中特定的图元进行显示线型、线样式的设置，可以选择图元后右击鼠标，如图8-14所示，在弹出右键菜单中选择"替换视图中的图形→按图元"选项，可以打开"视图专有图元图形"对象样式设置对话框。在该对话框中可以分别修改表面及截面线型的可见性、线宽、颜色和线型图案。限于篇幅不再赘述，请读者自行尝试相关操作。

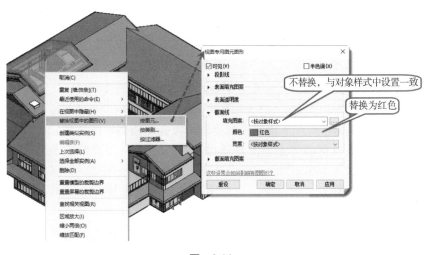

图 8-14

8.2 视图控制

视图是查看项目的窗口。视图按显示类别可以分为平面视图、立面视图、剖面视图、详图索引视图、三维视图、图例视图和明细表视图共7大类视图。除明细表视图以明细表的方式显示项目的统计信息外，这些视图显示的图形内容均来自于项目三维设计模型的实时剖切轮廓截面或投影，可以在视图中添加尺寸标注、文字等注释类信息。

在完成BIM设计后，可以通过对视图的显示范围、视图符号、视图过滤器等进行定义，使得视图中的显示满足图纸表达要求。本节介绍的所有内容均可随同项目样板一同存储。

8.2.1 管理显示范围

如图8-15所示，在"视图"选项卡"创建"面板中提供了所有视图的创建方式。在本书前述章节中已经使用这些工具创建了楼层平面、天花板平面、结构平面、剖面、详图索引几类视图。

图 8-15

除绘图视图和图例视图外，其他视图具有一些通用的属性，例如视图的显示比例、显示范围等。通过视图底部的视图控制栏可以对视图的显示进行设置。可以通过视图裁剪设置视图中显示的BIM模型的范围，如图8-16所示为剖面视图中视图裁剪范围控制。在属性面板中可以控制在视图中是否启用裁剪视图功能，以及裁剪区域边界在视图中是否可见。视图裁剪的范围以实线的方式显示，通过拖拽控制夹点可以修改裁剪的范围。

除视图裁剪外，还可以控制是否启用注释裁剪。注释裁剪范围在视图中以虚线显示，注释裁剪用于控制视图中文字、尺寸标注等注释信息的显示范围。启用注释裁剪后，只有完全在注释裁剪范围框内的注释图元才会显示在视图中，否则将隐藏注释图元。

启用视图裁剪后，单击边界中视图截断符号 ∱，可以在水平或垂直方向上截断视图。Revit允许多次截断视图区域，并可分别调整截断后视图区域的裁剪边界，调整各截断视图区域的显示范围。如图8-17所示为别墅酒店项目用于绘制墙身大样的剖面视图中使用截断视图功能仅在视图

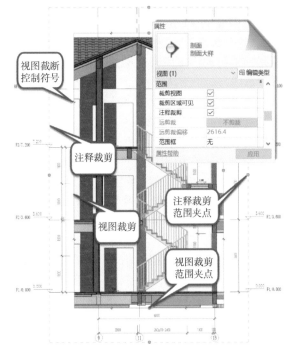

图 8-16

中保留了 F1、F2 标高与 RF 标高范围内的图元。在处理墙身大样视图时会经常使用视图截断功能来省略中间标准层部分的重复做法。当截断视图区域边界重合时，Revit 将删除截断视图，合并截断区域恢复为原始视图状态。选择截断视图边界，在截断视图内显示"移动视图区域"符号↕，可以移动视图区域的位置。

在 Revit 中平面视图的产生都是通过一个水平面剖切建筑并投影而成的，这与实际中工程制图的原理相符合。控制视图的剖切位置、剖切后投影的可见范围是通过"视图范围"工具来实现的，每个楼层平面视图和天花板平面视图都具有"视图范围"属性，该属性也称为可见范围。"视图范围"由"主要范围"和"视图深度"两部分构成。在第 1 章中详细介绍了楼层平面视图以及天花板视图的视图范围设置，读者可参考第 1.4.1 节相关内容。

在平面视图中，Revit 将使用"对象样式"中定义的投影线样式绘制属于视图"主要范围"内未被"剖切面"截断图元，使用截面线样式绘制被"剖切面"截断的图元；对于"视图深度"范围内图元使用"线样式"对话框中定义的〈超出〉线子类别绘制。在"管理"选项卡"设置"面板"其他设置"下拉列表中单击"线样式"，打开"线样式"对话框。如图 8-18 所示，在线样式对话框中，可以查看和定义〈超出〉线子类别的线宽、线颜色及线型图案。可在项目中绘制模型线或在视图中绘制详图线时选择线样式对话框中列举的各项子类别名称，以满足绘图表达的需求。

注意并不是"剖切面"平面经过的所有主要范围内图元对象都会显示为截面，只有允许剖切的对象类别才可以绘制为截面线样式。

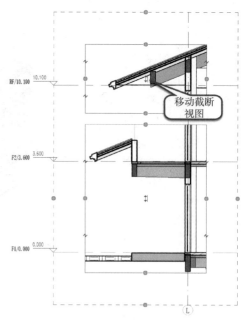

图 8-17

可以为楼层平面视图及天花板视图设置底图，以便于在设计时参考其他已完成的视图设计内容。如图 8-19 所示，在视图属性面板"底图"中指定要参考的"底部标高"及"顶部标高"范围，并通过"基线方向"指定该范围内的图元在当前视图中的显示方向为"俯视"或"仰视"。例如，如果想在 F2 层平面图中看到 F1 层平面图的模型图元，可以将"范围：底部标高"设置为"F1/0.000"，"范围：顶部标高"将自动设置为当前标高即"F2/3.600"，并设置"基线方向"为"俯视"，这样即可在 F2 视图中查看 F1 标高的所有已完成的图元。位于"底图"范围内的所有图元在当前平面视图中均以半色调显示。

单击"管理"选项卡"设置"面板"其他设置"下拉列表，在列表中选择"半色调/基线"选项，打开如图 8-20 所示"半色调/基线"对话框。在该对话框中，可以设置替换基线视图的线宽、线型填充图案，是否应用半色调显示以及半色调的显示亮度等。

"半色调"的亮度设置同时将影响不同规程和"显示模型"方式为"作为基线"显示时图元对象在视图中的显示方式。"规程"即项目的专业分类。项目视图的规程有建筑、结构、机械、电气、卫浴或协调。Revit 将根据视图规程亮显属于该规程的对象类别，并以半色调的方式显示不属于本规程的图

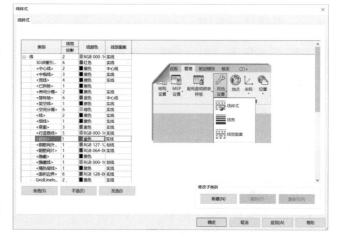

图 8-18

图 8-19

图 8-20

元对象，或者不显示不属于本规程的图元对象。比如选择"电气"将淡显建筑和结构类别的图元，选择"结构"将隐藏视图中的非承重墙。

除使用"视图范围"对话框定义视图的显示范围外，Revit还提供了"平面区域"工具，用于设置视图中控制指定区域范围内的视图深度。如图 8-21 所示，在"视图"选项卡"平面视图"下拉列表中，选择平面区域，Revit 将进入"修改 | 创建平面区域边界"上下文选项卡。使用绘制工具绘制封闭的轮廓区域后，可以单击属性面板中"视图范围"单独指定该区域的视图范围。该功能通常用于在楼层或天花板平面中创建局部视图范围不同的区域。

图 8-21

在第 5 章介绍楼梯时通过在三维视图中调整剖面框范围实现楼梯间三维剖切显示。如果要快速查看所选择模型图元的三维剖切视图，可以在任意视图中选择模型图元，单击修改上下文选项卡"视图"面板中"选择框"工具 ，即可快速生成局部三维视图，通过调整剖面框大小继而修改局部三维视图范围大小，在此不再赘述，请读者自行尝试。

8.2.2 定义视图符号

无论何种视图均可以根据设计的需要对其进行类别管理。例如，可以将平面视图划分为防火分区、施工图出图等不同功能的视图类别。在第 5.1.1 节以及第 6.1.1 节中分别介绍了如何创建楼梯剖面的剖面视图类别和房间布置楼层平面类别的视图类型。可以在创建视图时通过视图类型属性中设置不同的类型名称对视图进行管理。该方法在 Revit 中属于通用的视图类别管理模式。以剖面视图为例，Revit 提供了两种系统族：剖面及详图视图。可以通过单击"类型属性"中的"复制"按钮为不同的族创建不同的视图符号类型。在使用不同类型的视图符号生成视图时，Revit 将自动创建与该符号名称相同的视图类别，如图 8-22 所示。定义不同的视图类别后，可以根据各视图的功能实现对视图更好的组织和管理，有利于 BIM 出图和管理。

在 Revit 中，允许用户自定义剖切符号、立面符号、详图索引标头等符号信息。以剖切面符号为例，如图 8-23 所示，单击"管理"选项卡"设置"面板中"其他设置"下拉列表，在列表中选择"注释→剖面标记"选项，打开剖面标记类型属性对话框。

图 8-22

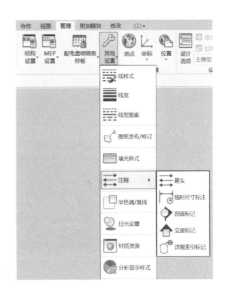

图 8-23

如图 8-24 所示，可以在系统族"剖面标记"类型属性对话框中定义不同的剖面标记类型，例如图中所示的"出图剖面"类型，并为该类型剖面标记分别指定"剖面标头"和"剖面线末端"所采用的剖面标记符号族。在项目浏览器"族"列表中可以找到所采用的族。

如图 8-25 所示，在创建剖面时可以在剖面类型属性对话框"剖面标记"中指定剖面标记类型。该剖面标记决定了在绘制剖面时的剖面符号的样式。

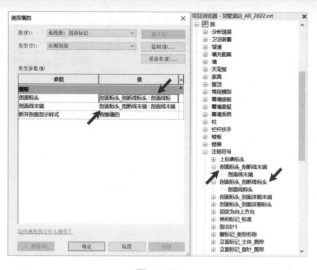

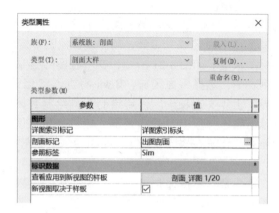

图 8-24　　　　　　　　　　　　　　　　　　　　图 8-25

在视图中使用该剖面符号定义创建的剖面标记如图 8-26 所示。

使用"公制剖面标头.rte"族样板，可以自定义任意形式的剖面标头族，以满足不同设计规范中不同的剖面线符号表达方式。立面符号、详图索引符号的定义与剖面符号的定义过程类似，均遵守"族"嵌套至"符号"再嵌套至"视图符号"的规则。掌握这个规则可以实现在完成基于 Revit 生成符合任意图纸规范的图纸表达。关于视图符号族的定义请读者参考本系列其他教程，在此不再赘述。

图 8-26

8.2.3　控制图元显示

可以控制图元对象在当前视图中显示或隐藏，用于生成符合施工图设计需要的视图。可以按对象类别控制对象在当前视图中显示或隐藏，也可以显示或隐藏所选择图元。在别墅酒店项目中，各楼层平面视图中的楼板显示并不符合我国施工图制图标准，需调整视图中各图元对象的显示，以满足施工图的要求。

以 F1/0.000 楼层平面视图为例，单击"视图"选项卡"图形"面板中"可见性/图形"工具，打开"可见性/图形替换"对话框。与"对象样式"对话框类似，"可见性/图形替换"对话框中按模型类别、注释类别、分析模型类别、导入的类别和过滤器分为 5 个选项卡。如图 8-27 所示，在"模型类别"选项卡中展开"楼梯"类别，去除"〈高于〉剪切标记""〈高于〉支撑""〈高于〉楼梯前缘线""〈高于〉踢面线"和"〈高于〉轮廓"子类别可见性复选框。

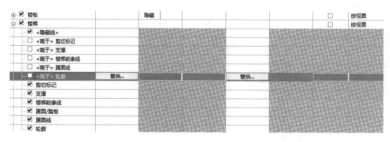

图 8-27

使用类似的方式去除"栏杆扶手"类别中"〈高于〉扶手踢面线""〈高于〉栏杆扶手截面线"和"〈高于〉顶部扶栏"子类别可见性复选框。Revit 将在当前视图中隐藏未被选中的对象类别和子类别中所有图元。

切换至"注释类别"选项卡，去除参照平面、参照线、参照点类别可见性复选框。设置完成后单击"确定"按钮退出"可见性/图元替换"对话框。注意视图中楼梯显示为如图 8-28 所示。

使用"可见性/图形替换"对话框除可以控制视图中图元对象的显示外，还可以控制替代当前视图中图元的表现方式。使用

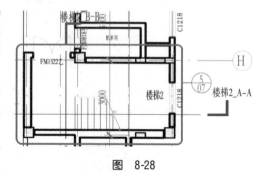

图 8-28

链接工具链接结构模型，切换至 F2/3.600 楼层平面视图，适当放大视图中任意结构柱，默认结构柱在视图中被剖切后截面填充图案显示为结构柱材质中定义的"截面填充图案"——混凝土图案。打开"可见性/图形替换"对话框，过滤器列表中勾选"结构"类别。如图 8-29 所示，在"模型对象"选项卡模型列表中选择"结构柱"类别，单击"截面填充图案"中"替换"按钮，弹出"填充样式图形"对话框。勾选"前景""背景"可见复选框，修改"填充图案"样式均为"实体填充"，"颜色"均为"黑色"，完成后单击"确定"按钮返回"可见性/图形替换"对话框。注意视图中所有结构柱截面均显示为涂黑填充样式。

图 8-29

打开"可见性/图形替换"对话框，切换至"注释对象"选项卡，去除参照平面、参照点、参照线、剖面、立面对象的可见性，隐藏视图中参照平面等注释对象。完成后单击"确定"按钮退出，隐藏视图中所有参照平面、立面符号和剖面符号对象。

要在视图中快速隐藏图元，可以在视图中选择需要隐藏的图元，通过鼠标右键弹出的快捷菜单按类别进行隐藏，其作用与在"可见性/图形替换"对话框中按对象类别在视图中隐藏图元功能相同。由于在 BIM 设计中添加的剖面符号会显示在所有相关立面或剖面中，可以切换至立面或剖面视图，选择任意剖面，右击，在弹出如图 8-30 所示右键菜单中选择"在视图中隐藏→类别"选项，隐藏视图参照平面对象类别。在右键快捷菜单中选择"在视图中隐藏→图元"选项，则可在视图中隐藏所选择的图元，以便于更灵活地根据设计出图的需要控制视图中显示的图元。例如，在别墅酒店项目中可以采用这种方式隐藏立面、剖面视图中不需要出现的轴网图元。

使用右键菜单可以隐藏所选择的图元。

隐藏图元后，可单击视图底部视图控制栏中"显示隐藏的图元"按钮 ，Revit 将淡显其他图元并以红色显示已隐藏的图元。选择隐藏图元，右击，在弹出的右键菜单中选择"取消在视图中隐藏→类别或图元"即可恢复图元显示。再次单击视图控制栏中"显示隐藏的图元"按钮返回正常视图模式。

"可见性/图形"与"临时隐藏/隔离"工具不同，临时隐藏的图元在重新打开项目或打印出图时仍将再次显示或打印出来，而"可见性/图形"工具中隐藏则是在视图中永久隐藏图元。要将"临时隐藏/隔离"的图元变为永久隐藏，可以在"临时隐藏/隔离"选项列表中选择"将隐藏/隔离应用于视图"选项。

图 8-30

8.2.4 应用视图过滤器

可以根据图元对象参数条件，使用视图过滤器按指定条件控制视图中图元的显示。在第 7.3.4 节介绍结构楼板时，在视图中为结构楼板应用了视图过滤器，以区别不同结构楼板的板面标高。可以根据指定的条件创建任意视图过滤器并应用到视图中，以便于突出所需要表达的信息。注意必须先创建过滤器才能在视图中使用过滤条件。

本书别墅酒店项目在样板中已创建了多个过滤器。如图 8-31 所示，单击"视图"选项卡"图形"面板中"过滤器"工具，打开"过滤器"对话框。在"过滤器"对话框左侧过滤器列表中列出了当前项目中已预设的所有过滤器名称。配合下方新建、复制、重命名、删除工具可以对过滤器列表中进行修改。在列表中找到并单击选择"B 降板 0-50"过滤器，注意在右侧"类别"栏对象类别列表中该过滤器作用的对象类别为"楼板"，在"过滤规则"列表中查看"过滤条件"包括两条：第 1 条为依据"楼板"对象的"自标高的高度偏移"参数值，判断条件为"大于或等于"，"大于或等于"值为"-50"；第 2 条同样依据"楼板"对象的"自标高的高度偏移"参数值，判断条件为"小于"，"小于"值为"0"。该过滤器的作用为查找项目中所有楼板类别图元中满足"自标高的高度偏移"属性值大于或等于 -50 且小于 0 的楼板图元。

图 8-31

"视图过滤器"不同于选择多个图元时上下文关联选项卡中的"选择过滤器"。

定义过滤器后必须将定义的过滤条件添加到视图的可见性图形替换中才能发挥作用。切换至任意楼层平面视图，打开"可见性/图形替换"对话框。切换至"过滤器"选项卡，该视图中已添加了多个过滤器，这些过滤器已在创建视图时随视图样板自动添加至当前视图中。如图 8-32 所示，选择"B 降板 0-50"过滤器，在当前视图中该过滤器表面填充图案已设置为淡绿色，且透明度设置为 10%。即在当前视图中，满足该过滤器条件的楼板图元表面将按设置的颜色和透明度显示。

在"过滤器"选项卡中，通过列表下方的添加、删除、向上、向下按钮对当前视图的过滤器进行修改。视图中可以同时指定多个视图

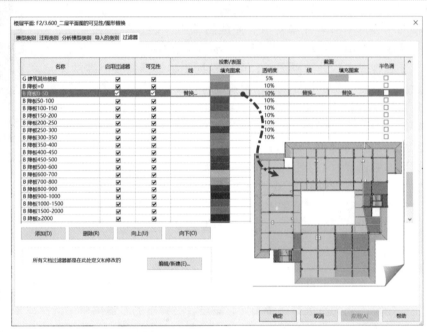

图 8-32

过滤器，当图元满足多个过滤器的过滤条件时，将优先按列表中第一个指定的过滤器设置的状态显示。使用视图过滤器可以根据过滤器参数条件自动匹配视图中符合条件的图元对象，控制对象的显示、隐藏及线型等。利用视图过滤器可根据需要突出强调表达设计意图，使图纸更生动、灵活。

注意定义过滤器后必须将其添加到当前视图的"可见性/图形替换"对话框中才能发挥作用，且添加的过滤器仅会对当前视图有效。要在其他视图中应用过滤器必须为每个视图单独添加。要实现批量或自动添加过滤器，可以通过定义"视图样板"功能实现为视图自动添加过滤器信息。

8.2.5 定义视图样板

使用"可见性/图形替换"对话框中设置的对象类别可见性及视图替换显示仅限于当前视图。如果有多个同类型的视图需要按相同的可见性或图形替换设置，可以使用 Revit 提供的视图样板功能将视图显示设置快速应用到其他视图。

以别墅酒店项目为例，切换至 F2/3.600 楼层平面视图。不选择任何图元，如图 8-33 所示，单击属性面板"视图样板"参数按钮，打开"指定视图样板"对话框。在名称列表中选择"0_建筑_平面-核查"，在右侧对话框中可以查看当前所选择视图样板所包含的视图属性设置参数，单击"确定"按钮将按视图样板中设置的视图比例、视图详细程度、"可见性/图形替换"设置等显示当前视图图形。

注意在视图中应用视图样板后，将不再允许用户对已包含在视图样板中的视图属性进行修改。

要定义视图样板，最常用的方式是定义完成视图的视图比例、对象可见性替换设置等各项显示控制属性后，如图 8-34 所示，单击"视图"选项卡"图形"面板中"视图样板"下拉选项列表，在列表中选择"从当前视图创建样板"选项，弹出"新视图样板"对话框输入视图样板名称即可建立视图样板。由于视图属性中底图范围不包含在视图样板的定义中，因此在应用视图样板后不会自动修改当前视图的"底图"范围的设置。

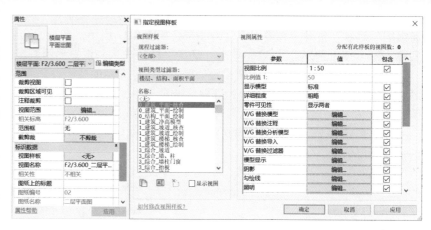

图 8-33

单击"视图"选项卡"图形"面板中"视图样板"下拉选项列表，如图 8-35 所示，在列表中选择"从当前视图创建样板"选项打开"视图样板"对话框。在该对话框中可以查看当前项目中所有已定义的视图样板，并对视图样板的各项定义进行修改。当修改视图样板时，所有已应用该视图样板的视图会同步变化。

图 8-34

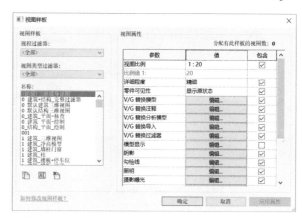

图 8-35

可以快速根据视图样板设置修改视图显示属性，在处理大量施工图时，无疑将大大提高工作效率。Revit 可以过滤不同的规程视图样板，包括建筑、结构、机械、电气、卫浴和协调。同时提供了不同的显示类型的视图样板，分别是"三维视图、漫游""天花板平面""楼层、结构、面积平面"和"立面、剖面、详图视图"。在使用视图样板时，应根据不同的视图类型设置好不同的视图样板。

在 Revit 中如果某个视图中的"视图属性"定义了视图样板，则视图样板与当前视图属性单向关联：即如果修改了"视图样板"里的设置，则定义了此样板的视图会根据样板设置发生变化，若将视图样板改为"无"，则该视图会保留上一次的视图样板相关设置。但是如果在视图中定义了视图样板，则无法单独修改视图的样式，对话框中的参数将显示为灰色。

在 Revit 视图底部视图控制栏中，还提供了"临时视图属性"工具，如图 8-36 所示，它允许用户不在视图属性中定义视图样板时，通过应用临时视图样板来预览显示应用视图样板后的视图显示状态。例如，可以通过启用临时视图样板查看当前视图在施工图时的状态。启用临时视图样板时不影响用户对视图的显示属性进行调整与修改。要关闭临时视图样板，单击菜单中"恢复视图属性"即可。

图 8-36

视图样板定义后可以存储在项目样板中作为项目启动的初始条件。合理的视图样板定义对于 BIM 设计出图来说大有裨益，通过定义项目样板作为企业层级的工作基础是设计企业三维 BIM 设计的基础工作之一。

8.2.6 组织项目浏览器

项目浏览器是 Revit 中浏览查看项目信息的重要窗口。可以自定义项目浏览器的组织形式，以方便组织和浏览项目视图信息和图纸信息。单击"视图"选项卡"窗口"面板中"用户界面"下拉列表，在列表中选择"浏览器组织"选项，打开"浏览组织"对话框，如图 8-37 所示。在视图选项卡中单击"新建"按钮输入浏览器组织名称，如"按比例分组显示"，单击"确定"按钮进入"浏览器组织属性"对话框。

如图 8-38 所示，可以根据需要设置项目浏览器中显示的成组过滤条件。Revit 将按对话框中从上至下的优先级顺序排列组合浏览器视图。在"过滤器"选项卡中，还可以根据指定的视图条件，过滤显示符合指定条件的视图。

按如图 8-38 所示设置的项目浏览器显示如图 8-39 所示，将按"浏览器组织属性"中设置的文件夹形式重新组织显示项目信息。

图 8-38

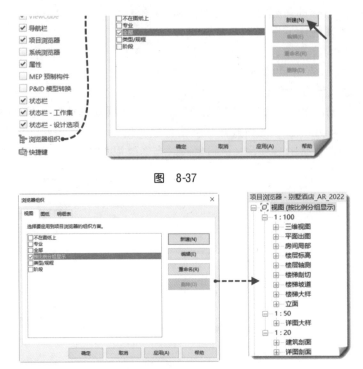

图 8-37

图 8-39

合理设置项目浏览器，可以在项目的不同阶段加快浏览项目信息。项目浏览器的设置并不复杂，读者可以自行根据设计操作习惯定制属于自己的浏览器显示方式。

8.3 使用注释工具

要完成 BIM 设计，除基于三维 BIM 模型生成平面、立面、剖面、大样等视图投影外，还需要在视图中补充尺寸标注、详图大样、二维详图、排水箭头、指北针等注释符号，并添加文字说明，才能完整表达设计意图。BIM 设计并非放弃二维表达方式，而是综合利用三维 BIM 模型的可视化、参数化特征结合二维图纸表达的灵活优势实现设计效率、成果优化的平衡，从综合层面实现降本增效。

Revit 提供了大量的二维注释工具，用于配合三维 BIM 模型完成图纸深化设计工作。

8.3.1 使用尺寸标注

尺寸标注是最常见的图纸注释信息。例如在平面视图中需要详细表述总尺寸、轴网尺寸、门窗平面定位尺寸，即通常所说的"三道尺寸线"，以及视图中各构件图元的定位尺寸。

Revit 提供了对齐标注、线性标注、角度标注、半径标注、直径标注、弧长标注共 6 种不同形式的尺寸标注工具，用于标注不同类型的尺寸线。如图 8-40 所示，在"注释"选项卡"尺寸标注"面板中可以找到这些尺寸标注工具。

对齐尺寸标注用于沿相互平行的图元参照（如平行的轴线之间）之间标注尺寸，而线性尺寸标注用于标注选定的任意两

图 8-40

点之间垂直或水平方向上的尺寸。与其他对象类似，要使用尺寸标注必须设置尺寸标注类型属性，以满足不同规范下施工图设计尺寸表达的要求。

以对齐尺寸标注为例，使用对齐尺寸标注工具，打开尺寸标注"类型属性"对话框，如图8-41所示，复制创建名称为"出图标注3.5mm"新类型。确认图形参数分组中尺寸标注类型参数中"标记字符串类型"为"连续"，"记号"为"对角线2mm"；设置"线宽"参数线宽代号为1，即细线；设置"记号线宽"为3，即尺寸标注中记号显示为粗线；确认"尺寸界线控制点"为"固定尺寸标注线"，设置"尺寸界线长度"为8mm，"尺寸界线延伸"长度为2mm，即尺寸界线长度为固定的8mm，且延伸2mm；设置"尺寸标注线延长"值为0；设置"颜色"为"绿色"；确认"尺寸标注线捕捉距离"为8mm，即生成尺寸线时，Revit会自动捕捉两道尺寸线间距为8mm。

> 🔊 **提示**
>
> 尺寸标注中"线宽"代号取自于"线宽"设置对话框中"注释线宽"选项卡中设置的线宽值。

在文字参数分组中，可以设置"文字大小"为3.0mm，该值为打印后图纸上标注尺寸的文字高度；设置"文字偏移"为0.5mm，即文字距离尺寸标注线偏移值为0.5mm；设置"文字字体"为"仿宋"，"文字背景"为"透明"，即在视图中显示被标注文字覆盖的模型图元；确认"单位格式"参数为"1235［mm］（默认）"，即使用与项目单位相同的标注单位显示尺寸长度值；不勾选"显示洞口高度"选项，确认"宽度系数"值为0.7，即修改文字的宽高比为0.7，如图8-42所示。

图 8-41　　　　　　　　　　　　图 8-42

完成尺寸标注的类型定义后，可以在视图中对图元进行标注。如图8-43所示，在使用尺寸标注时可以通过选项栏设置尺寸标注默认捕捉墙位置为"参照核心层表面"或"墙核心层中心线"；尺寸标注"拾取"方式为"单个参照点"或"整个墙"。当设置拾取的方式为"单个参照点"时可在视图中连续拾取要标注的图元，拾取完成全部图元后单击要放置尺寸的位置即可完成尺寸标注。当设置拾取方式为"整个墙"时，可以单击选项栏中"选项"按钮打开"自动尺寸标注选项"对话框，设置沿所拾取墙图元自动生成标注尺寸的对象。注意既可以设置拾取的方式为"整个墙"，也可以在标注时单击拾取要添加标注的图元。

放置尺寸线后，选择尺寸线，如图8-44所示，单击"修改"上下文选项卡中"编辑尺寸界线"工具继续向已

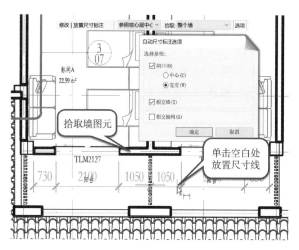

图 8-43

完成的尺寸标注添加或删除尺寸边界。当拾取新的图元时将添加尺寸界线；当拾取已标注的图元时，将删除尺寸界线。

放置尺寸线后可以通过拖拽文字优化调整文字与尺寸线的相对位置。如图 8-45 所示，按住并拖动"修改文字位置夹点"可修改尺寸文字的位置，不勾选选项栏"引线"选项可去除尺寸标注文字与尺寸标注原位置间引线。按住并拖动"修改捕捉对象夹点"可重新指定尺寸界线捕捉对象。

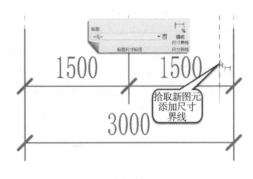

图 8-44

所有尺寸标注均可作为图元的参数化约束条件，选择图元后尺寸标注值变为可修改状态，通过修改尺寸标注的值可驱动修改图元的位置。可以使用"锁定""EQ 等分"的方式为图元添加尺寸约束。注意要通过尺寸标注修改图元位置需要选择图元后再修改尺寸标注值。

要拆分已标注的连续尺寸标注，可以通过按键盘〈Tab〉键选择要删除的尺寸标注区间，按键盘〈Delete〉键删除所选择的尺寸标注可将所选择的尺寸标注删除，原尺寸标注拆分为独立的尺寸标注，如图 8-46 所示。

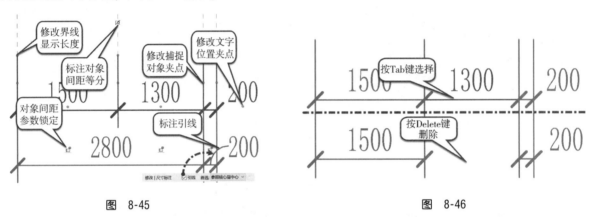

图 8-45

图 8-46

完成标注后，如果需要将尺寸标注复制到其他视图，选择要复制的尺寸标注，如图 8-47 所示，单击"复制到剪贴板"工具将所有尺寸标注图元复制到剪贴板，单击"粘贴"下拉列表，在列表中选择"与选定的视图对齐"选项，弹出"选择视图"对话框。在"选择视图"列表中选择要粘贴的视图即可。注意当目标视图中尺寸界线的位置没有可捕捉的图元时，Revit 会自动删除该尺寸界线。半径、角度等其他类型的尺寸标注的设置与对齐尺寸标注的设置类似，在此不再赘述。

🔊 提示

注意注释图元仅可粘贴至指定的视图。由于尺寸标注与图元紧密相关，在粘贴注释图元时，视图中不存在的图元的尺寸标注，Revit 不会进行粘贴。

在剖面视图中进行楼梯尺寸标注时，通常需要为尺寸标注添加楼梯踏步高度及数量信息。如图 8-48 所示，选择楼梯梯段标注，双击标注文字，弹出"尺寸标注文字"对话框。设置前缀为"163.6×11＝"，完成后单击"确定"按钮退出"尺寸标注文字"对话框。确认"尺寸标注值"为"使用实际值"，在"文字字段"中添

图 8-47

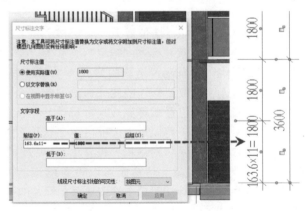

图 8-48

加"前缀"为"163.6×11="，将标注文字前加上一个前缀，修改后尺寸显示为"163.6×11=1800"，以满足楼梯梯段标注表达的需求。

也可以在"尺寸标注文字"对话框中，用文字替换的方式进行标注值替换。如图 8-49 所示，设置尺寸标注值方式为"以文字替换"，并在其后文字框中输入"163.6×11=1800"，完成后单击"确定"按钮退出"尺寸标注文字"对话框将替换尺寸标注的值。

尺寸标注类型参数中"记号标记"列表中显示当前项目中所有可用箭头族类型。单击"管理"选项卡"设置"面板中"其他设置"下拉列表中"注释"工具集，选择其中"箭头"选项可以打开箭头"类型属性"对话框，可以通过选择箭头样式、是否填充以及记号尺寸等参数的组合形成不同的箭头类型，如图 8-50 所示为"对角线2mm"的类型参数。

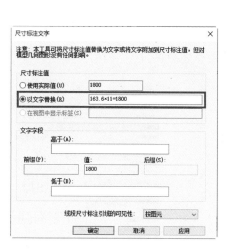

图 8-49

图 8-50

Revit 共提供了对角线、箭头、加重端点记号、圆点、立面目标、基准三角形、立方体、环共计八种系统箭头样式。可在箭头"类型属性"对话框中对这八种箭头样式进行定义。

8.3.2 添加高程点

在施工图平面图中除表达各构件定位尺寸关系外，还需标注当前平面所在楼层标高、室内外高差、屋顶排水坡度等信息。可以使用 Revit 提供的"高程点"工具在视图中自动提取构件高程。

以别墅酒店项目为例，要在楼层平面视图或立面视图中添加高程点标注，单击"注释"选项卡"尺寸标注"面板中"高程点"工具，打开高程点"类型属性"对话框，以"三角形（相对标高）"为基础，复制新建名称为"别墅酒店高程点标注"的新高程点类型。如图 8-51 所示，确认"高程基准"为"项目基点"，不勾选"随构件旋转"选项；设置高程点类型参数"引线箭头"为"实心箭头 30 度"，设置图形参数组中"引线线宽"和"引线箭头线宽"线宽代号为 1，即均为细线；设置高程点"颜色"为"绿色"，修改高程点"符号"为"高程点符号_三角引线：高程点"。设置文字参数组中"文字字体"为"仿宋"，设置文字大小为"3.5mm"，设置"文字距引线的偏移量"为"1.5mm"，设置"文字与符号的偏移量"值为"−6mm"，即高程点文字与高程点符号定位点偏移6mm。

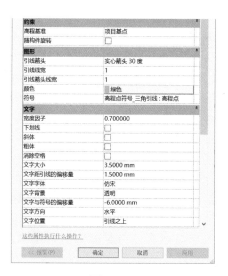

图 8-51

🔊 **提示**

符号用于设置高程点的符号标识，Revit 允许用户通过自定义族来自定义该标识。

如图 8-52 所示，单击"单位格式"参数后按钮，打开"格式"对话框。如图 8-50 所示，不勾选"使用项目设置"选项，设置高程点"单位"为"米"，设置"舍入"为"3 个小数位"，即高程点显示小数点后 3 位；设置单位符号为"无"，即不带单位；其他参数设置如图 8-50 所示。

在放置标高时，可以在选项栏中设置是否启用"引线"选项，即是否用引出的方式引出高程点的标注，可以设置"显示高程"为"实际（选定）高程"以及"顶部或底部标高"，结果如图 8-53 所示。

图 8-52

> 🔊 **提示**
>
> 如果设置高程点类型参数"高程基准"为"相对"时，还可以指定拾取点与选项栏"相对于基面"参数中所设置标高的相对高程值。

在标注 ±0.000m 标高时，需要在高程点标注中显示"±"号。打开高程点类型属性对话框，复制新建名称为"别墅酒店正负零高程"新类型，如图 8-54 所示，修改"文字与符号的偏移量"为"−8mm"，在高程指示器中，输入"±"，其他参数不变，确认"高程基准"设置为"项目基点"且"作为前缀/后缀的高程指示器"方式为"前缀"，即在高程点文字前显示 ±，且高程点值显示为项目高程（相对标高）；其他参数如图 8-54 所示。

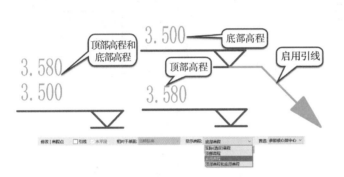

图 8-53

图 8-54

> 🔊 **提示**
>
> 由于在屋顶设置了排水坡度，因此拾取不同位置，显示的高程值也不相同。

8.3.3 添加坡度符号

在别墅酒店项目中，需要为屋顶标注排水坡度和排水方向。Revit 提供了"高程点坡度"标注工具，"高程点坡度"工具用于为带有坡度的图元对象生成坡度符号。该工具可以用于提取屋顶、楼板、梁及带斜面的族图元对象的坡度。

以 RF 楼层平面视图中的屋顶为例。单击"注释"选项卡"尺寸标注"面板中"高程点坡度"工具，打开高程点坡度"类型属性"对话框，复制新建名称为"别墅酒店-坡度"的新类型。如图 8-55 所示，设置类型参数

图 8-55

图 8-56

数"引线箭头"为"实心箭头 20 度"；设置"引线线宽"和"引线箭头线宽"线宽代号为 1；设置"颜色"为"绿色"，"坡度方向"为"向下"，即沿坡度降低方向绘制方向箭头；设置"引线长度"为 12.0mm，其他参数如图 8-55 所示。

单击"单位格式"设置按钮，打开"格式"对话框，如图 8-56 所示，在"格式"对话框中设置坡度单位

格式为百分比,设置舍入位数为"0 个小数位",设置单位符号为"%"。这样就可以按百分比的方式在视图中自动标注对象坡度值。

在 RF 楼层平面屋顶排水坡位置单击将沿排水方向自动绘制排水坡度符号,如图 8-57 所示。

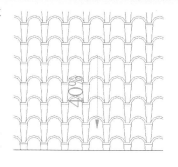

图 8-57

8.3.4 放置注释符号

通过前面的介绍可以看出,Revit 可以针对有高程和坡度表面自动提取高程值和坡度值,符号中的信息与模型是联动的。在建筑、结构设计中,通常需要对一些不希望自动提取高程或不便于进行坡度建模的位置进行标注,例如建筑标准层中的多层标高标注、卫生间、阳台等部位的较小坡度的排水找坡标注等,使用高程点和坡度符号工具进行符号标注会出现无法完成信息表达的障碍,此时可以通过在视图中添加二维符号的方式满足标注表达的要求。

下面以别墅酒店项目阳台为例。要在阳台添加 1% 排水坡度,由于在创建阳台模型时并未创建带坡度的楼板,因此需要使用注释符号的方式来手动生成坡度信息。单击"注释"选项卡"符号"面板中"符号"工具,自动切换至"放置符号"上下文关联选项卡,如图 8-58 所示。确认当前符号族类型为"排水符号:排水箭头",移动鼠标指针至需要标注坡度的位置单击放置坡度箭头符号,双击坡度箭头文字,修改排水坡度值为 1%,配合使用旋转工具旋转坡度箭头的方向,即可完成坡度箭头的绘制。

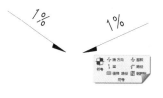

图 8-58

在使用"符号"工具时,必须载入指定的符号族。Revit 提供了"常规注释.rte"族样板文件,允许用户使用该族样板文件自定义任意形式的注释符号,比如指北针、索引符号、标高符号等。在 BIM 设计出图的过程中可以灵活运用一些二维图元来达到图面信息表达的目的,合理配合模型与符号标注能够简化模型创建过程,提高设计效率。

8.3.5 添加门窗标记

在添加门窗时可以自动为门窗生成门窗标记。Revit 还提供了"全部标记"及"按类别标记"工具,可以在任何时候为项目重新添加门窗标记。

使用"按类别标记"工具可以按照对象类别进行逐个标记,在进行标记时 Revit 会自动识别对象类别并为其附上符合类别的标记符号。如图 8-59 所示,单击"注释"选项卡"标记"面板中"全部标记"按钮,打开"标记所有未标记的对象"对话框,在"标记所有未标记的对象"对话框中列出了所有可以被标记的对象类别及其对应的标记符号族。在对话框中可以设置要生成的对象标记的范围,使用"当前视图中的所有对象"选项为当前视图当前项目中所包含的图元进行标记;"包括链接文件中的图元"选项除标记当前项目中的图元外,还将自动标注链接项目文件中的对象。在对象列表中勾选"门标记"和"窗标记"类别,设置门标记、窗标记所采用的标记族,则可进行项目中门窗的编号标注。

另外,可以使用"注释"选项卡"标记"面板中的"按类别标记"工具逐个对项目中的图元添加标记。在使用"按类别标记"时,需要先设置各类对象对应的标记族。如图 8-60 所示,单击"注释"选项卡"标记"面板名称黑色下拉三角形,展开标记面板。单击"载入的标记"选项打开"标记"对话框。在"标记"对话框中,列举当前项目中各对象类别所有可用的标记族。注意确认墙、窗和门类别分别设置标记为"别墅酒店_墙标记""别墅酒店_窗标记"和"别墅酒店_门标记"族。

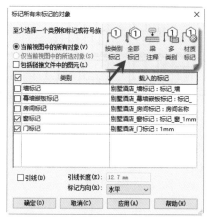

图 8-59

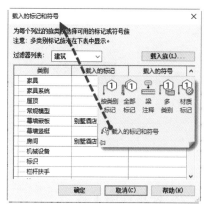

图 8-60

使用"按类别标记"工具可以为项目中任何类别的构件添加标记注释信息。"按类别标记"工具不仅可以在楼层平面视图中标记图元，还可以在立面、剖面、详图索引等视图中标记图元对象。如图 8-61 所示，在"注释"面板中，还可以对楼梯踏板数量、楼梯路径进行标注，以满足楼梯详细信息表达的需求。

图 8-61

图元标记形式取决于所使用的标记族类别及参数定义，通过进行族文件定义提取 Revit 中图元对象实例参数或类型参数中任意一个或几个参数值作为标记名称。请读者自行操作，在此不再赘述。

8.3.6 添加文字注释

在处理立面施工图时，图纸总说明、各层的文字说明等都需要使用文字来完成注释。在立面视图中标注外立面材质做法，也可以通过添加文字注释的方式来完成外立面做法标注。

单击"注释"选项卡"文字"面板中"文字"工具，自动切换至"放置文字"上下文关联选项卡。

打开文字"类型属性"对话框。如图 8-62 所示，修改类型属性图形参数分组中"引线箭头"为"实心点 3mm"，设置"线宽"代号为1，其他参照图中所示，完成文字类型属性设置。

如图 8-63 所示，在"放置文字"上下文关联选项卡中，设置"对齐"面板文字水平对齐方式为"左对齐"、竖向"居中对齐"，设置"引线"面板中文字引线方式为"两段引线"。

在别墅酒店项目南立面视图中2~3轴间单击作为引线起点，垂直向上移动鼠标指针绘制垂直方向引线，在起点上方单击生成第一段引线，再沿水平方向向右移动鼠标指针单击绘制第二段引线，进入文字输入状态；输入"米黄色仿夯土涂料"，完成后单击空白处任意位置完成文字输入。使用类似的方法添加南立面视图中的其他建筑做法。处理立面视图中轴线对象、标高对象标头显示，结果如图 8-64 所示。

图 8-62

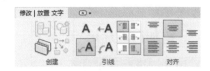

图 8-63

图 8-64

8.3.7 使用详图工具

在建筑专业 BIM 设计中，通常需要加粗立面轮廓线。可以使用"线处理"工具或详图线工具处理立面轮廓线。

如图 8-65 所示，单击"注释"选项卡"详图"面板中"详图线"工具，进入放置详图线状态，自动切换至"放置详图线"上下文关联选项卡。设置当前详图线样式为"宽线"，拾取要加粗的立面轮廓投影线，绘制立面轮廓线。

🔊 **提 示**

> 详图线工具可以绘制施工图设计中任意形式的二维线段，它只在当前视图中存在，注意它与模型线的区别。

除绘制详图线外，还可以使用"线处理"工具修改视图中已有的线样式。如图 8-66 所示，单击"修改"选项卡"视图"面板中"线处理"工具，自动切换至"线处理"上下文关联选项卡，设置线样式类型为"宽线"，在立面视图中沿立面投影外轮廓依次单击修改视图中投影对象边缘线类型为"宽线"。

图 8-65　　　　　　　　　　图 8-66

🔊 **提 示**

> 在线宽模式下需要将"细线"模式关闭，才可以区分不同线宽。

要完成剖面施工图还必须修改剖面视图中各图元显示，加入更多建筑剖面构件。例如：门窗过梁、楼梯休息平台处平台梁等。由于这些构件在建立模型时并未建立，因此必须使用二维详图的方式进行补充。

可以使用填充图案以填充的方式在剖面中创建门窗过梁、圈梁等构造图元。以绘制剖面中的过梁为例，如图 8-67 所示，单击"注释"选项卡"详图"面板中"区域"下拉列表，在列表中选择"填充区域"工具，进入"修改 | 创建填充区域边界"上下文选项卡，使用绘制工具绘制要填充的过梁轮廓。在绘制填充图案轮廓时，可以指定边界轮廓所采用的线样式。

图 8-67

打开"类型属性"对话框，如图 8-68 所示，可分别设置填充的"前景填充样式"和"背景填充样式"，并分别指定填充的颜色和线宽。根据剖面施工图的绘图习惯，要表达梁填充，将前景填充样式设置为"实体填充"即可。完成设置后，单击"模式"面板中"完成编辑模式"按钮即可完成轮廓填充。

除填充区域外，Revit 在区域面板中还提供了"遮罩区域"工具，该工具使用方法与"填充区域"类似，但功能相反，用于在绘制的范围内隐藏已有的图元。在绘制遮罩区域时可以设置轮廓线的线样式为"不可见线"，用于创建无边界的遮罩区域。

在本书第 8.2.1 节介绍了线样式的设置。详图线遮罩区域边界轮廓中的线样式，也在"线样式"中定义。

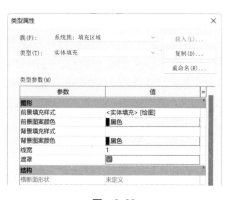

图 8-68

8.3.8　使用详图与重复详图

除可以利用填充区域工具创建填充外，还可以使用"详图构件"工具在视图中放置二维详图。详图构件是一种用线绘制的二维注释族，可以用于补充表达任何视图中的绘图信息。

在剖面视图中通常需要绘制素土夯实详图符号，用于表达原始土层的处理方式。素土夯实详图符号为沿绘制的直线方向重复放置详图构件，如图 8-69 所示。

图 8-69

Revit 提供了"重复详图"工具。如图 8-70 所示，单击"注释"选项卡"详图"面板中"构件"工具下拉列表，在列表中选择"重复详图"选项，此时将自动切换至"放置重复详图"上下文关联选项卡。打开"类型属性"对话框，设置当前重复详图类型为"素土夯实"，设置布局的方式为"固定距离"，设置间距值为

"800"，即沿绘制方向每隔800mm生成"素土夯实"详图图案，其他参数如图8-70所示。

> 🔊 **提示**
>
> 在随书文件"第8章\RFA\"目录中提供了"素土夯实.rfa"详图构件族文件，读者可自行载入至当前项目后设置重复详图。

8.3.9 使用图例视图

图例视图用于表达项目中模型族的图例大样。在设计中通常用于表达门窗大样等大样视图。

单击"视图"选项卡"创建"面板中"图例"工具下拉列表，在列表中选择弹出"图例"工具，弹出"新图例视图"对话框。如图8-71所示，输入"名称"为"门窗大样"，设置比例为"1:50"，单击"确定"按钮建立空白图例视图，并自动新建"图例视图"视图类别。Revit将自动切换至该视图。

在项目浏览器中依次展开"族→门→双扇平开防火门→FM1522乙"，按住并拖动"FM1522乙"族类型至视图中空白位置单击放置该构件图例。完成后按〈Esc〉键退出放置图例模式。

选择视图中已放置图例对象，如图8-72所示，设置选项栏中"视图"方向为"立面：前"，视图将显示"FM1522乙"族类型的立面投影模型。

图 8-70

图 8-71

图 8-72

使用尺寸标注工具标注该门立面详细尺寸，结果如图8-73所示。

"图例"工具可以创建项目中任意族类型的图例样例。在图例视图中可以根据需要设置各族类型在图例视图中的显示方向。图例视图中显示的族类型图例与项目所使用的族类型自动保持关联，当修改项目中使用的族类型参数时图例会自动更新，从而保障设计数据的统一、完整和准确。

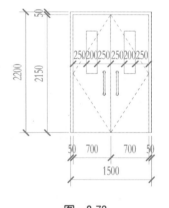

图 8-73

8.4 本章小结

本章介绍了在完成BIM模型设计后，如何对视图的显示进行控制。可以通过设置线宽与线型样式，定义符合图纸打印要求的线型，在Revit中提供了16种线宽代号，可以分别设置每一种线宽代号的实际打印线宽。通过对象样式的设置可以对BIM模型的视图显示进行定义，分别定义各类构件的投影和截面的默认线型、颜色、线宽等。通过视图的控制，可控制各视图的显示范围与剪切，并可以在视图中通过可见性图元替换的方式替换模型对象在当前视图中的显示样式。

在视图中配合使用图元过滤器可以设置满足过滤条件的图元的显示样式，以便于满足设计灵活表达的需求。所有的视图显示的状态都可以定义为视图样板，将视图的显示设置快速应用于其他视图。

使用注释工具可以在视图中添加注释图元，包括尺寸标注、高程点标注、注释符号、图元标记、文字注释、详图工具等。通过BIM模型与设计注释图元的结合，可以在满足设计图纸表达的同时提高设计效率。

下一章中将综合应用本章介绍的各项工具，为别墅酒店项目完成建筑与结构专业的施工图，并完成图纸打印与输出。

上一章介绍了视图的显示控制及注释图元的使用，综合利用视图样板、对象样式、可见性设置这些功能，可以创建建筑、结构专业的施工图，生成构件统计信息，并根据项目的设计需要将生成的图纸导出为 DWG 格式的设计文件。接下来将继续为别墅酒店项目创建满足建筑、结构专业设计需求的施工图。在 Revit 中生成施工图时，应先完成各专业视图的显示控制并添加注释标记，再将视图添加至图纸视图中，以完成最终的施工图布置。

9.1 建筑视图处理

建筑专业施工图通常由建筑设计总说明、总平面图、楼层平面图、立面图、剖面图、大样详图等图纸组成。通过视图控制、对象样式设置可以生成满足建筑专业出图显示要求的视图，再配合使用 Revit 中的尺寸标注、高程点标注等注释工具，完成建筑专业图纸标注。

9.1.1 建筑平面视图

在创建视图前，应结合第 8 章中介绍的线宽、线样式的设置对项目进行基本的线型、线样式、线宽的设置。在别墅酒店项目中统一线宽值为 1~3 号，打印线宽值分别为 0.18mm、0.25mm 和 0.50mm。为处理特殊的粗线线宽，设置 4 号线宽值为 0.80mm。

建筑专业施工图通常需要针对建筑中的每一层标高分别创建平面视图，可以使用"楼层平面"工具，基于指定的楼层标高创建平面视图。接下来将为别墅酒店项目创建平面视图。

要创建楼层平面出图视图，通常需要创建"平面出图"的视图类别。打开"第 6 章 \ RVT \ 6-1-4. rvt"项目文件，使用视图选项卡"创建"面板"平面视图"下拉列表中"楼层平面"工具打开"新建楼层平面"对话框。在"新建楼层平面"对话框中单击"编辑类型"按钮打开"类型属性"对话框，以"楼层标高"为基础使用复制新建名称为"平面出图"新楼层平面类型。如图 9-1 所示，在"新建楼层平面"类型选择新创建的"平面出图"，选择全部视图单击"确定"按钮将所选择的标高创建类别为"平面出图"的楼层平面视图。

在项目浏览器"视图"列表中自动创建了"楼层平面（平面出图）"视图类别，并默认按标高名称命名。选择"楼层平面（平面出图）"类别中的 F1/0.000 平面，将视图名称修改为"F1/0.000_一层平面图"。重复此步骤，将楼层名称进行修改，修改后如图 9-2 所示。

创建完成平面出图视图后，接下来需要对各楼层视图中的视图显示进行设置，以满足施工图表达的要求。利用本书第 8 章介绍的视图设置、对象样式设置等方式来完成建筑施工图显示的设置。

在建筑平面图中构件以截面或投影线表示，对于建筑楼层平面来说，墙体应用粗线显示，门窗洞口、楼梯投影等部位应显示为中粗线，家具、轴网等应显示为细线。构件表面除填充图案外，没有填充颜色。除显示不同的线宽外，还应通过不同的颜色来区分不同类别的图元构件，在别墅酒店项目中将门窗构件边线设置为绿色，楼梯构件边线为紫色，栏杆扶手边线为黄色，家具以及卫生器具边线为灰色。

图 9-1

图 9-2

图 9-3

（1）接上节练习文件，切换至"F1/0.000_一层平面图"视图。为正常在视图中显示不同的线宽，确认关闭"细线"显示模式，如图 9-3 所示。

打开或关闭"细线"模式的默认键盘快捷键为"TL"。在快速访问栏中也可以直接激活或关闭细线显示模式。

（2）如图9-4所示，在视图控制栏中，确认当前视图的显示比例为1:100，设置视图精细程度为"中等"，设置视图样式调整为"隐藏线"模式。

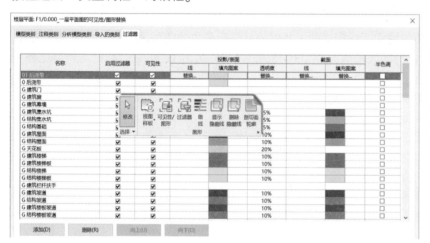

图　9-4

（3）因为在当先视图中默认应用了视图过滤器，因此在当前视图构件仍存在颜色填充。打开"可见性/图形替换"对话框，如图9-5所示，切换至"过滤器"面板，配合键盘〈Shift〉键选择当前视图中全部过滤器，单击"删除"按钮在当前视图中删除所有过滤器。

（4）选择任意轴网对象，打开"类型属性"对话框，如图9-6所示，修改"图形"分组下"轴网中段"为"无"，将轴网调整为中段为不连接状态；确认轴网末段宽度为"1"，即打印为1号注释线宽值，修改"非平面视图符号（默认）"值为"底"，即对于立面、剖面等部位，默认仅在视图下方显示轴号。完成后单击"确定"按钮退出"类型属性"对话框。

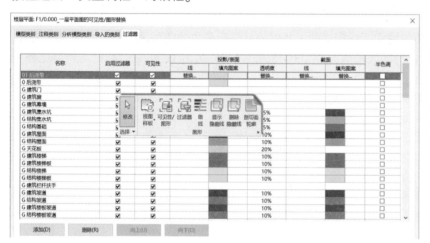

图　9-5

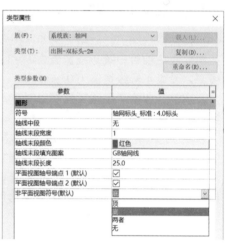

图　9-6

（5）选择"管理"选项卡"设置"面板中"对象样式"工具，打开对象样式对话框。参考第8.2.3节相关操作，分别设置墙、结构柱、结构梁等投影线宽为1号线宽，截面线宽为3号线宽，线颜色为黑色；设置楼板的截面线宽为2号线宽，线颜色为黑色；按如图9-7所示设置"楼梯"类别的平面显示，修改"剪切标记"线颜色为绿色，修改"支撑""楼梯前缘线""踢面/踏面""轮廓"线颜色均为紫色。确认投影线宽及截面线宽均为2号线宽。

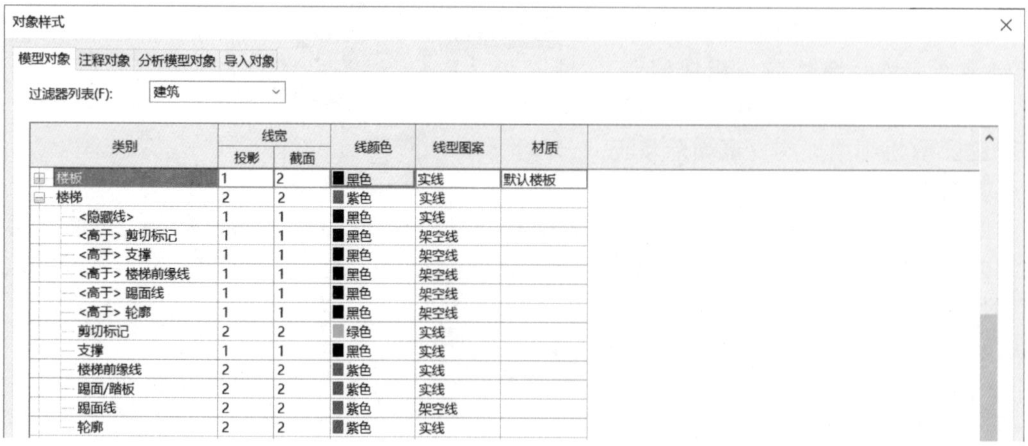

类别	线宽 投影	线宽 截面	线颜色	线型图案	材质
⊞ 楼板	1	2	■黑色	实线	默认楼板
⊟ 楼梯	2	2	■紫色	实线	
<隐藏线>	1	1	■黑色	实线	
<高于>剪切标记	1	1	■黑色	架空线	
<高于>支撑	1	1	■黑色	架空线	
<高于>楼梯前缘线	1	1	■黑色	架空线	
<高于>踢面线	1	1	■黑色	架空线	
<高于>轮廓	1	1	■黑色	架空线	
剪切标记	2	2	▨绿色	实线	
支撑	1	1	■黑色	实线	
⊞ 楼梯前缘线	2	2	■紫色	实线	
踢面/踏面	2	2	■紫色	实线	
踢面线	2	2	■紫色	架空线	
轮廓	2	2	■紫色	实线	

图　9-7

（6）继续修改窗、门、卫浴装置、家具对象的颜色及线宽值，结果如图 9-8 所示。

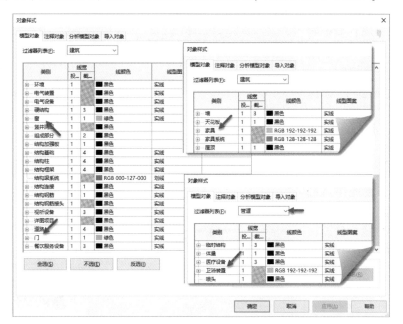

图　9-8

（7）如图 9-9 所示，切换至"注释对象"选项卡，修改"楼梯路径""〈高于〉向上箭头""向上箭头""向下箭头"的线颜色均为绿色，确认线宽值为 1 号线宽，单击"确定"按钮退出对象样式对话框。

本项目做外立面装饰面时，使用厚度为 1mm 墙创建出外立面褐色木纹装饰，在平面施工图出图时应不显示此装饰墙体，通过使用过滤器可以调整装饰墙的可见性。

（8）打开"可见性/图形替换"对话框，切换至"过滤器"面板，单击"编辑/新建"过滤器，弹出"过滤器"对话框，单击"新建"创建名称为"1 装饰墙"过滤器。如图 9-10 所示，在过滤器类别列表选择"墙"类别，在"过滤器规则"中选择"类型名称"，过滤条件选择"包含""装饰"，单击"确定"按钮退出"过滤器"对话框。

图　9-9

图　9-10

（9）在"添加过滤器"对话框中将上一步骤中创建的"1 装饰墙"过滤器添加至当前视图中，此时"过滤器"列表中已经添加了"1 装饰墙"过滤器，勾选"启动过滤器"，不勾选"可见性"选项，则在当前视图中隐藏满足过滤条件的墙，如图 9-11 所示。

（10）在别墅酒店项目中，使用墙体创建了卫生间隔墙，在生成施工图时需要使用灰色显示卫生间隔断。可以继续使用过滤器来定义卫生间隔断的显示。如图 9-12 所示，在"过滤器"对话框中创建名称为"1 卫生间隔断"过滤器，在过滤器类别列表选择"墙"类别，在"过滤器规则"中选择"类型名称"，过滤条件选择"包含""隔墙"，单击"添加规则"，在新添加的"过滤器规则"中选择"厚度"，过滤条件选择小于或等于"50"，修改两条过滤条件为"和（所有规则必须为 true）"。在视图中添加过滤器"1 卫生间隔断"，勾选"启动过滤器"，勾选"可见性"，修改该过滤器的投影及截面线颜色为灰色，宽度为 1 号线宽。

图 9-11

（11）打开"可见性/图形替换"对话框，切换至"模型类别"，如图 9-13 所示。展开"楼梯"前的"＋"展开列表，不勾选"〈隐藏线〉""〈高于〉剪切标记""〈高于〉支撑""〈高于〉楼梯前缘线""〈高于〉踢脚线""〈高于〉轮廓"，使当

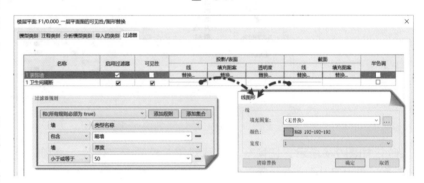

图 9-12

前视图中楼梯不在当前视图范围内不显示。使用类似的方式修改"栏杆扶手"的子类别可见性。

（12）使用"链接 Revit"工具以"原点到原点"方式在当前项目中链接"别墅结构_ST_2022.rvt"文件，进行链接。打开"可见性/图形替换"对话框。参考第 7.2.1 节操作方式，在"Revit 链接"选项卡中将"别墅结构_ST_2022.rvt"链接文件的"显示设置"修改为"自定义"。如图 9-14 所示，隐藏链接文件中的全部"注释类别"图元，并隐藏模型类别中除"结构柱"和"楼板"之外的全部图元。单击"结构柱"类别的"截面"分组中"填充图案"弹出"填充样式图形"，修改"填充图案"为"实体填充"，其他参数默认，单击"确定"按钮退出"填充样式图形"。

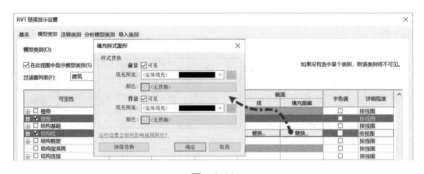

图 9-13   图 9-14

（13）返回至"可见性/图形替换"对话框，如图 9-15 所示，切换至"模型类别"选项卡，展开"墙"子类别，仅保留"公共边"的可见性；确认"替换主体层"中勾选"截面线样式"，即根据墙、楼板等主体的结构层设置分别定义各结构层的显示样式，单击"编辑"按钮打开"主体层线样式"对话框，修改"结构 [1]"功能层的线宽为 3，其他各功能层的线宽为 1，其他参数如图 9-15 所示。单击"确定"按钮返回"可见性/图形替换"对话框。取消勾选"柱"类别在当前视图中隐藏建筑柱，单击"确定"按钮退出"可见性/图形替换"对话框。

（14）此时一层平面视图中建筑柱已经取消显示，结构柱表面填充为黑色实体填充，墙仅显示核心层边界，成果如图 9-16 所示。

（15）使用"注释"选项卡"详图"面板中"详图线"工具，设置详图线的类型为"〈细线〉"，沿卫生间内各管井绘制洞口线，结果如图9-17所示。

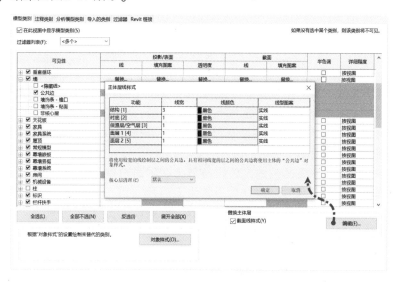

图 9-15

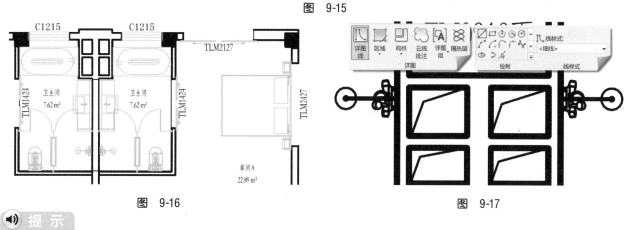

图 9-16

图 9-17

🔊 提示

在"线样式"对话框中可以修改〈细线〉的线形及线宽，详见第8.1.2节相关内容。

（16）打开"可见性/图形替换"对话框，如图9-18所示，切换至"注释类别"选项卡，保留在视图中显示"剖面"以及"详图索引"，不勾选"参照平面"以及"立面"类型，完成后单击"确定"按钮退出"可见性/图形替换"对话框。

（17）如图9-19所示，在项目浏览器中鼠标右键单击"F1/0.000_一层平面图"视图，在弹出右键菜单中选择"通过视图创建视图样板"，弹出"新视图样板"对话框，输入"01建筑平面布置图"，单击"确定"按钮弹出"视图样板"。视图样板列表中已经出现新建的视图样板"01建筑平面布置图"。

图 9-18

图 9-19

（18）确认在视图样板列表中选择"01 建筑平面布置图"单击"V/G 替换注释"后的编辑按钮，打开"01 建筑平面布置图可见性/图形替换"对话框，并自动切换至"注释类别"选项卡，如图 9-20 所示，去除"剖面"显示类别，单击"确定"按钮退出"视图样板"对话框。

（19）切换至"F2/3.600＿二层平面图"楼层平面视图，单击"属性"面板"标识数据"分组"视图样板"确定按钮弹出"指定视图样板"对话框，在视图样板列表中选择上一步骤中创建的"01 建筑平面布置图"视图样板，为当前视图指定视图样板。重复上述操作步骤，为三层楼层平面视图指定"01 建筑平面布置图"视图样板。注意二层楼层平面视图与三层楼层平面视图均已按视图样板中的设置方式显示。

为了清楚表达建筑平面布置图中各构件的定位，通常会在平面布置图中标注外部尺寸和内部尺寸。外部尺寸从里往外通常为三道尺寸，一般标注在图形下方和左方，第一道尺寸为细部尺寸，表示门窗洞口的宽度和位置、墙柱的大小和位置等；第二道尺寸表示轴线之间的距离，通常为房间的开单和进深尺寸；最外面一道尺寸称为第三道尺寸，表示外轮廓的总尺寸，即从一端外墙边到另一端外墙边的总长和总宽尺寸。内部尺寸用于表示室内的门窗洞口、孔洞、墙厚、房间净空和固定设施等的大小和位置。在建筑平面图中，还应标注各房间的楼板标高、室内室外的高差等标高信息。接下来将在视图中使用尺寸标注、高程点标注等注释工具完善视图中的尺寸标注、高程点标注等施工图表达。

图 9-20

（20）切换至一层楼层平面视图，使用"注释"选项卡下"尺寸标注"面板中"对齐标注"工具，沿建筑墙外侧分别创建三道尺寸标注线，并根据需要标注其他室内门洞、卫生间隔墙等尺寸定位线，结果如图 9-21 所示。关于对齐尺寸标注的设置及使用方式参见第 8.3.1 节，在此不再赘述。

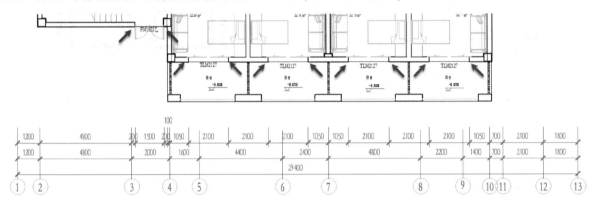

图 9-21

建筑平面需对房间、走廊以及卫生间等变标高区域进行高程标注，房间内需标记建筑结构标高，花园以及部分阳台下为覆土区域，则仅标记建筑平面标高。高程符号的尖端指向被标注高程的位置，高程数字写在高程符号的延长线一段，以米为单位，注写到小数点后第3位。零点高程应写成"±0.000"，正数高程不需要加"＋"，但是负数高程应加"－"。

（21）如图 9-22 所示，选择"注释"选项卡下"尺寸标注"面板"高程点"工具，分别根据不同的标注位置，通过选择不同的高程点标注类型以及属性面板中"显示高程"的值的设置，在室内、室外添加高程点标注。使用类似的方式完成二层、三层视图尺寸以及高程标注。

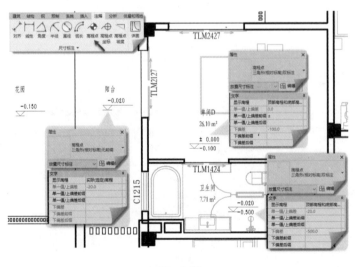

图 9-22

🔊 **提示**

在使用中文输入法时,通过软键盘中的"数学符号"可以输入"±"。

---

(22) 切换至"RF/10.100_屋顶平面视图",如图 9-23 所示,单击"属性"面板"视图范围"后编辑按钮打开"视图范围"对话框,修改"主要范围""底部""视图深度"和"标高"值均为"F2/3.600",设置"偏移"为"500",即在 F2 标高之上 500mm 位置,以显示 F2 标高所有屋顶。

(23) 打开"可见性/图形替换"对话框,在"模型类别"选项卡中仅保留显示"屋顶"图元,如图 9-24 所示,使用"视图"选项卡"图形"面板中"显示隐藏线"工具,先选择上方屋顶,再单击选择被遮挡的下方屋顶,将显示被遮挡屋顶的轮廓线。

(24) 打开"对象样式"设置对话框,如图 9-25 所示,展开"屋顶"子类别,设置〈隐藏线〉投影及截面线宽均为 1 号线宽(0.18mm),线颜色为青色,线型图案为"隐藏线",其他参数如图 9-25 所示,单击"确定"按钮退出"对象样式"对话框。

图 9-23

图 9-24

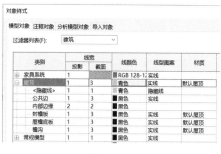

图 9-25

(25) 注意视图中被隐藏的屋顶边缘显示为虚线。使用"对齐"尺寸标注工具标注外两道标记尺寸,在"可见性/图形替换"对话框中隐藏屋顶表面填充图案,使用"高程点标注"工具标注屋顶的屋脊与屋檐标高并使用"高程点坡度"工具标记屋顶的坡度,结果如图 9-26 所示。

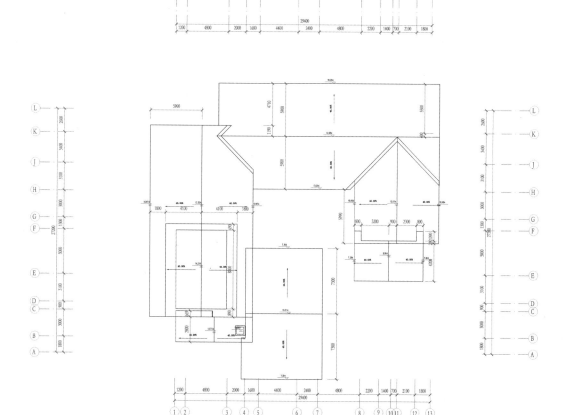

图 9-26

（26）保存该项目文件，或打开随书文件"第9章 \ RVT \ 9-1-1. rvt"项目文件查看最终操作结果。

9.1.2 建筑立面视图

建筑立面图主要反映房屋的体型和外貌、门窗的形式和位置、墙面的材料和装修做法等，是施工的重要依据。绘制立面图时，要求建筑物的外形轮廓用粗实线绘制；建筑立面凹凸之处的轮廓线、门窗洞以及较大的建筑构配件的轮廓线，如雨篷、阳台、阶梯等均用中粗实线绘制；较细小的建筑构配件或装饰线，如勒脚、窗台、门窗扇、各种装饰、墙面上引条线、文字说明指引线等均用细实线绘制；室外地平线用特粗实线绘制。

在创建项目时 Revit 会默认创建四个立面视图，分别为东、西、南、北立面视图。可以根据施工图表达需要添加任意的立面视图。本节将介绍别墅酒店项目建筑立面施工图视图处理。

（1）接上节练习。在项目浏览器中重命名"立面"类别中东、西、南、北立面视图名称为"东立面_ A-L 轴立面图""西立面_L-A 轴立面图""南立面_1-13 轴立面图"和"北立面_13-1 轴立面图"。

（2）切换至"南立面_1-13 轴立面图"视图，在"可见性/图形替换"对话框"注释类别"中去除剖面、参照平面、参照线、立面等注释类别的显示。如图 9-27 所示，配合键盘〈Ctrl〉键选择视图中 2 号轴、3 号轴、5 号轴、6 号轴、7 号轴、9 号轴、10 号轴、11 号轴及 12 号轴轴网图元，右击在右键快捷菜单中选择"在视图中隐藏→图元"选项，在视图中隐藏所选择的轴网。

在属性面板中将"视图样板"设置为"无"。修改视图控制栏中视图比例为 1:100，设置视图"详细程度"为"中等"，"视觉样式"调整为"隐藏线"。

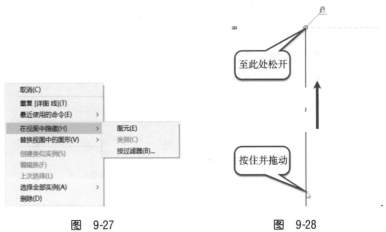

图 9-27   图 9-28

（3）视图适当放大至 1 号轴网上方编号处，选择 1 号轴网，如图 9-28 所示，在 1 号轴网下方圆点位置按住鼠标左键，向上拖动鼠标至 1 号轴网顶部圆圈位置松开鼠标左键，此时 1 号轴网上方线段已经完全隐藏。重复上述操作，修改 4 号轴、8 号轴、13 号轴轴网的显示样式。

🔊 **提 示**

> 在本书第 9.1.1 节中已设置轴网"非平面视图符号"默认显示为"底"，因此在立面视图中默认仅显示底部轴网标头。

在立面图中标高中段显示效果与平面视图中轴网类似，仅在视图两侧显示标高线段。但标高属性中无法设置中段为"无"，因此需要通过自定义标高的线型图案实现隐藏标高中段的标高线。

（4）单击"管理"选项卡下"其他设置""线型图案"工具打开"线型图案"对话框。新建"名称"为"标高中段线"的新线型图案。如图 9-29 所示，在"线型图案属性"对话框中，设置列表 1 的"类型"为"圆点"，设置列表 2 类型为"空间"，值输入为"400"，单击"确定"按钮退出"线型图案属性"对话框。

（5）选择任意轴网打开"类型属性"对话框，如图 9-30 所示，修改轴网"线型图案"为上一步骤中创建的"标高中段线"线型图案，单击"确定"按钮退出"类型属性"对话框。注意南立面视图中标高中段已经不再显示。

立面图中仅显示地坪标高以上，部分 F1 标高楼板厚度超过室外地坪面标高，因此需要在南立面视图中隐藏超出室外地坪标高部分的图元对象。可以使用遮罩工具对立面视图中地坪标高以下的图元进行遮罩。

（6）使用"注释"选项卡"详图"面板"区域"下拉列表中"遮罩区域"工具，使用"矩形"工具，设置"线样式"选择"〈不可见线〉"，按如图 9-31 所示沿地坪线以下区域绘制遮罩区域，分别设置遮罩区域边界的线样式为宽线 4 和〈不可见线〉，完成后单击"完成"按钮完成创建遮罩区域。

图 9-29

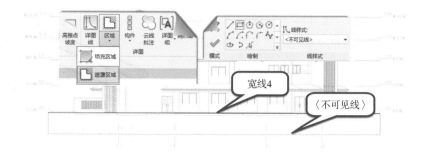

图 9-30

图 9-31

🔊 **提 示**

在"线样式"对话框中已设置"宽线4"的线宽值为4，即打印线宽为0.8mm。

（7）在立面视图中需要加粗显示建筑物的外形轮廓。使用"详图线"工具在"线样式"中选择"宽线"，沿南立面视图中建筑外轮廓以及凹凸分界区域边界绘制详图线，在"线样式"对话框中设置"宽线"线宽值为3，结果如图9-32所示。

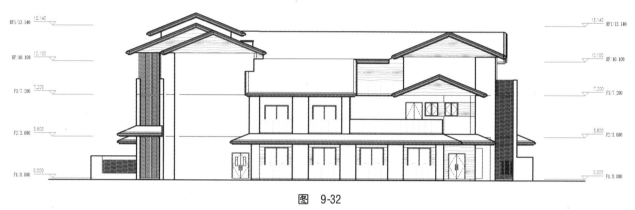

图 9-32

（8）使用"对齐"标注工具，确定当前尺寸标注类型为"出图标注3.5mm"，标注轴线与墙体核心层外表面、标注标高与窗及其他需要在立面中标注的尺寸标注。使用"高程点"工具，设置当前类型为"三角形（相对标高）无前缀"，拾取立面各层窗底部和顶部、门的顶部以及屋顶屋脊位置生成立面标高注释，结果如图9-33所示。

图 9-33

（9）如图9-34所示，选择"注释"选项卡下"尺寸标注"面板里"高程点坡度"命令，修改"标度表示"为"三角形"，分别对屋顶进行坡度标记。

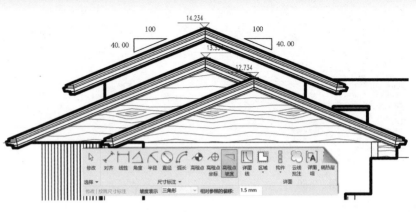

图 9-34

（10）使用材质标记工具可以提取立面做法材质名称。如图9-35所示，单击"注释"选项卡"标记"面板中"材质标记"工具，选择材质标记类型为"材质标记"，在"类型属性"对话框中设置"引线箭头"为"实心点1.5mm"；勾选选项栏"引线"选项，确认标记放置的方向为"水平"。单击拾取墙面移动鼠标指针至适当位置单击确定引线长度，再次单击放置标记文字。依次拾取需要放置标记的立面墙体，完成立面做法标注。

（11）以南立面视图为基础使用"通过视图创建视图样板"工具创建名称为"01 立面施工图"的视图样板，并将视图样板应用至其他立面视图。重复上述注释工具完成东立面_A-L 轴立面图、北立面_13-1 轴立面图、西立面_L – A 轴立面图的标注。保存该项目文件，或打开随书文件"第9章 \ RVT \ 9-1-2. rvt"项目文件查看最终操作结果。

材质标记族可提取所选择图元材质的材质名称，因此在定义墙材质时应考虑到施工图出图的需要定义正确的材质名称。除使用材质标记完成立面做法标注外，还可以使用文字工具，手动创建立面做法标注。

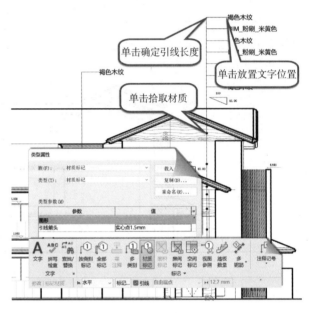

图 9-35

9.1.3　建筑剖面视图

建筑剖面图指的是假想用一个或多个垂直于标高的铅垂剖切面，将房屋剖开，所得的投影图。剖面图用以表示房屋内部的结构或构造形式、分层情况和各部位的联系、材料及其高度等，是与平面图、立面图相互配合的不可缺少的重要图样之一。剖面图的数量是根据房屋的具体情况和施工实际需要而决定的。一般沿楼梯间的方向对建筑进行剖切，剖切位置应选择在能反映出房屋内部构造比较复杂与典型的部位，并应通过门窗洞的位置，必要时可通过转折的方式形成转折剖切。剖面图的图名应与平面图上所标注剖切符号的编号一致。使用剖面工具可以为项目创建任意的剖面视图，接下来继续为别墅酒店项目创建剖面视图。

（1）接上节练习文件，切换至"平面出图"楼层平面类别中的一层平面视图。使用"视图"选项卡"创建"面板中"剖面"工具，复制新建名称为"剖面出图"的新剖面类型，如图9-36所示，沿两个楼梯间分别创建两个剖面，并分别命名为"1"和"2"。

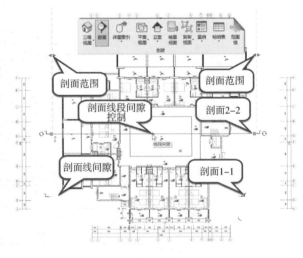

图 9-36

以剖面2为例，切换至2号剖面视图，参照上一节立面视图处理的方式，设置视图比例为1:100，视图详细程度为"中等"，视图视觉样式为"隐藏线"。隐藏2号及5至12号轴轴网，修改轴网上方轴线的显示长度。

（2）在"可见性/图形替换"对话框中，与平面施工图类似，仅显示"墙"子类别中"公共边"，修改"主体层线样式"中"结构［1］"线宽值为3；修改楼梯、楼板、屋顶"截面填充图案"为实体填充；在"注释类别"选项卡中隐藏视图中剖面、参照平面、参照线注释类别；在"链接"选项卡中设置链接的结构文件中梁、板、楼梯、屋顶截面填充为黑色实体填充，隐藏链接结构文件中注释类别图元，结果如图9-37所示。

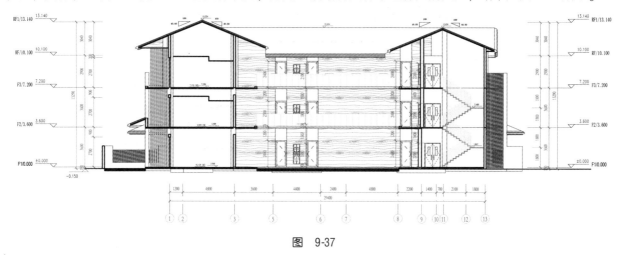

图 9-37

（3）在剖面视图中需要表达建筑地坪之下的地面处理方式。使用"遮罩"工具隐藏地坪标高以下图元。如图9-38所示，使用"注释"选项卡"详图"面板"构件"下拉框中"重复详图构件"工具，按如图9-38所示设置沿地坪线从左至右绘制素土夯实图案。

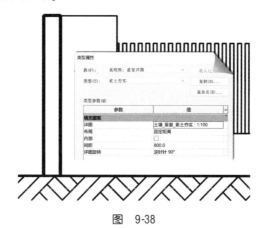

图 9-38

（4）配合使用"对齐"尺寸标注在视图中完成尺寸标注；使用"高程点标注"工具标注屋顶、楼梯及房间楼板标高；利用"高程点坡度"工具标记剖切屋顶的坡度，完成后结果如图9-39所示。

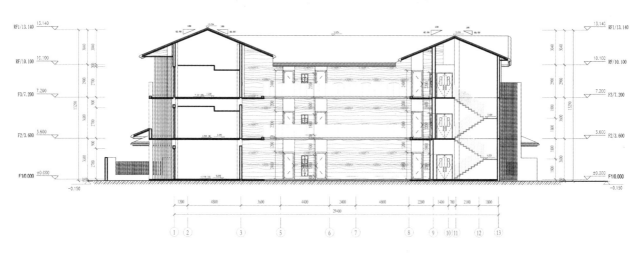

图 9-39

（5）基于剖面视图 2 创建名称为"01 剖面视图样板"，并应用于剖面 1。重复以上操作步骤，完成剖面 1 视图的各项标注，结果如图 9-40 所示。

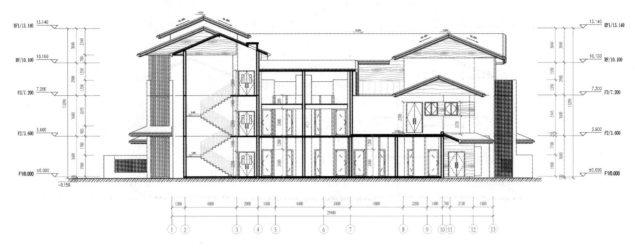

图　9-40

（6）保存该项目文件，或打开随书文件"第 9 章 \ RVT \ 9-1-3. rvt"项目文件查看最终操作结果。

剖面施工图中包括被剖切的图元截面及投影，因此剖面施工图处理结合了立面与平面施工图中图元显示设置的方式。在生成剖面施工图时，要在图纸中显示 1-1 剖面图、2-2 剖面图，可以在如图 9-41 所示视图属性"图纸上的标题"中输入相应的图纸名称即可。

标识数据	
视图样板	<无>
视图名称	1-1
相关性	不相关
图纸上的标题	
图纸编号	01
图纸名称	一层平面图
参照图纸	01
参照详图	1

图　9-41

9.1.4　详图大样视图

建筑详图是建筑细部的施工图。因为总图的比例较小，建筑上许多细部构造无法清晰表达，为了更清楚地表达建筑设计的细节，需要根据施工图设计的需要另外绘制比例较大的详图大样，作为对建筑平面图、立面图、剖面图的补充。对于详图，一般应当做到比例大，尺寸标注齐全、准确，并有必要的文字说明。建筑详图包括局部构造的详图，如外墙详图、楼梯详图、阳台详图等；表示建筑设备的详图，如卫生间、厨房、实验室内设备的位置及构件等；表示建筑特殊装修部位的详图，如吊顶、花饰等。利用详图工具，可以为项目中任意视图创建详图大样，本节将继续为别墅酒店项目创建详图视图。

（1）接上节练习文件，切换至一层平面图。单击"视图"选项卡"创建"面板中"详图索引"工具，如图 9-42 所示，沿楼梯 1 绘制详图索引范围。

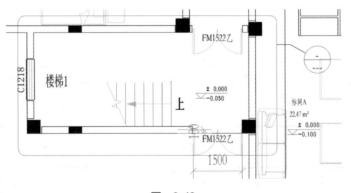

图　9-42

（2）Revit 将自动创建详图视图，将视图命名为"楼梯 1_ 一层平面图"，切换至该视图，设置视图样板为"无"。调整视图比例为 1:50，设置视图详细程度为中等，视图视觉样式为隐藏线模式，确认隐藏视图裁剪区域。鼠标右键单击视图中已有的剖面符号，在弹出右键菜单中选择"在视图中隐藏→图元"隐藏当前视图中的剖面符号。打开"可见性/图形替换"对话框，如图 9-43 所示，设置勾选墙子类别中全部子类别图元的可见性，设置墙"截面"填充图案为"对角线 1.5mm"。

（3）使用"详图构件"工具，载入随书文件"第9章\ RFA \ 折断符号 . rfa"族文件，如图 9-44 所示，在大样详图中各截断墙位置添加折断符号。配合键盘空格键旋转折断符号的放置方向。

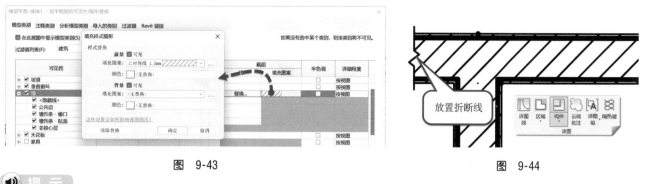

图 9-43

图 9-44

🔊 提 示

"折断符号"族中采用遮罩的方式隐藏视图中的图元。因此，在使用时应注意控制族的放置方向。

（4）使用尺寸标注工具为楼梯大样标注尺寸，并使用高程点标注工具添加高程点信息。使用区域填充工具将楼梯结构柱截面填充为黑色实体填充，结果如图 9-45 所示。

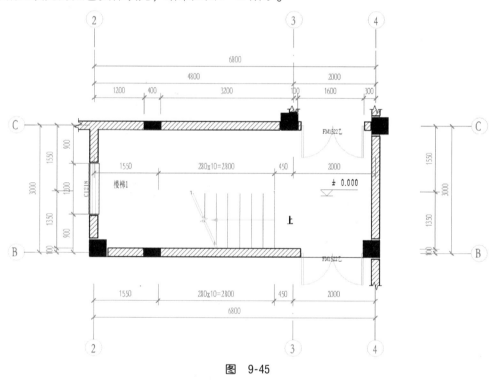

图 9-45

🔊 提 示

在尺寸标注中可以双击踏面长度尺寸标注文字，在弹出尺寸标注文字对话框中使用"以文字替换"的方式将文字替换为"$280 \times 10 = 2800$"。

（5）基于"楼梯1_一层平面图"视图名称为"01 楼梯平面视图样板"的视图样板，重复上述操作步骤，分别创建楼梯 1 的 2F、3F 的楼梯大样视图，并添加尺寸标注等相关注释信息。

（6）如图 9-46 所示，使用"剖面"工具，确认当前剖面类型为"楼梯剖面"，沿楼梯第一跑方向创建楼梯剖面，重命名为"A"，在属性面板中修改"在图纸上的标题"为"楼梯1 A-A 剖面人样"。

（7）切换至"A"剖面，修改属性面板中视图样板为"无"。修改视图比例为"1:50"，根据设计的需要隐藏不需要显示的轴网，并修改轴网顶部的轴网末端线段；参照第（2）条步骤设置墙体可见性及截面填充图案。设置链接结构文件梁、板、屋顶、楼梯截面填充图案为钢筋混凝土，颜色为黑色。使用"遮罩"工具隐藏地坪标高以下图元，使用"重复详图构件"工具在地坪标高下方创建素土夯实图案；利用"对齐"尺寸标注及高程点标注工具在视图中添加尺寸标注及楼梯各部位的高程点信息。结果如图 9-47 所示。

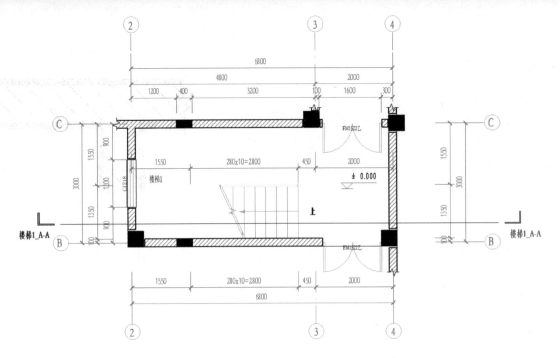

图 9-46

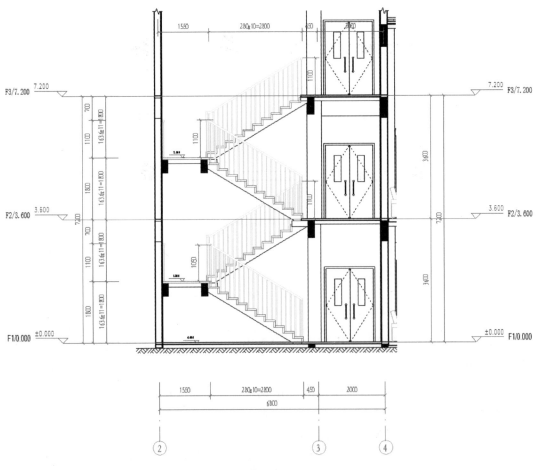

图 9-47

(8) 采用相同方式，重复上述操作步骤，完成楼梯2详图视图及剖面大样视图。

在本书第6.1.1节中创建了单间A、单间B、标间A和标间B的大样视图，用于完成各房间的家具布置。可以基于这些视图通过添加尺寸标注、高程点标注等注释信息完成房间布置大样。

（9）以标间 A 为例。切换至标间 A 视图，设置视图样板为"无"；设置视图比例为 1 : 50，视图详细程度为中等，视觉样式为隐藏线，隐藏视图裁剪区域。参照第（2）条步骤中可见性的设置，设置墙的显示方式。在墙裁剪位置添加折断符号，使用"对齐"尺寸标注在视图中添加细部尺寸定位信息，使用高程点标注工具分别对房间、卫生间以及过道进行高程标注，利用"详图构件"创建卫生间排水坡度。完成后结果如图 9-48 所示。

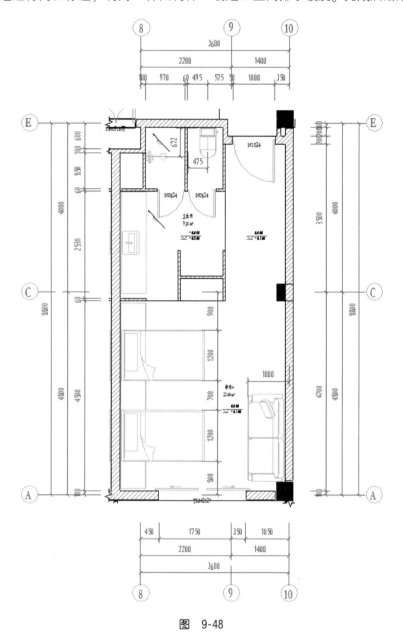

图 9-48

（10）重复上述操作步骤，分别创建标间 B、单间 A、单间 B 的平面布置详图。保存该项目文件，或打开随书文件"第 9 章 \ RVT \ 9-1-4.rvt"项目文件查看最终操作结果。

可以在任意视图中使用"详图索引"工具为项目创建大样详图。在创建大样详图时，除可以基于模型投影生成详图外，还可以选择"参照其他视图"的方式创建空白〈新绘图视图〉，可以在空白的视图中通过导入 DWG 文件等方式作为 BIM 设计成果的图纸补充，充分利用已有的设计资源，提高设计效率，如图 9-49 所示。

图 9-49

9.1.5 建筑总平面图

建筑总平面图主要表示整个建筑基地的总体布局，是具体表达新建房屋的位置、朝向以及周围环境（原有建筑、交通道路、绿化、地形等）基本情况的图样。

根据《建筑工程设计文件编制深度规定》，建筑施工图设计说明应包括以下内容：施工图设计的依据性文件、批文和相关规范、项目概况、设计标高、用料说明和室内外装修；墙体、墙身防潮层、地下室防水、屋面、外墙面、勒脚、散水、台阶、坡道、油漆、涂料等的材料和做法；室内装修部分除用文字说明以外也可用表格形式表达，在表上填写相应的做法或代号，对采用新技术、新材料的做法说明及对特殊建筑造型和必要的建筑构造的说明、门窗及门窗性能、用料、颜色、玻璃、五金件等的设计要求、幕墙工程及特殊的屋面工程的性能及制作要求、平面图、预埋件安装图等以及防火、安全、隔声构造、墙体及楼板预留孔洞需封堵时的封堵方式说明等。

建筑总平面图的创建方式与其他建筑平面图的创建方式类似，可以通过链接总图模型来创建建筑总平面图。接下来为别墅酒店项目创建建筑总平面图。

（1）接上节练习。使用"链接 Revit"工具以"自动-内部原点到内部原点"定位方式链接场地模型。在项目浏览器中以"RF/10.100_屋顶平面图"为基础复制新建名称为"建筑总平面图"的新视图。

（2）切换至"建筑总平面图"。设置该视图的视图样板为无，设置视图比例为 1:500，设置视图详细程度为粗略，确认视图视觉样式为隐藏线，隐藏视图裁剪边界。打开视图范围对话框，如图 9-50 所示，设置视图"主要范围""底部"以及"视图深度"的标高值均为"无限制"，其他参数如图 9-48 所示。

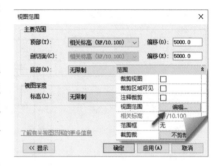

图 9-50

（3）打开"可见性/图形替换"对话框，在"模型类别"分组中勾选全部，将"建筑"过滤器下模型构件类别均显示；隐藏当前视图中已链接的结构模型。

（4）单击"注释"选项卡"符号"面板中"符号"工具，设置当前族类型为"指北针 2:填充"，在视图中单击放置指北针，配合旋转工具将指北针旋转到指定方向。结果如图 9-51 所示。

（5）配合使用尺寸标注、高程点标注、高程点坐标工具，在总图中添加建筑总尺寸信息、高程信息及定位坐标，以满足总图施工图表达要求，结果如图 9-52 所示。保存该项目文件，或打开随书文件"第 9 章 \ RVT \ 9-1-5.rvt"项目文件查看最终操作结果。

图 9-51

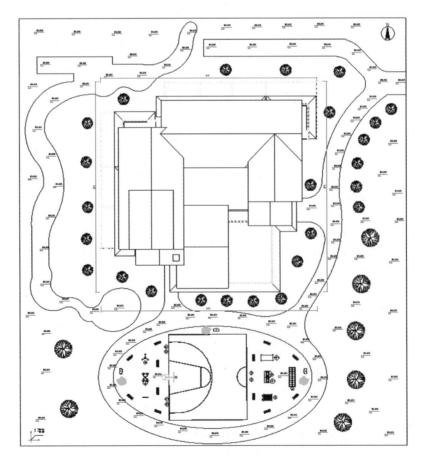

图 9-52

建筑总平面图的生成方式与其他平面图的生成方式类似，不同之处在于需要链接总图模型，以便于表达建筑在总图中的位置。

9.2 结构视图处理

9.2.1 设置钢筋符号字体

钢筋是结构最主要的材料之一，结构图往往少不了钢筋的表达。如图 9-53 所示，在《混凝土结构设计规范》（GB 50010—2010）（2015 版）表 4.2.2-1 中解释了配筋标注中钢筋符号代表的意义。

在 Revit 中要标注各种钢筋符号需要使用特殊的字体，需要在 Windows 系统中安装字体后才能正确显示钢筋符号。双击随书文件"第 9 章\Other\Revit.ttf"字体文件，打开字体查看窗口，如图 9-54 所示，单击安装按钮安装该字体。安装后就能够在项目中任意可输入文字的位置输入钢筋符号。

牌号	符号	公称直径 d/mm	屈服强度标准值 f_{yk}	极限强度标准值 f_{stk}
HPB300	Φ	6~14	300	420
HRB335	ф	6~14	335	455
HRB400 HRBF400 RRB400	ф фF фR	6~50	400	540
HRB500 HRBF500	ф фF	6~50	500	630

图 9-53

图 9-54

> **提示**
>
> 将字体文件复制到计算机"C:\Windows\Fonts\"目录下，将自动安装该字体。

打开随书文件"第 9 章\RVT\9-2-1.rvt"项目文件，切换至任意平面视图，使用文字工具，打开文字类型属性设置对话框，如图 9-55 所示，复制新建名称为"平法标注_1"的新文字类型，设置文字字体为上一步骤中安装的"Revit"字体，其他参数根据设计要求进行设置。

在绘图区域任意位置单击放置文字，进入文字编辑状态，按键盘〈Shift + 4〉键输入 HPB300 钢筋符号Φ；按键盘〈Shift + 5〉键输入 HRB335 钢筋符号ф；按键盘〈Shift + 7〉键输入 HRB400 钢筋符号ф；按键盘〈Shift + 3〉键输入 HRB400 余热处理带肋钢筋符号фR，如图 9-56 所示。

图 9-55

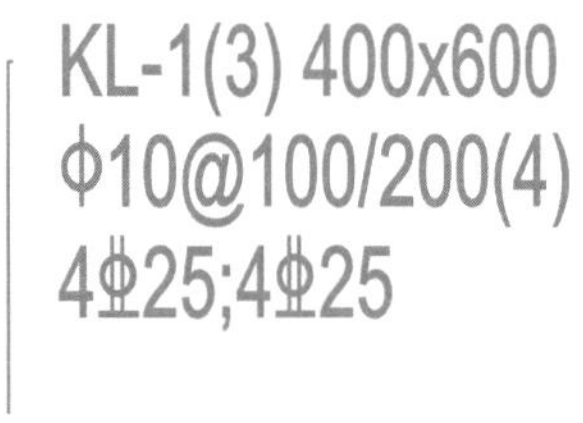

KL-1(3) 400x600
Φ10@100/200(4)
4ф25;4ф25

图 9-56

9.2.2 基础平面布置图

基础平面布置图为基础在相关标高平面上的投影及其相关信息标注。在别墅酒店项目中，使用"视图"选项卡"创建"面板，在"平面视图"下拉列表中将"结构平面"工具设置为"基顶标高"，创建"基础平面布置图"视图，设置该视图的类别为"结构平面布置图"。修改视图比例为1：100，视图详细程度为"粗略"，确认视图的视觉样式为"隐藏线"；打开"视图范围"对话框，如图9-57所示，设置顶部及剖切面标高偏移值为700，设置底部及视图深度的偏移值为–4000，其他参数如图9-57所示。隐藏视图中除"结构基础"以外其他模型图元类别。

载入随书文件"第9章\ RFA \ "目录中"基础顶标高 . rfa"和"基础编号 . rfa"族文件。如图9-58所示，使用"注释"选项卡"标记"面板中"按类别标记"工具，分别给基础图元添加"基础顶标高 . rfa"和"基础编号 . rfa"标记，将自动生成桩基础顶标高和桩基础编号信息。"基础顶标高 . rfa"提取所选择基础图元的顶部测量点高程，即绝对高程的值；"基础编号 . rfa"提取基础图元类型属性中的"桩编号"参数值。该参数为共享参数，可在族中定义共享参数后通过注释标记族提取该共享参数的信息。

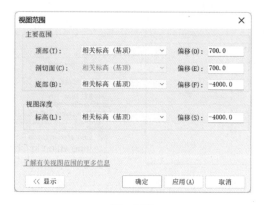

图 9-57 图 9-58

◀） 提示

在随书文件"第9章\ Other \ 共享参数 . txt"记录了项目中所有可用的共享参数表，可根据需要使用。关于共享参数的详细设置请参考其他资料。

当载入两个或多个同一类标记时，在使用"按类别标记"时可单击选项栏中"选项"按钮打开"载入的标记和符号"对话框，如图9-59所示，在该对话框中可以设置当前使用的标记类型。

也可以使用"高程点"工具为基础添加标记。打开"类型属性"对话框，如图9-60所示，新建"基顶标高标注"类型，设置"高程基准"为"测量点"；在"作为前缀/后缀的高程指示器"中设置为"前缀"，在"顶部指示器"输入"桩顶标高："，确认单位格式为"米"，精度保留至小数点后三位；其他参数默认，设置完成后就可以在平面图中对相应基础进行标高原位标注。

图 9-59

图 9-60

注意在添加基础顶部标高时，设置选项栏中相对基面为"F1"，设置显示高程的方式为"顶部高程"，即选择对象的顶部高程，如图9-61所示。

| 修改 \| 放置尺寸标注 | ☑ 引线 ☑ 水平段 | 相对于基面: F1 | 显示高程: 顶部高程 |

图 9-61

配合使用尺寸标注工具对每个桩的桩心进行定位标注，定位尺寸为桩心到相邻最近轴线的距离。标注包含水平定位尺寸与竖向定位尺寸，在桩基础平面布置图中确定了桩心的位置即可确定桩的位置。桩的直径在桩表中表达。其他类型的基础——例如独立基础——是通过基础的平面轮廓进行定位的，平面定位是标注轮廓或角点与轴网间的水平或竖向尺寸。

每个基础都有对应的编号，编号一般是依据基础尺寸、配筋来进行区分的，因此不同位置基础构件编号可相同。可以通过添加标记的方式来提取基础中的编号信息。

桩顶标高采用绝对标高。本书别墅酒店项目中基顶标高普遍比 ±0.000 低 0.600m，桩顶降标高的目的是便于在降标高范围内埋置管线或者排水沟，同时如局部基础临近集水坑或者上部地面降标高，则需要增加基础埋深。别墅酒店项目中大部分基顶标高为 369.55m，一般在说明里面表达（图中未注明的基顶标高为 369.55m），基顶标高不同于 369.55m 的基础则在原位表达标高。基顶标高原位标注可以通过添加结构基础标记的方式来提取基础顶部的绝对标高值。

图 9-62

使用明细表工具创建"机械旋挖桩设计明细表"，如图 9-62 所示，在明细表中添加字段，生成桩基础明细表。最后在图纸视图中添加"基础平面布置图""机械旋挖桩设计明细表"完成图纸中桩基础明细表的表达。关于明细表的应用详见本书第 9.3 节。

🔊 提 示

只有共享参数才能进入明细表进行统计，因此在项目样板中应对各类构件定义共享参数信息。关于共享参数请参考《Revit 建筑设计思维课堂》一书。

基础布置图中还包含基础说明及基础详图大样，可根据设计的需要使用详图工具生成基础大样详图或利用 AutoCAD 中的标准图作为补充。

9.2.3 柱平面布置图

柱平面布置图与基础施工图类似，包含柱的平面定位、编号、不同配筋原位标注及相关说明。如图 9-63 所示，使用"对齐尺寸标注"工具在柱平面视图中标注柱截面轮廓的定位尺寸。沿水平方向或者竖直方向标注柱子截面轮廓线同与之相交或最近的定位轴线的距离；如轴线与截面边缘重合，则只需标注另一边缘距离轴线的尺寸。

柱的编号及配筋的原位表达与基础平面布置图一样，先载入随书文件"第 9 章 \ RFA"文件夹里的"柱编号标注.rfa"与"柱箍筋原位标注.rfa"族文件，使用"按类别标记"工具，选择"柱编号标注"对柱进行编号标注，选择"柱箍筋原位标注"对柱进行箍筋原位标注。

柱标高、截面、配筋等信息需要通过明细表来实现。使用明细表工具，参照如图 9-64 所示明细表设置，生成项目中的柱表。

"柱平面布置图说明""柱配筋说明"等可以在完成图纸布置后在柱平面布置图图纸中使用文字工具添加结构柱设计的通用文字说明。

9.2.4 结构平面布置图

结构平面布置图表达标高平面上结构梁的平面位置、楼板及其洞口位置、示意墙柱位置，同时也要表达平面上结构的标高，即结构平面布置图表达了结构的空间几何分布。有时结构平面布置图上也表达梁的截面，其目的是依据结构平面布置图就可以知道梁板的尺寸及标高，便于施工。如图 9-65 所示为别墅酒店项目二层局部结构平面布置图。

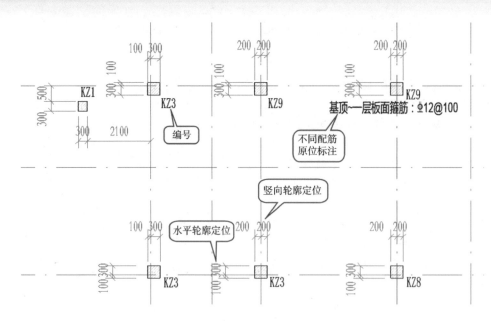

图 9-63

<柱表>

A	B	C	D	E	F	G	H	I
柱号	标高	b×h	角筋	b边一侧中部钢筋	h边一侧中部钢筋	箍筋类型号	箍筋	备注
KZ1	基顶~三层板面	300×300	4⌀16	1⌀16	1⌀16	A(3×3)	⌀6@100/200	柱根(⌀8@100)
KZ2	基顶~坡屋面	400×400	基顶~三层板面4⌀20；三层板	1⌀16	1⌀16	A(3×3)	⌀8@100/200	柱根(⌀8@100)
KZ3	基顶~坡屋面	400×400	4⌀16	1⌀16	1⌀16	A(3×3)	⌀8@100/200	
KZ3a	基顶~坡屋面	400×400	4⌀16	1⌀16	1⌀16	A(3×3)	⌀8@100	
KZ4	基顶~三层板面	400×400	4⌀18	1⌀16	1⌀16	A(3×3)	⌀6@100/200	柱根(⌀8@100)
KZ5	基顶~三层板面	400×400	基顶~三层板面4⌀16；三层板	基顶~二层板面1⌀16；三层板	基顶~三层板面1⌀16；三层	A(3×3)	基顶~三层板面⌀8@100/200；二层板面~	⌀8@100)
KZ6	基顶~三层板面	400×400	4⌀18	1⌀16	1⌀16	A(3×3)	⌀6@100/200	柱根(⌀8@100)
KZ7	基顶~三层板面	400×400	4⌀20	1⌀20	1⌀20	A(3×3)	⌀8@100/200	柱根(⌀8@100)
KZ8	基顶~坡屋面	400×400	4⌀16	1⌀16	1⌀16	A(3×3)	基顶~三层板面⌀8@100/200；三层板面~	
KZ8a	基顶~坡屋面	基顶~三层板面400×400；三	基顶~三层板面4⌀16；三层板	基顶~三层板面1⌀16	基顶~三层板面1⌀16；三层	基顶~三层板面A(3×3)；三层	基顶~三层板面⌀8@100/200；三层板面~	
KZ9	基顶~坡屋面	400×400	4⌀16	基顶~三层板面2⌀16；三层板	1⌀16	基顶~三层板面C(4×3)；三层	基顶~三层板面⌀8@100/200；三层板面~	
KZ10	基顶~三层板面	400×400	4⌀16	1⌀16	1⌀16	A(3×3)	基顶~三层板面⌀8@100/200；三层板面~	
KZ11	基顶~三层板面	基顶~三层板面400×400；三	基顶~三层板面4⌀16；三层板	基顶~三层板面1⌀16	基顶~三层板面1⌀16；三层	基顶~三层板面A(3×3)；三层	基顶~三层板面⌀8@100/200；三层板面~	
KZ12	基顶~三层板面	400×400	基顶~三层板面4⌀25；三层板	基顶~三层板面1⌀22；三层	基顶~三层板面1⌀22；二层	A(3×3)	基顶~三层板面⌀8@100/200；三层板面~	

图 9-64

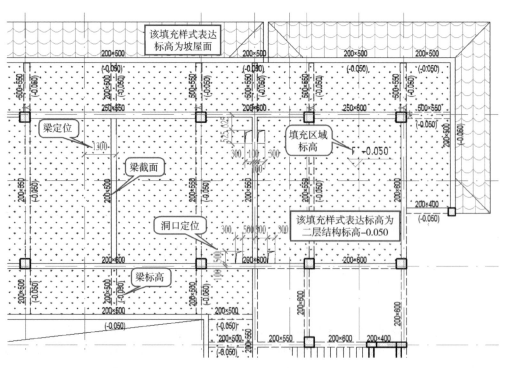

图 9-65

结构平面布置图需表达梁的平面定位，梁轴线与所连接的柱的中线重合时、梁的一边与柱边平齐时其在平面上的位置能明显辨别，不需对其位置进行尺寸标注，一般会通过文字说明中注明"未定位的梁轴线居柱轴线中或者梁边平柱边"，其位置可以依托结构柱进行定位。对于需要定位的梁，位于洞口边、高差边以及不连续边的情况，选择梁的"洞口边、高差边、不连续边"等这一侧梁线进行定位，其他梁一般选择梁中心线定位，同样采用对齐尺寸标注工具完成定位标注。

在结构平面布置图中，需要对视图中的每一根梁的截面尺寸进行标注。单击"注释"选项卡"标记"面板中的"全部标记"工具，弹出"标记所有未标记的对象"对话框，如图 9-66 所示，在列表中勾选"结构框架标记"类别，选择使用的标记族为"梁普通标记：单截面"标记类型，单击"确定"按钮退出对话框，将在当前平面视图中所有梁的位置添加截面标记。

对于变截面梁的截面标注与常规梁截面标注大致相同。使用"变截面梁截面标注"标签族可为变截面梁添加标记，结果如图 9-67 所示。

图 9-66

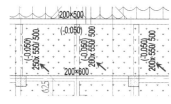

图 9-67

梁的标高原则上平相邻板面标高。如无特殊情况，可以不标注梁的标高。有些特殊的梁，如梁下净高不足需梁抬升标高或一跨梁跨越两个标高时，梁平低标高；梁处于高差分界时，不易准确理解梁的标高，应使用高程点工具对梁进行原位标高标注。如图 9-68 所示，打开高程点标注的类型属性对话框，设置高程点"高程基准"为"相对"，勾选"引线"选项，便于调整梁标高标注的位置；设置"符号"为"相对标高注释"，在该符号族中定义了"括号"符号用以实现为梁高值添加括号的目的，结果如图 9-69 所示。图中（－0.050）表示该梁标高相对于该层结构标高低 0.050m。

> **提示**
>
> 在结构平面布置图中梁标高不应出现引线，因此在定义高程点标注时将引线箭头的颜色设置为"白色"以避免在视图中显示。

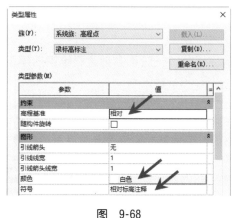

图 9-68

200×400

(-0.050)

图 9-69

> **提示**
>
> 也可以在结构平面布置视图中使用文字完成梁相关的注释。

对于需要在楼层处开洞的部位，风井、油烟井、电梯井等，需要在结构平面布置图上准确定位。结构洞口位置、尺寸应与相关专业需求一致，结构开洞的轮廓位置在结构平面布置图上水平及竖直方向使用对齐尺寸标注工具进行准确尺寸标注，并在洞口中使用填充工具绘制洞口的范围，如图 9-70 所示。

卫生间、厨房、露台、屋面等板面的结构标高存在升降板区域，结构平

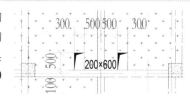

图 9-70

面布置图中应对升降板区域进行表达。通常对于不同标高区域使用不同的填充图案，这样可以很直观地看出各结构板标高的分布。

可通过视图过滤器配合过滤条件来指定升降板区域的填充范围和样式。如图 9-71 所示，以降板 – 50 为例，在"过滤器"对话框中新建名称为"结构升降板_降板_50mm"的新过滤器，指定"楼板"类别，添加"自标高的高度偏移"的值为"– 50"的过滤条件。

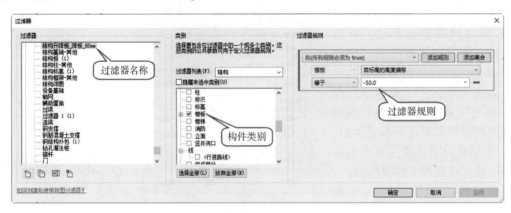

图 9-71

如图 9-72 所示，在"可见性/图形替换"对话框"过滤器"选项卡中添加上一步骤中创建的过滤器，设置该过滤器构件的表面"填充图案"显示样式，可在当前视图中按过滤条件显示板降 – 50 的所有楼板。

对于不宜使用"过滤器规则"的区域，可以采用"填充区域"工具手动绘制生成不同的填充图案。

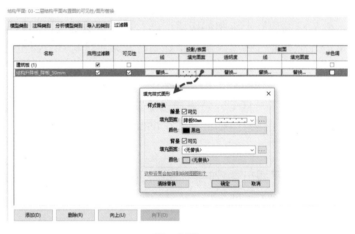

图 9-72

9.2.5 配筋图

配筋图是指梁、板、柱及基础的钢筋配置图，是混凝土结构中极为重要的设计成果。在 Revit 中可以通过创建钢筋模型，直接生成各构件的钢筋详图，但创建钢筋模型的工作量非常巨大，因此即使基于 BIM 模型设计，除极复杂、特殊的区域外，一般不会创建三维钢筋模型。依然采用平法标注的方式生成钢筋配筋图。

以梁平法施工图为例说明在 Revit 中生成配筋图的一般过程。如图 9-73 所示，在别墅酒店项目结构样板中，已定义了梁平法标注中所需的各项信息需求，包括梁左端上部钢筋、梁上部通长钢筋、梁右端上部钢筋、梁下部钢筋、梁箍筋、梁编号及跨度等。

文字	
梁左侧上部钢筋	3&22/2&20
梁上部通长钢筋	2&22
梁右侧上部钢筋	2&22
梁标高	
梁下部钢筋	3&20
梁箍筋	&10@100(2)
梁腰筋	N6&16
梁编号及跨度	KL7(1A)

图 9-73

根据结构计算的结果，输入梁配筋信息后，载入随书文件"第 9 章 \ RFA"文件夹里的"梁集中标注.rfa""梁截面标注.rfa""梁左侧上部钢筋标注.rfa""梁右侧上部钢筋标注.rfa""梁上部通长钢筋标注.rfa""梁下部通长钢筋标注.rfa""梁箍筋标注.rfa""梁腰筋标注.rfa"族文件，使用"按类别标记"工具在平面视图中根据需要添加梁标记，结果如图 9-74 所示。其他配筋标注采用相同的方法选取对应的标记族进行标记。

基础配筋、柱配筋、板配筋、梯板配筋图均可采用梁平法施工图的方式进行绘制。

9.2.6 结构楼梯平面图与剖面图

结构楼梯平面图及剖面图的绘制与建筑楼梯的绘制方式相同。结构楼梯需要绘制平面图与剖面图才能准确表达楼梯结构的几何尺寸及空间定位。结构楼梯平面图表达休息平台梯梁、梯板、梯柱及梯柱基础等平面布置及尺寸，同时表达梯板的平面尺寸及厚度。结构楼梯剖面图主要表达梯板梯步的竖向尺寸，同时表达梯梁、梯柱、梯步的剖面方向定位。

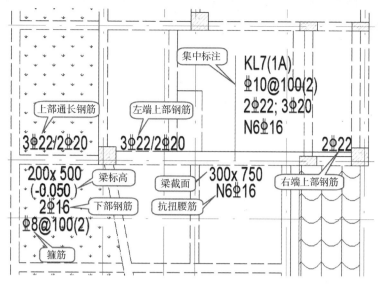

图 9-74

每个楼梯的每个标高均需生成对应的楼梯平面视图。以别墅酒店项目 2 号楼梯一层平面视图为例,使用详图索引工具在一层平面布置图中绘制详图范围,调整视图比例为"1:50",设置视图详细程度为"中等",确认视图视觉样式为"隐藏线"。打开"视图范围"对话框,修改视图显示范围如图 9-75 所示。

生成 2 号楼梯一层详图大样后,隐藏视图中不需要的轴网图元,打开"可见性/图形替换"对话框,参照本书第 9.1.4 节中建筑楼梯大样的设置,隐藏楼梯子图元中〈高于〉剪切标记、〈高于〉梯面线等子图元。使用"对齐尺寸标注"工具标注梯柱定位、梯板的水平及竖向定位尺寸、梯板宽度、梯板总长,使用"注释"选项中"楼梯路径"工具标记楼梯上楼方向,使用"高程点"工具标注各休息平台的结构标高,结果如图 9-76 所示。

图 9-75

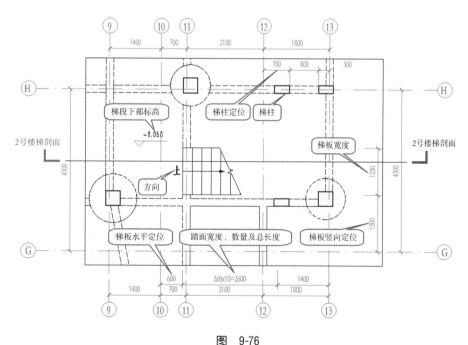

图 9-76

使用剖面工具在结构楼梯平面视图中添加楼梯剖面。转到楼梯剖面视图,设置视图比例为 1:50,其他设置参照本书第 9.1.4 中楼梯剖面的设置。在楼梯剖面视图中完成踏面宽度、数量及总长度等尺寸标注;并使用高程点工具完成休息平台标高标注。结果如图 9-77 所示。

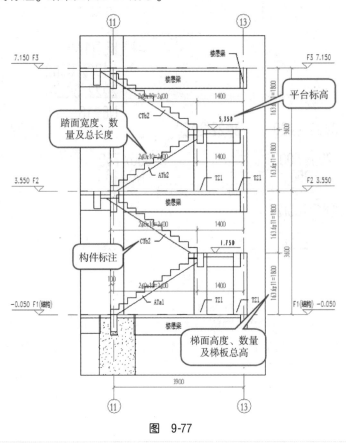

图 9-77

9.3 明细表统计

完成 BIM 模型后，使用明细表视图可以统计项目中各类图元对象，生成各种样式的明细表。Revit 可以分别统计模型图元数量、材质数量、图纸列表、视图列表和注释块列表。在进行施工图设计时常见的统计表包括建筑专业的门、窗洞口统计表，结构专业的基础、柱等明细表。

9.3.1 创建明细表

使用"明细表/数量"工具可以按对象类别统计并列表显示项目中各类模型图元信息。例如可以使用"明细表/数量"工具统计项目中所有门、窗图元的宽度、高度、数量等信息，还可以根据需要定义任意形式的明细表。下面以别墅酒店项目为例介绍门、窗构件明细表统计，学习掌握明细表统计的一般方法。

（1）打开随书文件"第 9 章 \ RVT \ 9-1-5. rvt"的模型文件。单击"视图"选项卡"创建"面板中"明细表"工具下拉列表，在列表中选择"明细表/数量"工具，弹出"新建明细表"对话框，如图 9-78 所示。在"类别"列表中选择"门"对象类型，即明细表将统计项目中门对象类别图元信息；修改明细表名称为"别墅酒店-门明细表"，确认明细表类型为"建筑构件明细表"，其他参数默认。单击"确定"按钮打开"明细表属性"对话框。

（2）如图 9-79 所示，在"明细表属性"对话框"字段"选项卡"可用的字段"列表中会实时显示以上操作后门对象类别相关的所有可用字段及数量。依次选择"族与类型、类型、宽度、高度、门窗参考图集、合计、框架类型"参数字段，单击"添加"按钮添加到右侧"明细表字段"列表中。该列表中从上至下反映明细表从左至右各列的显示顺序。在"明细表字段"列表中选择各参数字段，单击上移↑或下移↓按钮按图中所示顺序调节字段顺序。

图 9-78

> **◄) 提 示**
>
> 如果需要在明细表中统计链接模型中的图元，可勾选"包含链接中的图元"选项。

（3）如图 9-80 所示，切换至"排序/成组"选项卡。设置"排序方式"为"类型"，排序顺序为按"升序"排列；勾选"总计"选项，并选择"标题和总数"；不勾选"逐项列表每个实例"选项，即 Revit 将按门"类型"参数值在明细表中汇总显示各已选字段。

图 9-79

图 9-80

> **◄) 提 示**
>
> 如果需要在明细表中按多组参数字段进行排序，可以在"排序/成组"选项卡中设置多组"排序方式"，在第二组排序方式"否则按"的"类型"列表中选择第二组排序方式，排序顺序根据需要选择"升序"或"降序"排列，最多可同时设置四组排序方式。

（4）切换至"外观"选项卡，如图 9-81 所示，确认勾选"网格线"选项，设置网络线样式为"细线"；勾选"轮廓"选项，设置轮廓线样式为"中粗线"，去除"数据前的空行"选项，不勾选"斑马纹"选项；确认勾选"显示标题"和"显示页眉"选项，标题文本、标题和正文文字样式为"明细表默认"，其他按默认设置。完成后单击"确定"按钮完成明细表属性设置。

图 9-81

（5）Revit 将自动在项目浏览器 "明细表/数量" 视图分组中按指定字段新建名称为 "别墅酒店-门明细表" 的明细表视图，并自动切换至该视图，如图9-82所示，并自动切换至 "修改明细表/数量" 上下文关联选项卡。

<别墅酒店-门明细表>

族与类型	类型	宽度	高度	门窗参照图集	合计	框架类型
A	B	C	D	E	F	G
电梯门-直角: DTM1125	DTM1125	1100	2500		3	
双扇平开防火门: FM0618丙	FM0618丙	600	1800		9	
双扇平开防火门: FM0818甲	FM0818甲	800	1800		3	
双扇平开防火门: FM0918丙	FM0918丙	900	1800		6	
双扇平开防火门: FM1522乙	FM1522乙	1500	2200		7	
单扇平开防火门: FM乙1024	FM乙1024	1000	2400		3	
单扇地弹玻璃门: M0620	M0620	650	2000		42	
平开门-铝合金-单扇-玻璃门: M0624	M0624	650	2400		12	
平开门-铝合金-单扇-玻璃门: M1024	M1024	1000	2400		27	
双扇平开玻璃门: M1522	M1522	1500	2200		1	
双扇平开玻璃门: M1527	M1527	1500	2700		1	
门联窗-双扇-玻璃门连窗: MLC3024	MLC3024	3500	2700		1	
双扇推拉玻璃门: TLM1424	TLM1424	1400	2400		21	
双扇推拉玻璃门: TLM2127	TLM2127	2100	2700		21	
双扇推拉玻璃门: TLM2427	TLM2427	2400	2700		4	
双扇推拉玻璃门: TLM2727	TLM2727	2700	2700		6	
总计					167	

图 9-82

（6）按住并拖动鼠标指针选择 "宽度" 和 "高度" 列页眉，单击 "修改明细表/数量" 面板中 "成组" 工具，合并后生成新表头单元格。单击合并生成的新表头行单元格，输入 "尺寸" 作为新页眉行名称，单击表头各单元格名称，根据设计需要修改各表头名称。结果如图9-83所示。

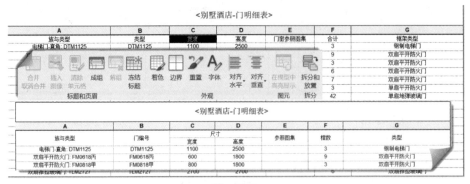

图 9-83

修改明细表表头名称不会修改图元参数名称。

（7）打开 "明细表属性" 对话框，切换至 "格式" 选项卡，如图9-84所示，选择 "合计" 字段，注意该字段已修改为 "樘数"，设置 "对齐" 方式为 "中心线"，计算方式选择 "计算总数"。完成后单击 "确定" 按钮返回明细表视图。注意该字段统计数值全部居中显示，且在明细表下方显示汇总信息。

图 9-84

> 🔊 **提示**
>
> 可以分别设置字段在"水平"和"垂直"标题方向上的"对齐"方式。

（8）单击明细表"族与类型"的页眉单元格，单击"修改明细表/数量"面板中"隐藏列"工具，隐藏明细表的"族与类型"列。完成结果如图 9-85 所示。

> 🔊 **提示**
>
> 可以通过"取消隐藏全部"恢复显示。可以使用"删除列"选项将该列永久删除。

（9）窗明细表与门明细表的创建与设置方法类似，在此不再赘述，创建完成的"别墅酒店-窗明细表"结果如图 9-86 所示。

<别墅酒店-门明细表>

门编号	尺寸		参照图集	樘数	类型
A	B	C	D	E	F
	宽度	高度			
DTM1125	1100	2500			钢制电梯门
FM0618丙	600	1800			双扇平开防火门
FM0818甲	800	1800			双扇平开防火门
FM0918丙	900	1800			双扇平开防火门
FM1522乙	1500	2200			双扇平开防火门
FM乙1024	1000	2400			双扇平开防火门
M0620	650	2000		42	单扇地弹玻璃门
M0624	650	2400		12	单扇平开铝合金玻璃门
M1024	1000	2400		27	单扇平开铝合金玻璃门
M1522	1500	2200		1	双扇平开玻璃门
M1527	1500	2700		1	双扇平开玻璃门
MLC3024	3500	2700		1	双扇玻璃门联窗
TLM1424	1400	2400		21	双扇推拉玻璃门
TLM2127	2100	2700		21	双扇推拉玻璃门
TLM2427	2400	2700		4	双扇推拉玻璃门
TLM2727	2700	2700		6	双扇推拉玻璃门
总计				167	

图 9-85

<别墅酒店-窗明细表>

窗编号	尺寸		参照图集	樘数	类型
A	B	C	D	E	F
	宽度	高度			
C0327	370	2700		2	单扇固定窗
C1212	1200	1200		2	双扇平开窗
C1215	1200	1500		19	双扇平开窗
C1218	1200	1800		9	平开组合窗
C3012	3000	1200		1	平开组合窗
C3427	3450	2700		1	平开组合窗
C3627	3550	2700		1	平开组合窗
TC1316	1300	1600		2	单扇固定窗
总计				37	

图 9-86

可以在明细表中添加计算公式，例如可以利用公式计算窗洞口面积。

（10）打开"别墅酒店-窗明细表"的"明细表属性"对话框，切换至"字段"选项卡。单击"计算值"按钮，弹出"计算值"对话框。如图 9-87 所示，输入字段名称为"洞口面积"，设置规程为"通用"，设置字段类型为"面积"，输入公式为"宽度＊高度"，完成后单击"确定"按钮返回"明细表属性"对话框，修改"洞口面积"字段顺序位于"高度"字段后，单击"确定"按钮返回明细表视图。Revit 将根据当前明细表计算各窗的洞口面积。

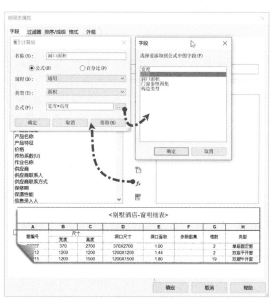

图 9-87

> 🔊 **提示**
>
> 在"计算值"对话框中，单击"公式"后的"…"按钮打开"字段"选择对话框，可选择明细表中可用的字段名称。

（11）保存项目文件，或打开随书文件"第9章 \ RVT \ 9-3-1. rvt"项目文件查看操作结果。

利用 Revit "明细表/数量"工具可以快速生成项目各种类别对象的明细表，明细表视图中显示的信息源自 BIM 模型数据库。此外，这些明细表数据与 BIM 模型相互关联。修改 BIM 模型构件图元或信息，对应类别对象的明细表视图中显示的信息也会被同时修改。在明细表中修改信息时，也会同时修改项目模型图元的参数信息。

9.3.2　导出明细表

Revit 允许将任何视图（包括明细表视图）保存为单独 RVT 文件，用于与其他项目共享视图设置。如图 9-88 所示，单击"文件"选项卡，在列表中选择"另存为→库→视图"选项，弹出"保存视图"对话框，在对话框中选择显示视图类型为"仅显示明细表和报告"，在列表中勾选要保存的明细表视图，单击"确定"按钮即可将所选的明细表视图保存为独立的 RVT 文件。

> **◀)) 提示**
>
> 在项目浏览器中鼠标右键单击要保存的明细表视图名称，在弹出右键菜单中选择"保存到新文件"，也可将视图保存为 RVT 文件。

对于明细表视图，Revit 仅会保存明细表视图的属性、格式设置，而不会保存视图中的模型图元。如图 9-89 所示，可以使用"插入"选项卡中"从文件插入→插入文件中的视图"插入保存的明细表图元。

图　9-88

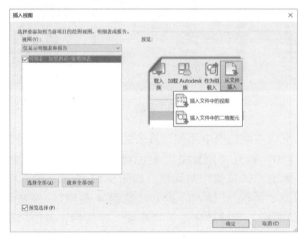

图　9-89

生成的明细表可以通过"文件→导出→报告→明细表"选项导出外部表格，可以将所有对象类别的明细表导出为以逗号分隔的 CSV 格式表格文件和 txt 格式文本文件。CSV 格式表格文件可以直接用电子表格应用程序如 Microsoft Excel 打开，txt 格式文本文件作为数据源导入至电子表格程序中打开。

Revit 软件的明细表功能还有很多，如可以创建"明细表关键字"明细表；还可以按"用材质提取"创建明细表，用于统计项目中各对象材质生成材质统计明细表。限于篇幅，不再赘述。读者也可参考《Revit 建筑设计思维课堂》中相关章节，学习更多明细表的相关知识与操作方法。

9.4　布图与打印

Revit 可以将项目中多个视图或明细表布置在同一个图纸视图中，形成用于打印和发布的施工图。Revit 可以将项目中视图、图纸打印或导出为 PDF 文件或 DWG 格式的 CAD 文件，与其他非 Revit 用户进行数据交换。

9.4.1　布置图纸

使用 Revit "新建图纸"工具可以为项目创建图纸视图，指定图纸使用的标题栏族（图框）并将指定的视图布置在图纸视图中形成最终施工图。下面以别墅酒店项目建筑专业设计为例完成项目图纸布置。

（1）打开随书文件"第9章 \ RVT \ 9-1-5. rvt"模型文件，单击"视图"选项卡"图纸组合"面板中"图纸"工具，弹出"新建图纸"对话框。如图 9-90 所示，单击"载入"按钮，载入随书文件"第9章 \ RFA \ 筑信图框. rfa"族文件。"选择标题栏"列表中选择"筑信图框：A1"，单击"确定"按钮以 A1 图框和标题栏创建新图纸视图并自动切换至该视图。

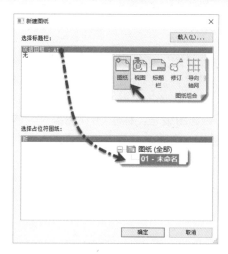

图 9-90

> **提示**
>
> 如果项目文件中已存在其他图纸视图，将根据已有图纸视图对新创建的图纸视图进行顺序编号。

（2）单击"视图"选项卡"图纸组合"面板中"视图"工具，弹出"视图"对话框，如图 9-91 所示。选择"F1/0.000_一层平面图"，单击"在图纸中添加视图"按钮，Revit 将给出该视图的范围预览。确认选项栏"在图纸上旋转"选项为"无"；当显示视图范围完全位于图框范围内时单击放置该视图。在图纸中放置的视图称为"视口"。Revit 自动在视图底部添加视口标题，默认按该视图的视图名称命名该视口。

（3）单击"载入"按钮，载入随书文件"第 9 章 \ RFA \ 视图标题_不带编号 . rfa"族文件。选择图纸视图中视口标题，打开"类型属性"对话框，复制新建名称为"别墅酒店-视图标题"新类型。如图 9-92 所示，确认类型参数"标题"使用的族为"视图标题_不带编号：标题-不带编号"族。确认"显示标题"选项为"是"，不勾选"显示延伸线"，"线宽"为"2"，其他参数如图 9-92 所示。完成后单击"确定"按钮退出"类型属性"对话框。再选择视口标题，按住并拖动视口标题至图纸中间位置。

（4）在新建的图纸中，选择刚刚放入的视口，打开视口"属性"对话框。如图 9-93 所示，修改"图纸上的标题"为"一层平面图"，单击"应用"按钮完成设置，注意图纸视图中视口标题名称同时修改为"一层平面图"。

图 9-91

图 9-92

图 9-93

（5）单击"注释"选项卡"符号"面板中"符号"工具，进入"放置符号"上下文关联选项卡。设置当前符号类型为"指北针"，在图纸视图右上角空白位置单击放置指北针符号。

> **提示**
>
> 在图纸视图中可使用文字、详图线等详图工具添加注释图元。

（6）点击项目浏览器图纸编号，打开图纸"属性"对话框。如图 9-94 所示，修改"图纸名称"为"一层平面图"，确认勾选"显示在图纸列表中"选项，修改"序号"值为 1，其他参数根据实际情况修改。完成后单击"确定"按钮退出"属性"对话框，注意项目浏览器中图纸视图名称修改为"01-一层平面图"。

（7）使用类似方式创建其他平面图及立面图、剖面图、大样详图及房间布置图等图纸。结果如图 9-95 所示。

（8）对于含有多个视图的"楼梯大样详图"图纸视图，需要调整"视口标题"样式。载入随书文件"第 9 章 \ RFA \ 视图标题_带详图编号.rfa"族文件。选择图纸视图中的"楼梯 1_ 一层平面图"的视口标题，打开"类型属性"对话框，如图 9-96 所示，复制新建名称为"别墅酒店-视图标题-带详图编号"新类型。确认类型参数"标题"使用的族为"视图标题_带详图编号：标题-带详图编号"族，其他参数如图 9-96 所示。完成后单击"确定"按钮退出"类型属性"对话框。更改"楼梯 1 大样详图"图纸中所有图纸视口标题样式为"别墅酒店-视图标题-带详图编号"。

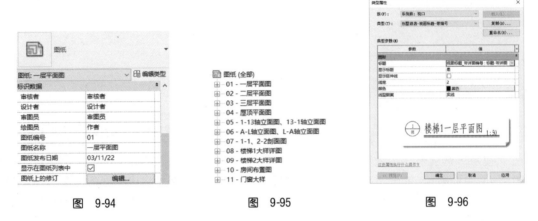

图 9-94　　　　　　　　图 9-95　　　　　　　　图 9-96

（9）打开"楼梯 1_F1 大样图"视图所在的"参照图纸"即"01"号图，注意此图纸中的详图 1 索引符号也已经自动更新，表示该详图索引视图放置于"08"号图纸中"1 号"楼梯大样详图，并与制图规范保持一致，如图 9-97 所示。

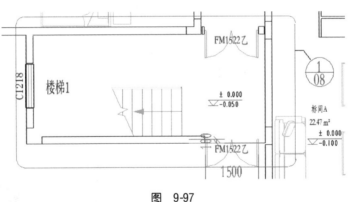

图 9-97

🔊 提 示

可以根据需要修改详图编号，但需要注意在同一图纸视图中详图编号是唯一的，不允许重复。

（10）使用明细表工具创建"图纸目录"明细表，完成结果如图 9-98 所示。新建"图纸目录"图纸视图，将明细表视图拖放到"图纸目录"图纸视图中，调整明细表各单元格的大小以满足出图的要求。

		<图纸目录>		
A	B	C	D	E
序号	图纸编号	图纸名称	图幅	版本号
1	JS-000	图纸目录	A1	V1.0
2	JS-001	建筑设计说明	A1	V1.0
3	JS-101	建筑总平面图	A1	V1.0
4	JS-201	一层平面图	A1	V1.0
5	JS-202	二层平面图	A1	V1.0
6	JS-203	三层平面图	A1	V1.0
7	JS-204	屋顶平面图	A1	V1.0
8	JS-302	A-L轴立面图、L-A轴立面图	A1	V1.0
9	JS-301	1-13轴立面图、13-1轴立面图	A1	V1.0
10	JS-401	1-1、2-2剖面图	A1	V1.0
11	JS-501	楼梯1大样详图	A1	V1.0
12	JS-502	楼梯2大样详图	A1	V1.0
13	JS-601	房间布置图	A1	V1.0
15	JS-701	门窗大样	A1	V1.0

图 9-98

（11）使用"插入"选项卡"插入文件中的视图"工具，浏览至随书文件"第9章\ RVT\ 建筑设计说明 . rvt"项目文件，选择"图纸"中的"建筑设计说明"，导入图纸视图。重命名图纸编号和名称，结果如图9-99所示。

（12）单击"管理"选项卡"设置"面板中"项目信息"工具，弹出"项目信息"对话框。如图9-100所示，根据项目实际情况或按如图9-100所示内容输入各参数信息。单击"确定"按钮完成"项目信息"设置。Revit会根据项目信息设置自动修改图纸标题栏中所有引用项目信息参数的字段。

图 9-99

图 9-100

（13）至此，别墅酒店项目建筑专业施工图已布置完成。切换至"一层平面图"，如图9-101所示。保存项目文件，或打开随书文件"第9章\ RVT\ 9-4-1. rvt"项目文件查看最终操作结果。

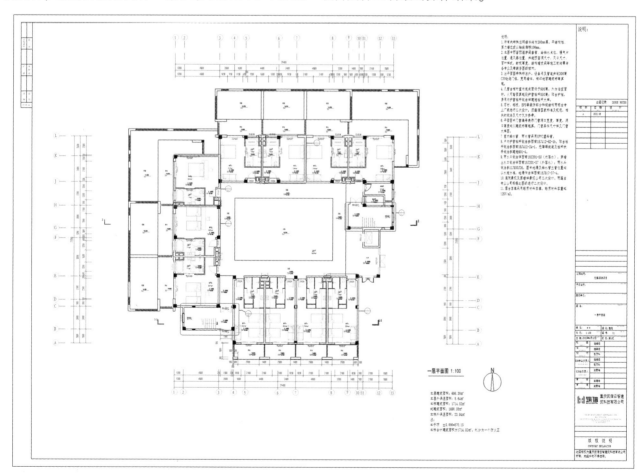

图 9-101

结构专业施工图可参照以上建筑专业施工图的布置方法进行布置。如图9-102所示为结构专业"二层结构平面图"布置完成后的图纸成果。

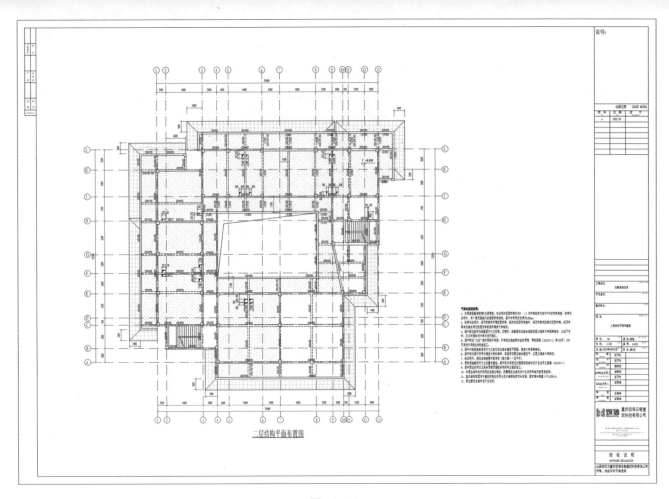

图　9-102

9.4.2　打印与导出图纸

图纸布置完成后，可以通过打印机完成图纸视图的打印或将指定的视图或图纸视图导出为 CAD 文件，以便查看和使用设计成果。

Revit 的图纸打印输出一般采用输出为 PDF 的方式。PDF 文件非常便于图档的共享，在实际工程中运用较多。如果要创建 PDF 文档，需要先安装外部 PDF 打印机。下面以 Adobe PDF Printer 为例介绍打印方法。

（1）接上节练习。单击"文件"选项卡，在列表中选择"打印"选项，打开"打印"对话框，如图 9-103 所示。在"打印机"名称列表中选择 Adobe PDF。

图　9-103

（2）在"打印范围"栏中可以设置要打印的视口或图纸。如果希望一次性打印多个视图和图纸，选择"所选视图/图纸"选项，单击"选择"按钮打开如图 9-104 所示"视图/图纸集"对话框。只勾选对话框中"显示"区域"图纸"选项以只显示图纸视图部分，在列表中选择需要打印的图纸（本处不勾选目录、说明、大样图等，因为图纸大小与其他的图纸大小不一致）。默认 Revit 会将所做的选择保存为"集 1"，以方便下次打印时快速通过"名称"列表设置需要打印的视图或图纸，或者可以单击"另存为"按钮保存为新设置文件。完成后单击"确定"按钮返回"打印"对话框。

（3）单击"打印"对话框中"设置"按钮，打开"打印设置"对话框，如图 9-105 所示。设置本次打印采用的纸张尺寸、打印方向、页面定位方式（"页面位置"）、打印缩放及打印质量和色彩；在"选项"栏中，可以进一步设置打印时是否隐藏视图边界、参照平面等选项。设置完成后，可以单击"另存为"按钮将打印设置保存为新配置选项，并命名为"A1 全部建筑图纸"，方便下次打印时快速选用。单击"确定"按钮返回"打印"对话框。

图 9-104

图 9-105

（4）单击"打印"按钮，将所选视图发送至打印机，并按打印设置的样式打印出图。Revit 会自动读取标题栏边界范围并自动与打印纸张的打印边界对齐。在随书文件"第 9 章 \ other \ 建筑图纸 PDF"目录中，提供了使用打印方式生成的 PDF 文档。请读者使用 Adobe Reader 或者其他 PDF 浏览器打开以查看项目全部图纸。

（5）保存项目文件，或参见随书文件"第 9 章 \ RVT \ 9-4-1. rvt"项目文件查看最终结果。

一个完整的建筑项目必须要求与其他专业设计人员（如结构、给水排水专业设计人员）共同合作完成。因此使用 Revit 的用户必须能够为这些设计人员提供 CAD 格式的数据。Revit 可以将项目图纸或视图导出为 DWG、DXF、DGN 及 SAT 等格式的 CAD 数据文件，方便为使用 AutoCAD、Microstation 等 CAD 工具的设计人员提供数据。本书以最常用的 DWG 数据为例，介绍如何将 Revit 数据转换为 DWG 数据。虽然 Revit 不支持图层的概念，但可以设置各构件对象导出 DWG 时对应的图层，以方便在 CAD 中进行运用。

（1）接上节练习。单击"文件"选项卡，在列表中选择"导出→CAD 格式→DWG"选项，如图 9-106 所示，自动弹出"DWG 导出"对话框。

（2）如图 9-107 所示，打开"DWG 导出"对话框，在对话框右侧"导出"设置选择"〈任务中的视图/图纸集〉"，在"按列表显示"中选择"模型中的图纸"，即显示当前项目中的所有图纸，在列表中勾选要导出的图纸即可。双击图纸标题，可以在左侧预览视图中预览图纸内容。Revit 还可以使用打印设置时保存的"集 1"快速选择图纸或视图。再点击对话

图 9-106

框左侧顶部"选择导出设置"后面的"..."按钮进行"〈任务中的导出设置〉",进入"DWG/DXF 导出设置"对话框。

(3)在"DWG/DXF 导出设置"对话框中,可以分别对 Revit 模型导出为 CAD 时的图层、线型、填充图案、文字或字体、颜色、实体、单位和坐标、CAD 版本等进行设置。在"层"选项卡列表中指定各类对象类别及其子类别的投影和截面图形在导出 DWG/DXF 文件时对应的图层名称及线型颜色。进行图层配置有两种方法:一种是可以根据要求逐个修改图层的名称、线颜色等;另一种是通过加载图层映射标准进行批量修改。

(4)如图 9-108 所示,单击"根据标准加载图层"下拉列表按钮,Revit 中提供了 4 种国际图层映射标准以及从外部加载图层映射标准文件的方式。选择"从以下文件加载设置",在弹出的对话框中选择随书文件"第 9 章 \ other \ exportlayers-Revit-tangent. txt"配置文件,确定后退出选择文件对话框。

可以继续通过填充图案、文字和字体、颜色、单位和坐标等进行映射配置,设置方法和填充图案的设置方法类似,请读者自行尝试。

(5)设置完成后,返回"DWG 导出"对话框,单击"下一步"按钮,打开"导出 CAD 格式"对话框,指定文件保存的位置和 DWG 版本格式和命名的规则,单击"导出"按钮,即可将所选择图纸导出为 DWG 数据格式。如果希望导出的文件采用 AutoCAD 外部参照模式,请勾

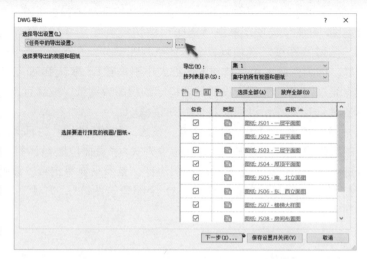

图 9-107

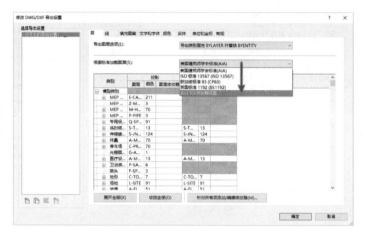

图 9-108

选如图 9-109 所示对话框中"将图纸上的视图和链接作为外部参照导出",此处设置为不勾选。

图 9-109

🔊 **提 示**

导出时,Revit 还会生成一个与所选择图纸、视图同名的 . pcp 文件。该文件用于记录导出 DWG 图纸的状态和图层转换的情况,使用记事本可以打开该文件。

（6）保存项目文件，或参见随书文件"第9章\RVT\9-4-2.rvt"项目文件查看最终结果。

在随书文件"第9章\DWG"文件夹中，提供了别墅酒店项目导出的建筑专业、结构专业所有DWG文件，读者可以使用AutoCAD查看图纸导出结果。

完成项目设计后，可以使用"清除未使用项"工具，清除项目中所有未使用的族和族类型，以减小项目文件的体积。单击"管理"选项卡"项目设置"面板中"清除未使用项"工具，打开"清除未使用项"对话框。如图9-110所示，在对象列表中，勾选要从项目中清除的对象类型，单击"确定"按钮即可从项目中消除所有已选择项目内容。

图 9-110

9.5 本章小结

本章分别介绍了建筑与结构专业施工图的图纸处理过程，通过视图设置、添加注释信息等可以基于BIM模型完成图纸表达。建筑与结构专业施工图的布置过程类似，可互相借鉴。

本章也介绍了利用明细表统计的功能，可以统计项目中各图元对象数量、材质等统计信息。利用"计算值"功能在明细表中进行数值运算。明细表中数据与项目信息实时关联是BIM数据综合利用的体现。

本章还介绍了根据施工图的要求有序组织项目中的各视图。可以在Revit中直接打印布置好的图纸，也可以导出为DWG及其他格式的CAD文件，与其他专业进行数据交换。

到本章为止，已经完成了别墅酒店项目从BIM模型设计到生成施工图的全部内容。希望通过别墅酒店项目实例的介绍，各位读者可以理解Revit的设计理念，进一步理解BIM概念以及Revit进行三维设计的设计流程和设计管理方式。在实际工作中选择一个自己的项目开始三维设计吧，实战才是学习的最佳途径。

在下一章将介绍项目成果的交付。

第10章 成果展示与移交

当完成 BIM 设计后，除可以使用打印的方式将设计成果输出为设计图外，还可以将 BIM 设计的成果输出至渲染软件及管理系统中，实现 BIM 设计成果的复用。还可以根据项目管理的需要，对接至施工建设阶段，在建设全过程中发挥 BIM 的优势。通过对 BIM 设计成果的格式转换，可以在不同的软件中进行共享和管理，实现数字化交付。在进行数字化移交时，需遵守各阶段成果交付的具体标准要求。

10.1 设计成果展示

将设计阶段 BIM 三维模型成果通过渲染的方式进行真实的可视化表达是常见的 BIM 设计成果交付形式。通过 Revit 自带的渲染器进行渲染或将 BIM 设计成果通过对接可视化的展示软件进行实时渲染展示，均可实现设计成果可视化展示交付的目的。

10.1.1 Revit 模型渲染

Revit 共提供了 6 种模型图形表现样式：线框、隐藏线、着色、一致的颜色、真实和光线追踪。如图 10-1 所示分别表达了隐藏线与真实模式下 Revit 视图显示的差异。可以合理选择视图的表现样式，灵活应用于成果表达中。

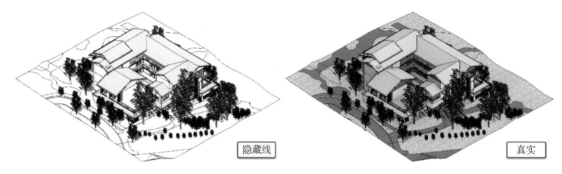

隐藏线　　　　　　　真实

图　10-1

Revit 提供了光线追踪渲染引擎，用于对 BIM 模型场景进行渲染，输出照片级的渲染成果。在完成 BIM 设计后，要得到设计的真实外观效果，需要在渲染之前对各个构件赋予材质，然后再进行渲染输出操作。在模型图元的实例属性或类型属性对话框中可对各类构件进行材质的设置。以"墙"图元为例，在墙类型属性"编辑部件"对话框中，可以通过单击"材质"列表后的浏览按钮打开"材质浏览器"对话框，在"外观"选项卡中查看该材质渲染贴图的定义。在"材质浏览器"对话框中，允许用户对渲染的外观进一步调整，例如定义材质的反射率、透明度参数等，如图 10-2 所示。

在"材质浏览器"对话框中，除可定义用于渲染的"外观"参数外，还可以在"图形"选项卡中对该材质的着色显示颜色、表面填充图案、截面填充图案进行定义，以满足设计成果出图的视图显示要求。

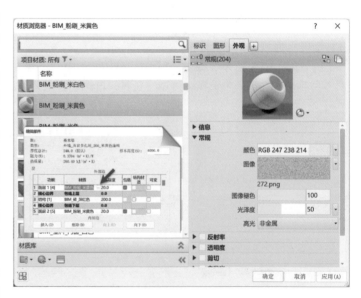

图　10-2

208

在确定了渲染材质后，可以使用 Revit 自带的渲染功能，对三维视图进行渲染。别墅酒店项目模型创建的过程中已经通过构件的定义为项目中各构件指定了材质。接下来对三维视图进行渲染。

（1）打开"第 10 章 \ RVT \ 别墅酒店设计成果 . rvt"项目文件，切换至默认三维视图。

（2）单击"视图"选项卡"演示视图"面板中"渲染"工具，打开"渲染"对话框。如图 10-3 所示，可分别根据需要选择渲染质量、渲染分辨率，并设置场景中的照明方案。Revit 提供了室内、室外以及日光与人造光几种不同的组合渲染方案。在本操作中选择"室外：仅日光"；设置天空的样式为"天空：少云"，其他参数默认，对场景进行渲染。

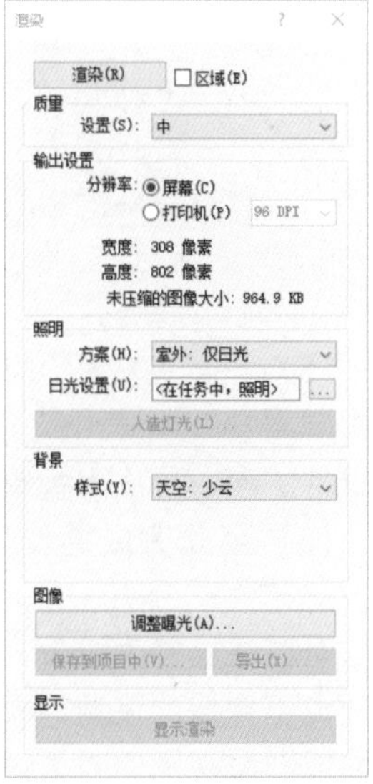

图 10-3

🔊 **提 示**

> 渲染质量越高，分辨率越大，渲染所需要的时间就越长。

（3）Revit 将进入渲染状态并给出进度提示框。渲染完成后 Revit 将显示渲染结果，如图 10-4 所示。单击"渲染"对话框中"保存到项目中"选项，可将渲染视图单独保存在项目中。通过项目浏览器可切换已保存的渲染视图。

（4）至此完成渲染操作，不保存对文件的修改。

Revit 中的渲染操作较为简单。关键在于渲染材质的定义以及灯光的设置。Revit 中的材质大部分随图元族类型属性或图元属性定义。

如果进行室内渲染表现，需要注意布置室内灯光，并在照明方案中选择"室内：仅人造光"或"室内：日光和人造光"，Revit 电气布置中所有的灯具光源均可作为室内照明的光源。关于 Revit 中渲染表现的更多内容请参见其他资料。

10.1.2　使用漫游

可以通过漫游的方式对 BIM 设计成果进行全方位的动画展示。在 Revit 中提供了"漫游"工具制作漫游动画，使人更加身临其境。下面使用"漫游"工具在别墅酒店项目中创建内部主管线漫游动画。

（1）打开"第 10 章 \ RVT \ 别墅酒店设计成果 . rvt"项目文件，切换至 F1 楼层平面视图。

图 10-4

图 10-5

（2）如图 10-5 所示，单击"视图"选项卡中"三维视图"工具下拉列表，在列表中选择"漫游"工具，自动切换至"修改 I 漫游"上下文选项卡。

（3）确认勾选选项栏"透视图"选项，设置"偏移量"即视点的高度为 1750mm，设置基准标高为"F1"。如图 10-6 所示，沿别墅外进行设置关键帧。在关键帧之间将自动创建平滑漫游过渡路线。同时每一帧也代表一个相机位置也就是视点的位置。注意在转弯的前中后的位置应至少放置三个关键帧，以保持平滑的漫游路径形状。完成后按〈Esc〉键完成漫游路径，Revit 将自动新建"漫游"视图类别，并在该类别下建立"漫游 1"视图。

（4）切换至"漫游 1"视图。调整视图的显示精度为精细。选择视图的边界，该边界代表漫游的相机范围。单击"修改 I 相机"选项卡中"编辑漫游"按钮，进入编辑漫游状态。如图 10-7 所示，修改选项栏中相机的帧为 1，单击漫游面板中"播放"工具，可以以动画的方式沿上一步骤中设置的漫游路径对场景

图 10-6

进行漫游。

图 10-7

（5）设置完成后，如图 10-8 所示，可以单击"文件"菜单中"导出"列表中"图像和动画"中的"漫游"选项，将设置好的漫游导出为视频格式文件，方便发布和展示。

（6）至此完成操作。关闭该项目，不保存对项目文件的修改。

可以在绘制关键帧时在选项栏中修改基准标高和偏移值，形成上下穿梭的漫游效果。也可以在漫游路径绘制完成后，在立面或剖面视图中对关键帧位置的相机高度、视点的方向进行精细的调节，制作路径更为复杂的漫游动画。

Revit 中的漫游功能仅从动画制作的角度来看较为基础，可以将数据导出至其他专业软件中完成更为复杂的建筑表现动画。

图 10-8

10.2 导出至其他软件

在 Revit 中创建完成 BIM 设计模型后，可以导出到其他软件中进行进一步的应用与管理。通常在完成 BIM 设计模型后可以导入至 Navisworks 中，完成协调管理、施工模拟等工作。也可以导入至 Twinmotion、3ds Max 等渲染软件中，进行 BIM 设计成果的展示。

10.2.1 导出至 Navisworks

Navisworks 是 Autodesk 公司针对建筑设计行业推出的用于整合、浏览、查看和管理建筑工程过程中多种 BIM 模型和信息，提供功能强大且易学易用的 BIM 数据管理平台，以完成建筑工程项目中各环节的协调和管理工作。Navisworks 可以读取多种三维软件文件，从而对工程项目进行整合浏览和审阅。在 Navisworks 中，不论是 Autodesk 公司 Revit 生成的 RVT 格式文件，还是非 Autodesk 公司的产品，如 Bentley Microstation 生成的 DGN 格式文件、Trimble SketchUP 生成的 SKP 格式的数据文件，均可以通过 Navisworks 读取并整合在同一个场景中。

Navisworks 提供了一系列查看和浏览工具，例如漫游和渲染，允许用户对完整的 BIM 模型文件进行协调和审查。如图 10-9 所示，在审阅过程中可以利用 Navisworks 提供的"审阅和测量"工具对模型进行测量、标记和讨论，方便在团队内部进行项目的沟通。

Navisworks 可以整合 Microsoft Project 生成的施工计划信息与 BIM 模型自动对应，使得每个模型图元具备施工进度计划的时间信息，实现 4D 施工模拟。如图 10-10 所示为 2008 年上海世博会沪上生态家园项目中利用 Navisworks 模拟的不同日期的工程施工进度。

图 10-9

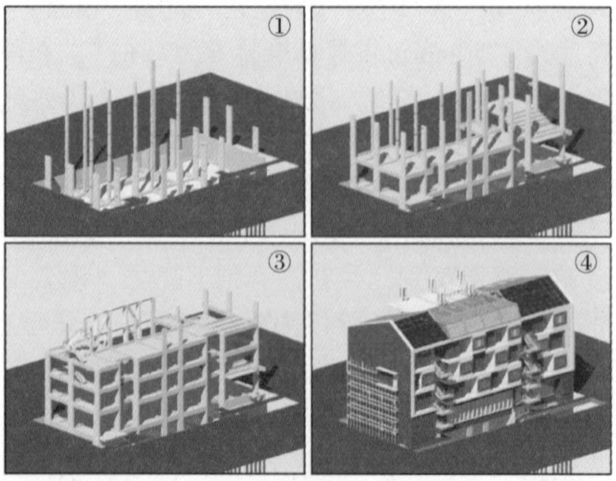

图 10-10

Navisworks 支持 NWC、NWF 和 NWD 几种不同的原生格式文件。其中，NWC 是 Navisworks Cache 文件格式，NWC 格式的数据文件是 Navisworks 用于读取其他模型数据时的中间格式。NWF 格式为 Navisworks Files 文件，使用该文件格式 Navisworks 将保留所有附加至当前场景的原始文件的链接关系。而 NWD 格式文件则为 Navisworks Document 文件，它将所有已载入当前场景中的 BIM 模型文件整合为单一的数据文件，该文件为 Navisworks 的发布格式文件，可以将 NWD 格式文件发布至 iPad 中通过 BIM 360 Glue 进行查看。

要将 Revit 中的场景导入至 Navisworks 中，需要将 RVT 格式的项目文件转换为 NWC 格式，然后再合并至 Navisworks 的场景中。如图 10-11 所示，安装 Navisworks 后，在 Revit "附加模块"选项卡 "外部工具" 下拉列表中会出现 "Navisworks" 工具。选择该工具，可以将当前项目文件导出为 NWC 格式。建议在三维视图中导出 NWC 格式文件。

图 10-11

NWC 格式是高度压缩的文件格式，通常会比 RVT 格式的项目文件小得多。在 Navisworks 中，使用 "附加" 的方式可将多个不同的 NWC 文件合并为单一的场景。如图 10-12 所示为样例项目文件导入至 Navisworks 后的场景。由于在 Revit 中进行 BIM 设计时，各专业严格遵守了原点到原点的链接方式，因此导入 Navisworks 后，各专业的空间位置将自动对齐，且 Navisworks 保留了 Revit 中的管道系统过滤器颜色，所以在导出 NWC 前应在 Revit 中设置好视图样板和显示过滤器。

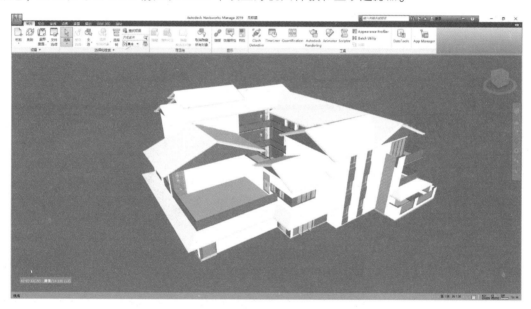

图 10-12

除可以使用插件将 Revit 项目文件导出为 NWC 格式外，还可以在 Navisworks 中直接打开 RVT 格式的文件。但在打开 RVT 格式文件时，Navisworks 会自动转换生成与 RVT 文件同名的 NWC 文件。因此，在第一次打开 RVT 文件时消耗的时间稍长。关于 Navisworks 的更多操作请参考《Navisworks BIM 管理应用思维课堂》一书，在此不再赘述。

10.2.2 导出至 Twinmotion

Twinmotion 是基于 UE4 (Unreal Engine，虚幻引擎) 开发的针对建筑、工程、城市规划和景观设计领域的实时渲染软件。2019 年被 UE4 母公司 EPIC 收购，成为 EPIC 建筑行业解决方案的一部分。如图 10-13 所示，Twinmotion 利用 UE4 强大的实时光照功能，配合强大的建筑材质库，将建筑工程表现得淋漓尽致。

在 Twinmotion 中，可以利用自身所带的素材库为场景中添加各类植物、人物，以丰富场景的表达。其可以利用天气系统定义四季各种天气，通过指定建筑所在的经纬度模拟指定日期和时间的真实日照等。Twinmotion 中的场景除可输出为静态图片外，还可以动

图 10-13

画、VR 等形式将场景输出为独立的文件。

Twinmotion 支持通过 BIMobject 技术直接导入高质量的 BIM 模型。通过插件，可以通过一键单击实现将 ArchiCAD、Revit、SketchUp Pro、Rhino 和 Grasshopper 软件中的模型修改同步反馈至 Twinmotion 的功能，实现实时变更结果的展示。Twinmotion 还支持 FBX、C4D 和 OBJ 格式，可以通过使用上述格式导入几乎所有的 3D 建模软件中生成的模型成果。

图 10-14

将 Revit 模型导入 Twinmotion 最简单的方法是安装 Twinmotion Direct Link 插件。该插件支持将 Revit 中生成的 BIM 模型及信息导入至 Twinmotion 中。可以通过 Twinmotion 的官方网站下载该插件。如图 10-14 所示，插件安装后在 Revit 中会出现 Twinmotion 选项卡。切换至三维视图，单击 "See in Twinmotion（在 Twinmotion 中查看）" 按钮，即可自动将当前场景传递至 Twinmotion 中，且会自动保持 Revit 模型与 Twinmotion 场景间的联动。

单击 "Export（导出）" 按钮，弹出如图 10-15 所示对话框，可以在该对话框中设置导出的模型范围（可见或仅选择集中的图元）。注意默认会勾选 "Exclude MEP families（排除 MEP 族）" 选项，该选项在导出模型时将排除机电相关的图元以降低模型数量，因此如果要导出机电相关图元，请务必去除该选项。Twinmotion 将导出的文件保存为 FBX 格式文件。

导出后启动 Twinmotion，使用 Twinmotion 的导入功能，可将已导出的 FBX 文件导入至当前场景中。如图 10-16 所示，Twinmotion 将保留 Revit 中的材质设置，且其表现方式更为美观，光影更加真实。

图 10-15

图 10-16

虽然 Revit 提供了导出 FBX 格式文件工具，但采用 Revit 直接导出的 FBX 文件导入 Twinmotion 时将会丢失全部的材质。因此，建议采用 Twinmotion Direct Link 插件完成 Revit 场景文件的导出工作，以降低 Twinmotion 中场景处理的工作量。Twinmotion 功能强大、操作简单，关于软件更多详细操作详见软件帮助文件或相关书籍，在此不再赘述。

10.2.3 导出至 Lumion

Lumion 是一个实时的 3D 可视化工具，用来制作电影和静帧作品，涉及的领域包括建筑、规划和设计。Lumion 的强大在于它能够提供优秀的图像显示，并将快速和高效工作流程结合在了一起，能够直接在自己的计算机上创建虚拟现实。Lumion 大幅降低了制作时间，渲染高清电影比以前更快。视频演示了可以在短短几秒内就创造惊人的建筑可视化效果。如图 10-17 所示，Lumion 展示建筑外立面与场景效果比较真实。

图 10-17

将 Revit 模型导入 Lumion 与 Revit 导入 Twinmotion 比

较类似，通过名称为 Lumion LiveSync for Revit 的插件可以实现将 Revit 场景导入至 Lumion 中。最新的 Lumion LiveSync for Revit 插件可实现在 Lumion 中实时查看和更改 Revit 模型，以及从 Revit 导出 Collada（.DAE）文件并将其无缝导入（或重新导入）到 Lumion。

在 Lumion 8.3 版本及 Revit 2015 版本以上，可实现在 Lumion 中实时查看和更改 Revit 模型，如图 10-18 所示。

如图 10-19 所示，可通过 Lumion Live-Sync for Revit 插件在 Revit 中直接将模型导出 Lumion 可识别的 .dae 格式。

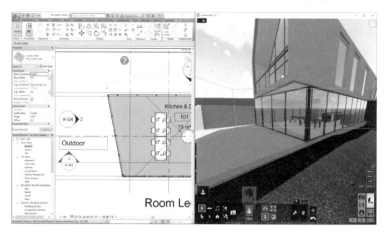

图 10-18

启动 Lumion 软件，通过点击"导入新模型"，选择导出的 .dae 格式文件进行导入，即可将 BIM 设计成果导入至 Lumion 中，利用 Lumion 自身的强大图形渲染功能对场景进行赋予材质等编辑操作。如图 10-20 所示为在 Lumion 中将别墅酒店项目模型导入后的渲染效果。

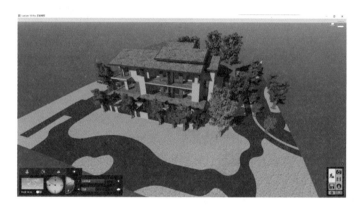

图 10-19

图 10-20

10.2.4 导出至 3ds Max

3ds Max 是 Autodesk 公司推出的基于 Windows 系统的三维动画渲染和制作软件。其前身是由 Discreet 公司开发的 3D Studio 系列软件，后被 Autodesk 公司收购。3ds Max 软件广泛应用于广告、影视、工业设计、建筑设计、游戏等多个领域。3ds Max 是集造型、渲染和制作动画于一身的三维制作软件。通过 3ds Max 软件能够制作出真实的立体场景与动画，受到了全世界无数艺术家和三维动画制作爱好者的赞誉。如图 10-21 所示为 3ds Max 的工作界面。

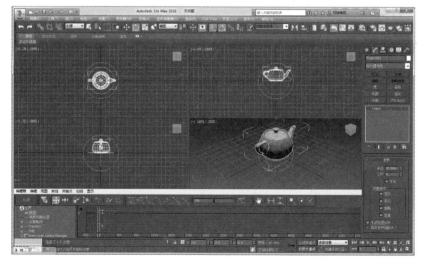

图 10-21

在 Revit 中完成 BIM 设计后，可以将设计成果模型导入 3ds Max 软件中。如图 10-22 所示，在三维视图下通过将 Revit 模型导出为 FBX 格式的文件，再将 FBX 文件导入至 3ds Max 软件中。

FBX 全称为 Film Box，是由 Autodesk 公司针对电影工业领域推出的用于跨三维软件平台进行数据交换格式的软件，FBX 文件格式支持所有主要的三维数据元素以及二维、音频和视频媒体元素，从 Revit 中导出 FBX 文件时，会保留三维模型、材质、光照等信息，但不会保留图元参数等与渲染表现无关的参数信息。

3ds Max 中导入别墅酒店项目结果如图 10-23 所示，可以继续在 3ds Max 中完成场景渲染、动画等多种展示工作。

图 10-22

图 10-23

10.3　BIM 成果移交

项目设计过程中的文件资料的收集与整理是项目管理的重要环节，而 BIM 成果作为项目设计和管理的重要资料，应做好管理和移交。通常 BIM 成果应与其他设计文件同时进行移交，BIM 成果的形式可包括数据库、电子文件和纸质文件。纸质文件应由可输出的电子文件打印形成。BIM 成果最佳的交付方式是数据库，能够充分为项目协同工作提供数据支持，但在当前技术条件下，电子文件和纸质文件仍是常规的交付方式，因此上述三种方式是当前 BIM 成果交付的主要形式。

BIM 成果文件的整理、移交、归档应满足国家、地方及业主方 BIM 成果交付标准要求。同时进行 BIM 成果文件电子档案管理、移交时，应符合《建设工程文件归档规范》（GB/T 50328—2019）、《电子文件归档与电子档案管理规范》（GB/T 18894—2016）、《建设电子档案元数据标准》（CJJ/T 187—2012）和《建设电子文件与电子档案管理规范》（CJJ/T 117—2007）的有关规定。

10.3.1　交付标准

项目 BIM 成果移交应符合 BIM 成果交付标准，交付标准应明确 BIM 交付成果的成果类型、成果内容、交付格式、交付方式等。通常 BIM 模型与成果文件类型与内容包括但不限于表 10-1 的内容。

表　10-1

序号	成果文件类型	成果内容
1	模型文件	包括原始 BIM 模型、倾斜摄影实景模型、三维扫描点云模型、轻量化模型等
2	图纸文件	设计二维图，模型导出图纸（净高分布图、管线综合图、预留预埋图纸等）等
3	文档文件	BIM 技术标准、BIM 实施方案、问题报告、分析报告、审查报告、总结报告、会议纪要、周报、月报等
4	表格文件	模型导出的工程量清单、统计表格等
5	视频动画	漫游动画、模拟动画、仿真动画、宣传视频等
6	照片图片	无人机航拍照片、效果图片等
7	汇报文件	汇报 PPT、宣传 PPT 等

设计阶段 BIM 模型与成果文件类型包含模型文件、图纸文件、文档文件、表格文件、视频动画、照片图片、汇报文件等。其中，BIM 模型文件应以电子文件或数据库的方式移交，并具有完全的访问权限。BIM 模型原生

文件格式一般需要特定的软件才能达到最佳工作状态，因此成果移交时应对软件的技术环境进行详细说明，例如软件名称、版本、链接方式等，以有利于接收者查看或使用原生模型文件。

BIM 模型与成果文件电子移交的文件格式宜符合表 10-2 的文件格式要求。

10.3.2 需求差异

当前阶段，不同国家、不同行业、不同地方，甚至不同企业都制定和发布了 BIM 标准，但这些 BIM 标准的内容与要求是不尽相同的。不同项目、不同阶段会有不同的 BIM 应用需求，自然就会有不同的交付成果，那么不同阶段对 BIM 模型的创建、模型拆分、模型深化及模型信息深度等需求也会存在差异。实施 BIM 项目之前需要提前掌握这些需求差异，以便于 BIM 成果向下游传递。下面重点介绍这些存在的需求差异。

表 10-2

文件类别	文件格式
模型文件	Revit 等原生文件或 IFC（或其他开放格式）
文字文本文件	WPS、DOC 或 PDF
表格文本文件	ET、XLS 或 PDF
图片文件	JPEG 或 PNG
图形文件	DWG 或 PDF
视频文件	AVI、MPEG4 或 exe
音频文件	WAV 或 MP3
数据库文件	SQL、DDL、DBF、MDB 或 ORA
地理信息数据文件	DXF、SHP 或 SDB
激光扫描文件	ASC 或 TXT
其他文件	对应原始软件的文件格式

1. 与现有标准的差异

国家标准、行业标准、地方标准和一些企业标准中已发布实施的 BIM 标准，见表 10-3，这些 BIM 标准的内容与要求不尽相同，大多数国家标准、行业标准、地方标准的 BIM 标准只规定了一些大的理论框架和主要 BIM 应用点的相关要求，缺少可具体执行的 BIM 实施的细节要求，即缺乏实操性，还需要细化、补充。因此，不同地域、不同企业、不同项目对 BIM 标准的需求也是有差异的，应根据项目所在地域、企业的 BIM 应用要求，制定适用于本项目的 BIM 实施标准，规范项目 BIM 模型创建的技术要求与管理要求。

表 10-3

标准类型	标准分类	标准名称
国家标准	统一标准	《建筑信息模型应用统一标准》（GB/T 51212—2016）
	交付标准	《建筑信息模型设计交付标准》（GB/T 51301—2018）
	施工标准	《建筑信息模型施工应用标准》（GB/T 51235—2017）
	编码标准	《建筑信息模型分类和编码标准》（GB/T 51269—2017）
行业标准	模型制图标准	《建筑工程设计信息模型制图标准》（JGJ/T 448—2018）
	民航标准	《民用运输机场建筑信息模型应用统一标准》（MH/T 5042—2020）
地方标准	北京市	《民用建筑信息模型设计标准》（DB11T 1069—2014）
	上海市	《上海市建筑信息模型技术应用指南》（2015 年版）《上海市建筑信息模型技术应用指南》（2017 年版）
	广东省	《广东省建筑信息模型应用统一标准》（DBJ/T 15-142—2018）
	浙江省	《浙江省建筑信息模型（BIM）技术应用导则》
	福建省	《福建省建筑信息模型（BIM）技术应用指南》
	湖南省	《湖南省建筑工程信息模型施工应用指南》《湖南省建筑工程信息模型设计应用指南》
	安徽省	《安徽省建筑信息模型（BIM）技术应用指南》
企业标准	深圳市建筑工务署	《深圳市建筑工务署 BIM 实施管理标准》（2015 年版）
	大连万达	《万达 BIM 模型标准》等

> 🔊 **提 示**
>
> 随着 BIM 技术和应用的不断发展，相应的 BIM 标准也会不断进行升级、修订，应注意收集新的 BIM 标准，并掌握其中新的 BIM 要求。

2. 应用需求与交付成果的差异

不同项目、不同阶段会有不同的 BIM 应用需求，相应就会有不同的交付成果，那么不同阶段对 BIM 模型的创建、模型拆分、模型深化及模型信息深度等需求也会存在差异。如设计阶段创建 BIM 模型主要是以完成施工图设计出图为目标，交付的成果是设计 BIM 模型和图纸；招标投标阶段，交付的成果是工程量清单以及与造价咨询单位工程量的偏差分析；施工阶段，交付的成果是施工深化模型以及施工阶段的 BIM 应用，如机电管线深化模型、复杂节点模型、模拟动画等；竣工阶段，交付的成果是竣工 BIM 模型与运维所需的信息。所以，不同阶段的 BIM 交付成果要与 BIM 应用需求相匹配，并按要求进行交付。

3. 模型拆分的差异

设计阶段创建 BIM 模型主要是要完成施工图设计出图，或者以基于 BIM 模型进行问题协调为首要目标，那么对 BIM 模型的拆分主要是以完成设计出图为主，与后续招标投标和施工阶段对模型的拆分要求是有差异的。如设计阶段创建的 BIM 模型可能不分单体、楼层标高、专业；有些斜柱从底部一直伸到顶部而不断开；有些节点构造没有体现，后续通过对视图进行处理就可以达到设计出图的目的。但到了招标投标阶段与施工阶段，这样的模型拆分不利于开展后续的 BIM 应用，需要根据招标投标阶段与施工阶段的应用要求及合同划分情况，对 BIM 模型进行标段划分，按单体、楼层标高、专业进行拆分，以便于在招标投标阶段录入信息，进行工程量统计；在施工阶段按施工分区或施工缝对 BIM 模型进行拆分和施工深化，创建辅助的措施模型，以满足施工阶段的 BIM 应用需求。如图 10-24 所示，根据施工进度计划将 BIM 模型按照施工分区和后浇带进行拆分。

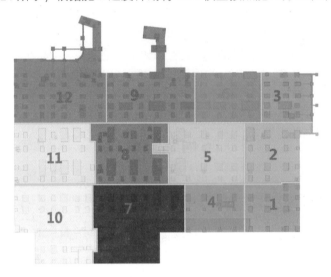

图 10-24

4. 信息深度的差异

不同阶段对 BIM 模型精度与信息深度的需求是有差异的，而且需要在不同阶段对 BIM 模型的信息进行补充、完善。如设计阶段，创建 BIM 模型是需要随着设计的不断深入，按照不同的模型精度要求不断替换、增加模型构件，并录入与设计有关的参数信息，例如尺寸信息、材质信息、技术要求等信息，以满足设计阶段对 BIM 模型精度与信息深度的要求。进入招标投标与施工阶段，对 BIM 模型的精度与信息的深度要求越来越高，模型信息深度的差异也就越大。招标投标阶段要提供 BIM 模型进行工程量统计，则需要在不同的模型构件中录入与造价相关的信息，如项目特征、计算公式、计量单位等信息；而施工阶段、竣工阶段则需要根据材料、设备的实际采购和使用情况，录入材料、设备相关的信息，如生产厂家、使用年限、安装单位、安装时间、维修电话等，以满足招标投标阶段、施工阶段、竣工阶段对 BIM 模型精度与信息深度的要求。如图 10-25 所示为竣工交付阶段根据项目现场实际采购与安装的设备需在 BIM 模型中录入的相关信息。

5. 模型深化的差异

同样地，不同阶段对于 BIM 模型的深化要求也是有差异的，在设计阶段满足设计规范的前提下，为满足功能区域、空间的净高要求，对机电管线的深化要求往往没有施工阶段那么高，通常进行主管线的管综排布，可以不对支管、末端进行调整。而到施工阶段，对机电管线的深化要求就提高了，需要考虑机电管线的施工工艺、工序，要考虑安装与检修空间，还要考虑支吊架的安装和施工的经济性，对模型的深化就要尽可能地考虑周全。为验证施工方案的可施工性，施工工艺、工序的可行性，还需要创建脚手架、模板等措施或辅助模型，进行复杂节点深化，模拟施工方案。砌体施工时，为统计砖砌体的体积和数量，需要对砌体墙模型进行深化。通常这些模型深化工作，在设计阶段是没有的，要到施工阶段才开始，而且深化的模型精度要求要根据施工 BIM 应用要求以及施工单位的施工方案进行确定。如图 10-26 所示为施工阶段砌体墙的深化模型，对于砌体墙的模型深度及构造因深化应用的需求不同与设计阶段有明显的差异。

图 10-25

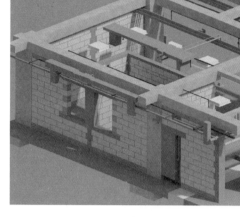

图 10-26

所以不同区域、不同企业采用的 BIM 标准需求是不同的；不同项目、不同阶段对 BIM 模型的创建、模型拆分、模型深化、模型信息深度及成果交付等需求都是有差异的，需要提前识别，并在实际项目应用中区别对待。

10.4 本章小结

本章讲解了设计成果展示，介绍了如何在 Revit 中进行渲染与漫游，以及如何将设计成果导出至 Navisworks、Twinmotion、3ds Max 等软件进行渲染、展示的基本过程。

本章还讲解了 BIM 成果移交，包含 BIM 模型与应用成果的文件类型与内容，以及交付文件的电子格式等交付标准要求，以及针对在设计、施工、竣工等阶段对 BIM 模型与应用成果的移交标准的需求差异进行了分析。

至此本书内容已全部结束，读者已经掌握了成为一名 BIM 设计工程师的基本技能，接下来希望各位读者能够活学活用，在项目的实践中认真体会 BIM 设计、BIM 协同管理带来的颠覆性变化，共同推进工程建设行业数字化转型发展。BIM 之路需要大家共同的努力。

附　录

附录A　Revit常用命令快捷键

A.1　常用快捷键

除通过 Ribbon 访问 Revit 工具和命令外，还可以通过键盘输入快捷键直接访问指定工具。在未执行任何命令的时候，输入工具对应的快捷键字母即可执行该工具。例如要使用移动工具，可以直接按键盘"MV"键使用该工具。使用键盘快捷键将大大加快在 Revit 中的操作速度。

建筑与结构工具常用快捷键见表 A-1。

机电系统工具常用快捷键见表 A-2。

表　A-1

命令	快捷键
墙	WA
门	DR
窗	WN
放置构件	CM
房间	RM
房间标记	RT
轴线	GR
文字	TX
对齐标注	DI
标高	LL
高程点标注	EL
绘制参照平面	RP
按类别标记	TG
模型线	LI
详图线	DL
结构柱	CL
楼板	SB
结构梁	BM
结构梁系统	BS
结构支撑	BR
结构基础	FT
结构钢筋	RF
钢筋编号	RN
预制拆分	PL
预制配置	CFG

表　A-2

命令	快捷键
检查管道系统	PC
检查线路	EC
检查风管系统	DC
预制零件	PB
转换为软风管	CV
绘制软风管	FD
风管末端	AT
风管附件	DA
绘制风管	DT
风管管件	DF
线管	CN
电缆桥架	CT
电缆桥架配件	TF
弧形导线	EW
照明设备	LF
线管配件	NF
电气设备	EE
机械设备	ME
管路附件	PA
管件	PF
软管	FP
管道	PI
喷头	SK
卫浴装置	PX
多点布线	MR

编辑修改工具常用快捷键见表A-3。

表 A-3

命令	快捷键
图元属性	PP 或 Ctrl + 1
删除	DE
移动	MV
复制	CO
旋转	RO
定义旋转中心	R3 或空格键
阵列	AR
镜像-拾取轴	MM
创建组	GP
锁定位置	PP
解锁位置	UP
匹配对象类型	MA
线处理	LW
填色	PT
拆分区域	SF
对齐	AL
拆分图元	SL
修剪/延伸	TR
偏移	OF
在整个项目中选择全部实例	SA
重复上一个命令	RC 或 Enter
恢复上一次选择集	Ctrl + ←（左方向键）

捕捉替代常用快捷键见表A-4。

表 A-4

命令	快捷键
捕捉远距离对象	SR
象限点	SQ
垂足	SP
最近点	SN
中点	SM
交点	SI
端点	SE
中心	SC
捕捉到云点	PC

（续）

命令	快捷键
点	SX
工作平面网格	SW
切点	ST
关闭替换	SS
形状闭合	SZ
关闭捕捉	SO

视图控制常用快捷键见表A-5。

表 A-5

视图控制	快捷键
缩放图纸大小	ZS
区域放大	ZR
缩放配置	ZF 或 ZE 或 ZX
上一次缩放	ZP
缩放匹配	ZA
动态视图	F8 或 Shift + W
线框显示模式	WF
隐藏线显示模式	HL
带边框着色显示模式	SD
细线显示模式	TL
视图图元属性	VP
可见性图形	VV/VG
临时隐藏图元	HH
临时隔离图元	HI
临时隐藏类别	HC
临时隔离类别	IC
重设临时隐藏	HR
隐藏图元	EH
隐藏类别	VH
取消隐藏图元	EU
取消隐藏类别	VU
切换显示隐藏图元模式	RH
渲染	RR
快捷键定义窗口	KS
视图窗口平铺	WT
视图窗口层叠	WC

A.2 自定义快捷键

除了系统保留的快捷键外，Revit允许用户根据自己的习惯修改其中大部分工具的键盘快捷键。

下面以给"修剪/延伸单一图元"工具自定义快捷键"EE"为例，来说明如何在Revit中自定义快捷键。

（1）单击"视图"选项卡"窗口"面板中"用户界面"下拉列表，单击"快捷键"选项，或者直接输入快捷键"KS"命令，打开"快捷键"对话框。

（2）如图A-1所示，在"搜索"文本框中，输入要定义快捷键命令的名称"修剪"，将列出名称中所有包含"修剪"的命令。

🔊 **提示**

也可以通过"过滤器"下拉框找到要定义快捷键的命令所在的选项卡，来过滤显示该选项卡中的命令列表内容。

（3）在"指定"列表中，选择所需命令"修剪/延伸单一图元"，同时在"按新建"文本框中输入快捷键命令"TE"，然后单击"指定"按钮。新定义的快捷键将显示在选定命令的"快捷方式"列，结果如图 A-2 所示。

（4）如果用户自定义的快捷键已被指定给其他命令，则 Revit 给出"快捷方式重复"对话框，如图 A-3 所示，通知用户所指定的快捷键已指定给其他命令。单击"确定"按钮忽略该提示，按取消按钮重新指定所选命令的快捷键。

图 A-1

图 A-2

图 A-3

（5）单击"快捷键"对话框底部"导出"按钮，弹出"导出快捷键"对话框，如图 A-4 所示，输入要导出的快捷键文件名称，单击"保存"按钮可以将所有已定义的快捷键保存为 .xml 格式的数据文件。

图 A-4

（6）当重新安装 Revit 时，可以通过"快捷键"对话框底部的"导入"工具，导入已保存的 .xml 格式快捷键文件。

同一个命令可以指定多个不同的快捷键。例如，可以通过输入 PP 或 Ctrl + 1 两种方式打开"属性"面板。快捷键中可以包含 Ctrl 和 Shift + 字母的形式，只需要在指定快捷键时同时按住 Ctrl 或 Shift + 要使用字母即可。

当命令的快捷键重复时，输入快捷键时 Revit 并不会立即执行命令，会在状态栏中显示使用该快捷键的命令名称，并允许用户通过键盘上、下箭头循环选择所有使用该快捷键的命令，并按空格键执行所选择的命令。

要完成 BIM 设计，必须在计算机上安装 Revit 软件。Revit 是标准的 Windows 程序，读者可以自行根据安装向导将 Revit 软件安装在自己的计算机上。在安装和运行 Revit 软件前应确认自己的计算机硬件及操作系统满足 Revit 软件的运行要求。

B.1　硬件与软件需求

1. 硬件配置要求

要流畅运行 Revit，需要有与之匹配的计算机硬件。运行 Revit 的计算机硬件可以为笔记本计算机或台式工作站。考虑到协同设计等工作需要，还会配备文件服务器等设备，以满足数据存储和交换的需要。通常 Revit 会对计算机的 CPU（中央处理器）频率、内存容量、显卡运算能力以及显示器分辨率提出较为严格的要求。

为流畅运行 Revit 软件，特别是能够顺利完成单层超过 1 万 m² 较大规模的商业综合体的机电管线深化设计任务，BIM 模型的数据量较大，故对 CPU 运算能力、内存容量都会提出较高要求。

以 Revit 2022 为例，要流畅运行该软件需要满足的硬件配置要求见表 B-1。

表　B-1

配置	配置要求
CPU 类型	Intel ® i 系列、Xeon ®（至强）或 AMD ®同等级别处理器。2.5GHz 或更高。建议尽可能使用高主频 CPU。Revit 现在支持多个 CPU 内核执行多个任务
内存	16GB RAM
显示器	1920×1080 真彩色显示器
显卡	支持 DirectX 11 和 Shader Model 5 的显卡，最少有 4GB 视频内存
磁盘空间	30GB 可用磁盘空间
连接	Internet 连接，用于许可注册和必备组件下载

表 B-1 中仅仅列出了运行 Revit 的基本硬件需求。结合笔者的经验，要流畅运行 Revit 软件完成机电深化设计工作，建议采用台式工作站作为主要工作设备，同时配备笔记本移动工作站用于工程现场交流汇报。以下为笔者推荐的台式工作站以及笔记本工作站的硬件配置，供读者参考，见表 B-2 和表 B-3。

表　B-2

配置	配置要求
CPU 类型	Intel Xeon（至强）W-2123
内存	16GB RAM
显示器	24 英寸显示器（3840×2160）×2
显卡	Nvidia Geforce RTX 3070 Ti 8GB
磁盘空间	1TB 固态硬盘

表　B-3

配置	配置要求
CPU 类型	Intel i7-9750
内存	16GB RAM
显示器	15.6 英寸 FHD（1920×1080）显示屏
显卡	Nvidia Quadro T1000 4G 独显
磁盘空间	1TB 固态硬盘

以上两款配置列举了当前较为主流的硬件配置，能够满足机电深化设计的同时还可完成渲染等综合展示工作，具有较高的性价比。服务器等其他硬件配置，请读者参考 Revit 的安装手册，在此不再赘述。

2. 软件环境要求

Revit 2022 仅支持 64 位的 Microsoft Windows 10 或最新的 Windows 11 操作系统。如果操作系统为 Windows 7 或更早的系统版本，将无法安装 Revit 2022 版本软件，可以选择安装 Revit 2018 等较低的软件版本。另外，Revit 2022 还需要 Microsoft. NET Framework 运行环境的版本更新为 4.8 版或更新版本，. NET Framework 是一种支持生成和运行 Windows 应用及 Web 服务的技术。Revit 在安装时会自动更新 . NET Framework 的版本，并在安装完成后重新启动 Windows 以更新 . NET Framework 版本。

通过以下方法可以查看当前计算机的 . NET Framework 的版本。

（1）同时按下键盘〈Windows〉键和"i"键快捷键组合，打开 Windows 10 的"设置"面板。单击"应用"按钮，打开"应用和功能"设置，如图 B-1 所示。

（2）如图 B-2 所示，浏览至"应用和功能"面板底部，单击"相关设置"中的"程序和功能"按钮，打开"程序和功能"对话框。

图 B-1

图 B-2

（3）如图 B-3 所示，单击"启用或关闭 Windows 功能"选项，弹出"Windows 功能"对话框，该对话框中可以显示当前系统中已有的 . NET Framework 版本。

图 B-3

. NET Frame work 属于 Windows 程序必备的运行环境，在 Windows 系统中允许同时存在多个 . NET Frame Work 版本，以满足不同应用程序的要求。一般来说，在安装 Revit 软件时，会自动安装满足当前软件运行要求的 . NET Frame Work 版本。

B. 2 安装 Revit 软件

可以从 Autodesk 官方网站（http：//www. autodesk. com. cn）下载 Revit 的 30 天全功能试用版安装程序。在安装前，请关闭杀毒工具、防火墙等系统保护类工具，以保障安装顺利进行。在安装过程中，可能要求连接 Internet 下载族库、渲染材质库等内容，请保障网络连接畅通。

要安装 Revit，请确保当前用户具备管理员的权限，并按以下步骤进行安装：

（1）打开安装光盘或下载解压后的目录，如图 B-4 所示，双击 Setup. exe 启动 Revit 安装程序。

（2）片刻后出现如图 B-5 所示"安装初始化"界面。安装程序正在准备安装向导和内容。

图　B-4

图　B-5

（3）准备完成后，出现如图 B-6 所示"法律协议"界面，勾选"我同意使用条款"选项并单击下一步，进入"选择安装位置"安装向导界面。

（4）如图 B-7 所示，在"选择安装位置"中可根据需要分别设置"产品"和"内容"的安装位置。其中，"产品"是指 Revit 2022 的运行程序，"内容"是指 Revit 2022 中自带的族库、样板等相关信息。Revit 2022 "产品"约需要 5G 的磁盘空间，"内容"约需要 3G 的磁盘空间，请确保所选择的位置有足够的硬盘空间。设置完成后单击"安装"按钮即可开始 Revit 的安装。

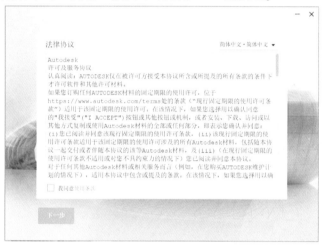

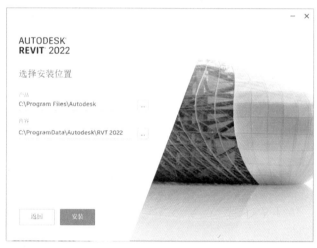

图　B-6

图　B-7

（5）Revit 将显示安装进度，如图 B-8 所示。左侧环形进度条将指示当前安装的进度。

（6）等待直到进度条完成。过程中，完成后 Revit 将显示"安装完成"页面，如图 B-9 所示，单击"完成"按钮完成安装。

图　B-8

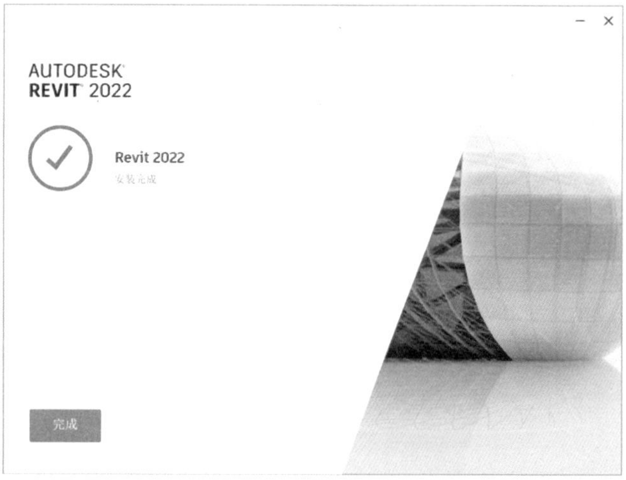

图　B-9

（7）由于在安装 Revit 2022 时会自动更新 ".NET Frame work" 等运行环境信息，因此在安装完成后，会提示 "重新启动计算机" 的提示信息，点击 "重新启动" 按钮，重新启动计算机，以便于新的运行环境生效，如图 B-10 所示。

（8）重新启动计算机后，双击桌面 Revit 快捷图标 [R] 启动 Revit，启动界面如图 B-11 所示。

图 B-10

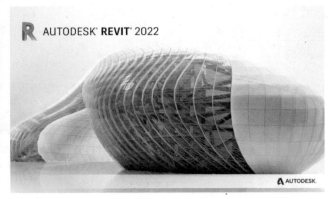

图 B-11

（9）如图 B-12 所示，Revit 给出许可协议对话框，可以通过使用 Autodesk ID 登录后试用 30 天。

图 B-12

试用期满后，必须注册 Revit 才能继续正常使用，否则 Revit 将无法再启动。注意安装 Revit 后，授权信息会记录在硬盘指定扇区位置，即使重新安装 Revit 也无法再次获得 30 天的试用期，甚至格式化硬盘后重新安装系统也无法再次获得 30 天的试用期。